福音：物理学的佯谬

科学，那些不可思议的事

杨建邺 著

长江出版传媒 湖北教育出版社

(鄂)新登字 02 号

图书在版编目(CIP)数据

福音:物理学的佯谬/杨建邺著.
—武汉:湖北教育出版社,2013.2(2020.11 重印)

ISBN 978-7-5351-7945-6

Ⅰ.福…

Ⅱ.杨…

Ⅲ.物理学-普及读物

Ⅳ.04-49

中国版本图书馆 CIP 数据核字(2013)第 022342 号

出版发行 湖北教育出版社
邮政编码 430070 电 话 027-83619605
地 址 武汉市雄楚大道 268 号
网 址 http://www.hbedup.com
经 销 新 华 书 店
印 刷 天津旭非印刷有限公司
开 本 710mm×1000mm 1/16
印 张 18
字 数 236 千字
版 次 2013 年 2 月第 1 版
印 次 2020 年 11 月第 2 次印刷
书 号 ISBN 978-7-5351-7945-6
定 价 39.50 元

导 论

目 录
福音:物理学的佯谬
FUYIN WULIXUE DE YANGMIU

导论

> 在科学中,奇秘现象必须是思想被应用于感觉的结果,是解释所积累知识的结果。一旦这个奇秘的来源被搞清楚了,它就被称为"科学佯谬"。有许多著名的例子,其中科学家的惊异(被作为一个佯谬而提出的)曾引起一场科学革命。
>
> ——A. Б. 米格达尔

在物理学发展史中,最吸引人而又令人惊讶和绞尽脑汁的,大约应该首推五花八门的物理佯谬(paradox,或悖论)了。它们像深藏在浓云密雾中的奇花异葩,既使人感到扑朔迷离,又让人感到它有一种令人无法抗拒的美的吸引力,促使每个时代最杰出的物理学家以令人肃然起敬的智慧和毅力去解开它们,以摘取胜利之果,让它们那深邃的美和无穷的奥秘展现在人类面前。

物理学史上,最早出现的佯谬,大约首推公元前5世纪爱利亚学派的代表人物芝诺(Zeno of Elea,约前490—前430)提出的"芝诺佯谬"了。在古希腊,佯谬被称为"疑难",在希腊文里这个词是"απορξ",它的意思是"无路可走",转义则是"四处碰壁,无法解决"。古希腊可以说是佯谬的故乡,那儿聪慧的哲人常常提出一些极其幽默和风趣的难题使你真假难分、绞尽脑汁。例如《虚伪的山王》就是一则脍炙人口的悖论:[①]

> 山中之王老虎好不容易从母狐怀里抢走一只狐崽,老虎可是"正人君子",从来也不无缘无故地残害生灵。于是他说:"你放心好了,我不会吃掉你的宝贝的,只要你对我的提问回答得对就行,现在我问你:我会不会吃掉你的孩子呢?"母狐迟疑了一阵子,忽然喊道:"天哪,你是要吃掉我的孩子的。"
>
> 老虎心想:我要是把狐崽吃掉,她的话岂不是答对了?我原是该放了她的孩子的,如果她没有答对,那就是说,我不会吃掉她的孩子的,也该放走那只小狐崽子。

狡猾的狐狸在这里利用了山中之王老虎虚伪的弱点,成功地保护了自己孩子的性命。

开始,这些佯谬大约是作为茶余饭后的谈资,并没有受到多大重视。但到后

① 转引自付钟鹏:《数学的魅力》,福建科技出版社,1985,63—64页。

来,一些哲学家开始利用佯谬所造成的两难困境,来为自己学派的理论进行辩护。例如上面提到的芝诺就曾提出了四项有关运动的佯谬来证明运动是不存在的,以及"存在"是单一的、球状的和静止不动的。

▲ 伽利略著作《对话》封面。上面是三位学者在一起辩论。在辩论中不断提出佯谬和反击佯谬。

到了近代,佯谬的重要性就越来越受到人们的重视了。那么,到底什么是佯谬?佯谬和悖论有没有什么区别?

在英语里,佯谬和悖论都用一个单词"paradox",大约是因为这个原因,在不同的中文书里,同一个疑难有时被称为佯谬,有时又被称为悖论,似乎它们之间是没有什么区分的。有的书上也表示了这种看法,例如,有的书上认为:"从某一前提出发推出两个在逻辑上自相矛盾的命题,或从某一理论、观点中推出的命题与已知的科学原理产生的逻辑矛盾就叫悖论……在物理学上的悖论常译作佯谬。"①这种看法很通行。在郑易里、曹成修编的《英华大辞典》(商务印书馆,1984 年版)第 1003 页"paradox"条目下就这样注释:

(1)似非而可能是的论点;(2)反面议论,反论,悖论;疑难;(3)自相矛盾的话;奇谈,怪论;前后矛盾的事物;(4)(物)佯谬。

但也有人指出,佯谬和悖论之间是有差异的,例如陈昌曙先生在《自然科学的发展与认识论》(人民出版社,1983 年版)一书中提出如下的看法:"但如果略细区分,佯谬的概念与悖论的概念不仅有科学使用上的差异,也还有内涵的不同。佯谬(如玻尔兹曼佯谬、双生子佯谬、引力佯谬、光度佯谬)通常指人们从某种假说出发进行逻辑推理,却导出了同事实(或可设想的事实)不符的结论,但一时又难以确定问题的所在——是作为出发点的假说有错误,还是推理过程不够正确、有缺陷……至于悖论,它通常是从一种或一些观点、原理出发,合乎逻辑地导出两个互相矛盾的判断。悖论有时也是科学研究中碰到的疑难,在这种情况下又可称为佯谬。例如,数学上集合论的罗素悖论亦可叫做罗素佯谬。但是,在许多情况下,悖论却不是佯谬,不是科学面临的困惑,而是作为一种反驳和证明的形式……从逻辑上讲,佯谬与悖论亦

① 《自然辩证法讲义》,人民教育出版社,1979,327 页。

不一样，前者是逻辑推理的结论与事实有矛盾，后者是逻辑推理导致两个互相矛盾的结论。”

应该承认，陈昌曙先生的这种区分是有道理的，也可以为人们所接受。但实际上，人们并没有注意这种“略细区分”，如伽利略（Galileo Galilei，1564—1642）提出的“落体悖论”，按陈昌曙同志的意见“是作为一种反驳和证明的形式”的典型悖论，但在国内有关书籍和杂志上，却多称之为“落体佯谬”。

由于我这本书只讨论物理学史上一些著名的 paradox，就按照目前通行的称谓，统统称之为“佯谬”。

下面我们要探讨佯谬是怎样产生的，以及佯谬在物理学发展史上起过什么样的作用。

佯谬的出现是科学发展中不可避免的事件，因而也是科学发展所具有的正常的特征。这一特征在 20 世纪物理发展史中表现得特别突出。但在 20 世纪之初，包括一些非常杰出的物理学家，并没有自觉地认识到这一点。那时，一些物理学家认为经典物理学得到了迅速而稳固的发展，经典力学、热力学和电磁学已经发展到了登峰造极的地步，它们的基本原理已经足以解释所有已知的现象。因此一旦佯谬出现，几乎会让科学界大惊失色、惶惶然不知所措。

英国的物理学家开尔文爵士（Lord Kelvin，即 William Thomson，1824—1907）就曾经非常乐观地说过：“牛顿力学和麦克斯韦的电磁学已经把一切问题都解决了，以后物理学家的任务只是把实验搞得更精密些。”

德国物理学家普朗克（Max Planck，1858—1947）在 1932 年一次宴会上的讲话，证实了物理学界在 19 世纪末和 20 世纪初的这种盲目乐观情绪。他回忆说，当年他决心献身于理论物理学时，他的老师约里（P. von Jolly，1809—1884）劝告他说：

> 年轻人，你为什么要断送自己的前途呢？要知道，理论物理学已经终结。微分方程已经确立，它们的解法已经制定，可供计算的只是个别的局部情况。可是，把自己的一生献给这一事业，值得吗？

这种盲目乐观的情绪，当年不仅在物理学界中有，数学界也同样有。例如法国数学家彭加勒（Henry Poincaré，1854—1912）于 1900 年在巴黎召开的国际数学家大会上，坦言了他对当时数学进展极为满意的看法：“今天我们可以说已经取得了绝对的严格。”

正当科学界中的某些人陶醉于已经取得的成绩时，经典物理和数学基础的矛盾——佯谬接踵而至，暴露出科学中深刻的危机。物理学中被开尔文称为的“两朵乌云”（two clouds，其实就是两个佯谬）以及数学中著名的“罗素佯谬”，拉开了科学革命时代的帷幕。由于科学家们缺乏思想准备，以致德国耶纳大学数学家弗雷格（Gottlob F. L. Frege，1848—1925）惊呼：“算术的基础动摇了！”而荷兰物理学家洛伦兹（H. A. Lorentz，1853—1928）更哀叹自己没有早死几年，否则就不会遇到这种可怕的危机了。

危机暴露后的形势，如果用歌德在《诗歌和真理》中的话来形容十分恰当：“这非常惊人的事，几乎震动了整个安宁和平的世界。”

佯谬之所以是科学发展中不可避免的，是因为科学理论总会包含有内在的逻辑矛盾，想一劳永逸地消除所有这种内在的逻辑矛盾，事实已经一再证明是不可能的。而且，科学理论总想穷尽所有（亦即无限多的）大自然的奥秘，然而创建理论的人又永远只能研究有限的对象。用有限个研究过的对象去穷尽无限多的对象，这本身就是矛盾。为了解决这个矛盾，科学家常用的法宝就是把适用于有限研究对象的结论，外推到无限多的对象上去。这当然是一种很自然的而且是必然的尝试。美国物理学家赛格雷（Emilio Segré，1905—1993，1959年获得诺贝尔物理学奖）在他写的《从X射线到夸克》一书里在谈到“$\theta-\tau$之谜”时写道：

▲ 意大利裔美国物理学家赛格雷。1959年获得诺贝尔物理学奖。

> 一旦某一规则在许多情况下都能成立时，人们就喜欢把它扩大到一些未经证明的情况中去，甚至把它当作一项“原理”。如果可能的话，人们往往还要使它蒙上一层哲学色彩，就像在爱因斯坦之前人们对待时空概念那样。对宇称守恒原理也出现过这种情况，一旦用实验证明它不成立时，像泡利这样的物理学家也会大为震惊。[①]

① 《从X射线到夸克——近代物理学家和他们的发现》，埃米利奥·赛格雷著，夏孝勇等译，上海科学技术文献出版社，1984，287页。

然而正是这种“扩大”或者说外推,迟早会给理论带来自身的矛盾。1894年,德国天文学家西利格尔(Zee1iger,1874—1906)提出的“引力佯谬”(又称“西利格尔佯谬”)就是一个典型的例子。

经典宇宙学认为:(1)星体占据的空间是欧几里得空间,而且是无限的;(2)宇宙中有无限多星体,均匀分布在无限的空间里,因而宇宙中的物质密度处处都不等于零;(3)牛顿的万有引力定律适用于整个宇宙。

在以上三点假定之下,牛顿的万有引力理论将导致引力场中任一点的场强为无穷大,因而每一个物体都将具有无限大的加速度和速度。但事实上并没有出现这种情况。

这一佯谬产生的根源,就是因为运用有限的理论外推,来描述无限的宇宙的结果。一般说,外推当然是允许的,但应明确的是这种外推只能是一种近似的描述,而佯谬正是这种近似性引起冲突的表现,它反映了有限理论的应用范围。恩格斯曾经正确地指出:“物质世界的有限性所引起的矛盾,并不比它的无限性所引起的少,正像我们已经看到的,任何消除这些矛盾的尝试都会引起新的更坏的矛盾。”①

综上所述,佯谬的出现归根结底是人类认识的自身的矛盾,是现有理论不完备的征兆,是现有理论局限性的暴露,也是认识在进展的标志。随着人类认识的深化,佯谬的出现有它自身的必然性。每个历史时代,一定会有新的佯谬出现,向人类提出挑战。正确地认识到这一点,我们就既不会在佯谬未出现前趾高气扬、忘乎所以地幻想我们这个宇宙中已经没有任何佯谬了;也不会在它出现后,惶然不知所措,甚至丧失自信地匍匐在自然奥秘面前,承认自己无能为力。相反,我们应该积极地迎接这一挑战,去开拓新的研究领域。伟大的科学家从不把认识过程看成是有最终答案的。认识如广阔无垠的大自然,是永恒的、不间断的,而且是永无止境的。认为人类有一天会穷尽所有奥秘只是一种海市蜃楼,一种可笑的和彻头彻尾的自大狂的想法。20世纪曾经出现一个又一个科学家,试图建构可以解决所有问题的“万物方程式”(everything equation),但是这样自负的企图一个又一个遭到失败。21世纪大约还会出现这样的科学家,但历史的经验告诉我们,这些自负的科学家肯定还会再一次失败。

佯谬除了有它产生的必然性以外,它对科学的发展还起着重要的作用。对此进行探讨很有必要。

① 《马克思恩格斯选集》第三卷,人民出版社,1972,90—91页。

(1)佯谬是科学发展的直接动因之一。

在物理学发展史上,我们可以找到许多著名的例子,证明物理学家的惊异(常被作为一个佯谬而提出)常常引起物理学的巨大进展,甚至曾经引起一场科学革命。例如,从伽利略时代以来人们就知道,任何物体在地球的引力作用下产生的加速度都是相等的,这也就是说,由牛顿第二定律和牛顿的万有引力定律

$$m_i a = m_g \frac{GM}{R^2}$$

得出的 $\frac{m_i}{m_g} = a\left(\frac{GM}{R^2}\right)$ 或者: $a = \frac{m_i}{m_g}\left(\frac{R^2}{GM}\right) =$ 常数

是一个普适常数。上式中 m_i 和 m_g,分别表示物体的惯性质量和引力质量(它们相等),M 是地球的质量,R 是物体距地心的距离,G 是万有引力常数,a 是物体的加速度。在地面附近(即 R 视为不变的情形),a 是一个常数。

我们对这一结果是如此之习惯,以至于根本不觉得它有什么值得人注意的地方。但是爱因斯坦(Albert Einstein,1879—1955)对此却觉得十分奇怪惊讶,他曾经这样说:

> 在引力场中一切物体都具有同一加速度。这条定律也可以表述为惯性质量同引力质量相等的定律。它当时就使我认识到它的全部的重要性,我为它的存在感到极为惊奇,并猜想其中必定有一把可以更加深入地了解惯性和引力的钥匙。①

▲ 如果爱因斯坦同他身边的锤子一起下落,他和锤子之间就处于静止状态。由此爱因斯坦发现了广义相对论中最重要的“等效原理”。

爱因斯坦用一个佯谬的形式表示了他的惊奇:为什么任何物体的引力质量和惯性质量之比是一个普适常数,而与具体物体的性质无关?他相信,这一佯谬的解决,一定可以揭示惯性力和引力之间必然存在的更深刻的联系。在这一信念的激励下,爱因斯坦终于创立了 20 世纪最伟大的理论——爱因

① 《爱因斯坦文集》第一卷,商务印书馆,1979,320 页。

斯坦引力理论。

(2)佯谬作为一种推理方式,起着反驳和证明的作用。

意大利物理学家伽利略为了反驳亚里士多德(Aristotle,公元前384—前322)关于"物体自由下落时物体越重下落越快"这一错误结论,他提出了"落体佯谬"。

他问道:一个重物与一个同质料的轻物捆在一起自由下落时,比重物单独下落时落得快一些还是慢一些?伽利略从亚里士多德的结论出发,推出了两个截然相反但又都十分合理的答案:轻物既然落得慢一些,那么捆在一起时轻物必然影响重物而拖它的后腿,故捆在一起时下落应该比重物单独下落得慢;但从另一种观点看,捆在一起的物体的总重量比重物单独时重一些,所以捆在一起物体作为一个整体来看,应该下落得比重物单独下落得快一些。结果,亚里士多德的结论在这一佯谬面前,就显得苍白无力,几乎没有任何反击的力量。反驳本身就含有证明的力量,伽利略的"落体佯谬"不仅反驳了亚里士多德的错误理论,而且也为确证自己正确的理论铺平了道路。

我们还可以举爱因斯坦建立狭义相对论的过程说明这一点。爱因斯坦在他的《自述》中曾回忆说:

> 经过十年的沉思以后,我从一个佯谬中得到了这样一个原理,这个佯谬我在16岁时就已经无意中想到了:如果我以光速c(光在真空中的速度)追随一条光线运动,那么我就应当看到这样一条光线就好像一个在空间里振荡着而停滞不前的电磁场。可是,无论是依据经验,还是按照麦克斯韦方程,看来都不会有这样的事情。①

爱因斯坦在这里提到的就是物理学史上著名的"追光佯谬"。如果根据牛顿(I. Newton,1642—1727)的经典力学,以光速追随光线运动的人看到的将是一个停滞不前的电磁场。但根据英国物理学家麦克斯韦(J. Maxwe11,1831—1879)的电磁场理论,不可能有停滞不前的电磁场存在。因此,爱因斯坦说:"这个佯谬已经包含着狭义相对论的萌芽。"

(3)佯谬具有方法论的功能。

法国资产阶级启蒙运动思想家卢梭(J. J. Rousseau,1712—1778)说过,通向谬误的道路有千百条,通向真理的道路只有一条。要发现哪一条道路能通向真

---

① 《爱因斯坦文集》,第一卷,商务印书馆,1976,24页。

理,人类是要付出极大的代价的。但人类在探索真理的过程中,总希望能走一条最经济、耗损值最小的路径。物理发展史告诉我们,佯谬的提出和解决,可以使物理学家有希望通过一条捷径获得真理。这是因为佯谬常常是以极尖锐的形式向探索者提出迫切需要作出解释的两难问题,提出问题本身就是极有价值的事情。正如德国伟大数学家希尔伯特(David Hilbert,1862—1943)所说:

"只要一门科学分支能提出大量问题,它就充满着生命力;而问题缺乏则预示着独立发展的中止或衰亡。"①

他甚至把提出问题看作是"通向那隐藏真理的曲折的道路上……指引我们前进的一盏明灯,最终将以成功的喜悦作为我们的报偿。"②更何况佯谬提出的问题还不同一般的问题,因为它或者指出了理论逻辑上的矛盾、不完备性,或者指出了理论与实际自然现象的不符。这实际上就暗示:新的理论必须要以能够消除这一佯谬为前提,因而佯谬提出的问题就具有某种程度上的方法论功能。

例如,"光度佯谬"提出了一个人们长期无法解释的难题:如果我们假定星体均匀遍布于宇宙,根据计算,宇宙中星体的总光强应与地球周围半径 R 成正比;再如果宇宙是无限的,那么天空将无比明亮,即使晚上也应如此。这样,光度佯谬对于原有的宇宙理论显然是一个严重的挑战,并迫使物理学家和天文学家以这一佯谬为科学研究的新起点,去寻求新的宇宙学理论。这一新的宇宙学理论能否成立有一个极重要的条件,那就是它必须能够消除光度佯谬。当然,想消除光度佯谬的理论方案也不止一个,但毕竟比毫无边际的探索要容易得多。

在科学史上,数学佯谬似乎一直受到数学家的高度关注,相比较而言,物理佯谬则似乎只有比较少的人涉猎。但我相信,这一领域是值得物理学家和物理学史学家重视和探索的;在物理学逐渐高度数学化的时代更加值得重视。通过对物理佯谬的产生和消除的分析,我们将看到物理学家们在创造性的思维过程中,如何寻找矛盾,找到佯谬;然后又如何从疑难中找到出路,将错误转向正确,从失败转向成功。

读者即将看到本书物理学中的一些佯谬。我相信读者看了以后在开始一定会感到惊讶,并深深陷入思考,随着物理学家的努力最终豁然开朗。这既是一种科学思考的美餐,也是美学上的一种难得的享受!

可惜我只能挂一漏万地列举出区区 20 个物理学中的佯谬。

① 《希尔伯特》,上海科技出版社,1982,93 页。

② 《希尔伯特》,上海科技出版社,1982,94 页。

一、神行太保为什么追不上乌龟？

——芝诺佯谬

这种形式或那种形式的爱利亚的芝诺佯谬，引起了几乎整个关于时间、空间和无限的理论的发展。这些理论从他那时起到今天，一直继续被人们发展着。

——伯纳德·罗素

这篇文章的标题也许会使你想到一个老掉牙的儿童故事：乌龟和兔子赛跑。不过我想当你读了本节的引文中英国哲学家、数学家罗素（Bertrand Arthur William Russell，1872—1970）的一段话以后，你大约又会想到，神行太保芝诺与乌龟赛跑的事，怎么与英国大数学家罗素搅在了一起？读者请耐心听我仔细道来。

1. 芝诺佯谬

两千多年前，古希腊的一位哲学家、思想家芝诺曾经提出过四个非常古怪的佯谬，其中有一个佯谬讲的是阿基里斯（Achilles，希腊的神行太保）和乌龟赛跑的故事。据亚里士多德在他的《物理学》上的记载，芝诺是这样叙说的：

阿基里斯永远追不上乌龟。他首先必须到达乌龟出发的地点，这时候乌龟会向前走了一段路。于是阿基里斯又必须赶上这段路，而乌龟又会向前走了一段路，他总是愈追愈近，但是却始终追不上它。①

美国数学家托比亚斯·丹齐克（Tobias Dantzig，1884—1956）在《数，科学的语言》（*Number: The Language of Science*）一书中，这样叙述同一佯谬：

① 《古希腊罗马哲学》，商务印书馆，1962，57页。

第二论：阿基里斯和龟

第二论是论所谓阿基里斯。其内容是：在赛跑的赛程中，慢者永不会被快者追上，因为追者必先到达被追者刚刚离开之点，从而慢者总是或多或少在其前面。①

这就是赫赫有名的“芝诺佯谬”。两千多年来，不知有多少哲学家和数学家被这个佯谬弄得晕头转向、疑团满腹。虽然每个哲学家都知道芝诺的结论是错误的：“芝诺怎么会追不上乌龟呢，简直是胡说八道！”但是却没有人能够说清楚究竟错在哪里。为了使读者了解芝诺佯谬的疑难所在，我们不妨把芝诺的推理过程详细地叙述如下。我们先用具体数字说明，然后再用一般数学符号抽象。

▲ 神行太保阿基里斯和蹒跚爬行的乌龟。

假定阿基里斯让乌龟先跑 100 米，再假定他的速度是乌龟的 10 倍，这应该足以保证阿基里斯大获全胜。比赛开始，当阿基里斯跑到乌龟的出发点——离他的出发点 100 米的地方时，乌龟已经向前移动了 10 米；当阿基里斯再跑完 10 米时，乌龟又移动了 1 米；当阿基里斯跑完这 1 米时，乌龟领先 0.1 米。阿基里斯惊讶地发现：乌龟始终在前头，并且虽然两者间的距离在减小——0.1 米、0.01 米、0.001 米……但是永远不会为零——也就是说他阿基里斯永远追不上蹒跚的乌龟！

现在我们把数字抽象化。假设在赛跑开始的时候，乌龟在阿基里斯前面相距为 L 的地方，速度分别为 v_1 和 v_2，而且 $v_2>v_1$。当阿基里斯跑到乌龟开始爬行的位置（即跑完 L 的距离），乌龟则向前跑了 L_1；当阿基里斯跑完 L_1 时，乌龟又向前跑了 L_2……如此循环下去。虽然 $L_1<L$，$L_2<L_1$，……$L_n<L_{n-1}$，而且阿基里斯和

① 《数，科学的语言》，T. 丹齐克著，苏仲湘译，商务印书馆，1985，102 页。

乌龟之间的距离ΔL_n（$\Delta L_n = L_n - L_{n-1}$）也越来越小。但是，每当阿基里斯跑到乌龟原先所在的位置时，阿基里斯前面总还有一段乌龟爬行的距离ΔL_n，尽管这个距离ΔL_n越来越小。所以，这位古希腊神话中能追上鹿的神行太保，却无论怎样也追不上蹒跚爬行的乌龟！

芝诺不是傻子，他当然知道阿基里斯很快会追上乌龟，那么他又为什么要提出这种近乎荒唐的佯谬来呢？

2. 如何解开这一佯谬？

由于我们现在只能从芝诺的论敌亚里士多德（Aristotle，前384—前322年）的著作中了解这一佯谬，这就正如美国数学家托比亚斯·丹齐克所说：

“谁知道亚里士多德能否有毫不曲解一位已故的论敌的雅量呢？”

而且，这些佯谬用现代语言表述出来非常困难。丹齐克说：

> 这些论证用现代语言表述出来非常困难。并不是缺乏译本——恰恰相反：我们被汗牛充栋的译本所苦恼。有数十种译本和成百种意译，若以注释而言，即使圣经上的晦涩章节之受人重视也不过如此。每一种译本反映出它的译者所偏爱的理论，几乎有多少译者便有多少理论。
>
> 在倾向于形而上学的人看来，这四论是对运动的实在性的一种驳斥。别的人，如历史学家坦纳里（Tannery），则说芝诺并无此意，相反的，他是利用无可辩驳的运动的真实性来指出我们的空间、时间连续性等意念中所含有的严重的矛盾。和这个观点很相近的是柏格森（Henri Bergson）①的意见，他以为“爱利亚派”所指出的矛盾，与其说是与运动的自身有关，不如说是与我们头脑中所虚构的运动有关。
>
> 从后一观点看来，这四个佯谬的价值，恰恰在于这个事实：它们

① 柏格森（1859—1941），法国哲学家。主要著作有：《直觉意识的研究》、《创造的进化》、《生命与意识》、《精神的力量》等。

有力地显示了数学在人类知识的普遍结构式中所占的地位。四个佯谬说明了我们的感官(或感官的现代延伸,科学仪器)所感知的时间、空间、运动等,与具有相同名字的数学概念并不具有共同的外延。芝诺所提出的困难,并非要使纯数学家感到吃惊——并非揭示了什么逻辑上的矛盾,而只是揭示了语言的十足含糊性。数学家只要承认他所创造的符号世界不等于他所感觉的世界,那他就可以处理这些含糊性了。①

所以,我们在理解芝诺的佯谬时会遇到一些困难。有些人认为芝诺是通过这一佯谬否定运动的真实性,有的则认为芝诺并不是否定运动的真实性。相反,正如丹齐克所说:"他是利用无可辩驳的运动的真实性,来指出我们的空间、时间、连续性等意念中所含有的严重矛盾。"

下面我们将根据哲学家和数学家的各自看法,对芝诺佯谬"谬"在何处,分别作一叙述。

差不多所有的哲学家都认为,芝诺提出这个佯谬(加上另外的:"二分法"、"飞矢不动"和"运动场",一共是四个佯谬)是为了维护他的老师巴门尼德(Parmenides,约前6世纪—前5世纪)的哲学观点:

"存在者存在……存在者不是产生出来的,也不能消灭,因为它是完全的、不动的、无止境的。它既非过去存在,亦非将来存在,因为它整个在现在,是个连续的一。"②

例如柏拉图(Plato,约前428—前348)就曾说过:"芝诺所主张的基本上与巴门尼德相同,即一切是一,但由于绕了一个弯子就想欺骗我们,好像他是说了一些新东西。"③

芝诺绕了一个什么样的弯子呢?他利用了当时人们承认的空间和时间

---

① T.丹齐克:《数,科学的语言》,商务印书馆,1985,101—103页。

② 《西方哲学原著选读》,上卷,商务印书馆,1981,32页。

③ 黑格尔:《哲学史讲演录》,第1卷,商务印书馆,1973,279页。

无限可分，即空间和时间的间断性的概念，却又同时犯下了思维总是习惯于将彼此紧密相关的各个环节彼此分开考察所带来的错误，没有看到空间和时间的连续性。所以尽管芝诺和所有的人每天都看见大千世界中丰富多彩的运动，但一进入理论思维就会让人陷入困境。几百年后的柏拉图，也明知自己在“受骗”，却无论怎样也转不出芝诺的这个“迷魂阵”。

3. 黑格尔如是说

一直到19世纪初，德国哲学家黑格尔（G. W. Hegel，1770—1831）用辩证的观点考察了运动和芝诺佯谬。黑格尔认为，如果把运动只理解为物体在某一时间在某一地点，另一时间又在另一地点，这只不过是叙述了运动的结果，而没有阐明运动本身。黑格尔说：

> 外部的感性运动本身就是矛盾直接的现有的存在。某物之所以运动，不仅因为它这个“此刻”在这里，另一个“此刻”在那里，而且因为它在同一个“此刻”处在这里而又不处在这里，因为它同时又在又不在同一个这里，我们应当承认古代辩证论者所指出的运动中的矛盾，但是不应当由此得出结论说，运动因此是不存在的，相反地，应当说，运动就是存在着的矛盾本身。①

▲ 伟大的德国哲学家黑格尔

从黑格尔这种辩证的观点来看，空间和时间既是间断的又是连续的，运动的本质就是空间和时间的连续性和间断性辩证的统一。恩格斯十分推崇黑格尔的这种辩证的运动观：

① 转引自列宁：《哲学笔记》，人民出版社，1974，146页。

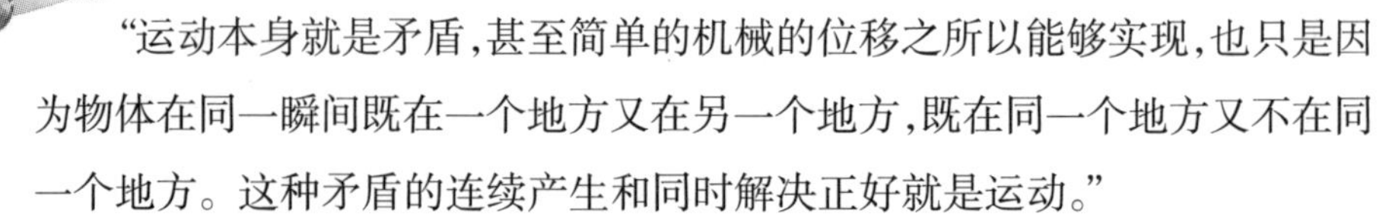

“运动本身就是矛盾,甚至简单的机械的位移之所以能够实现,也只是因为物体在同一瞬间既在一个地方又在另一个地方,既在同一个地方又不在同一个地方。这种矛盾的连续产生和同时解决正好就是运动。”

芝诺佯谬把具有对立性的一些概念,如连续性和间断性、有限和无限等绝对化、凝固化,把它们看成是绝对不能相容的东西,他只看到空间和时间的无限可分性,却忘掉了与间断性不可分离的另一个方面——连续性。

用黑格尔的辩证观点不难解开芝诺佯谬。阿基里斯追赶乌龟每次到达乌龟前次所在处时,在这一段空间和时间里,表现出时空的间断性,但对运动而言,空间是连续的,它是运动存在的形式,因此阿基里斯在运动中当然不会受到“间断点”的阻挡。当他从某一个“间断点”出发向下一“间断点”运动时,他是既在某一个“间断点”又不在那一个“间断点”。这种连续性一经建立,神行太保阿基里斯追赶乌龟的佯谬就可顺利地解决了。运动的这种间断性和连续性的统一,反映在数学上就是有限与无限的统一。数学上采用了极限的方法以后,芝诺佯谬的解决就应该是水到渠成。

4. 物理学家的观点

现在,芝诺佯谬的提出和解决在哲学和数学上似乎已成定论了。但到了20世纪中叶当宇宙学有了巨大进展时,尤其是大爆炸、黑洞中的奇点诸理论出现以后,物理学家开始从物理学的观点,对芝诺佯谬作了重新审视。我国物理学家方励之教授指出:

“如何解开这个佯谬?关键是在芝诺佯谬中用了两种不同的时间度量。”①

下面我们就从物理学的观点来审视芝诺佯谬,这是一个与哲学家和数学家颇为不同的视点。

我们知道,任何可以重复出现的过程或现象,如我们的脉搏、太阳的运行、吊摆的摆动以及晶体内原子的振动,都可以用来作为测量时间的一种计时器。在芝诺佯谬中,方励之教授认为芝诺实际上用了两种计时器,一种是我们通

① 方励之,李淑娴:《力学概论》,安徽科技出版社,1986,9页。

常用的“普通”的计时器，它测出的时间为“普通时”，用 t 表示；还用了一种很特殊的重复过程作为测量时间的“计时器”，那就是把阿基里斯每次达到乌龟前次所在处，作为一个重复过程，用这种重复过程测得的时间称为“芝诺时”，用 t' 表示。例如，当阿基里斯在第 n 次达到了乌龟在第$(n-1)$次的起点时，按芝诺时就是 $t'=n$。对于普通计时器来说，阿基里斯只要在

$$t=\frac{L}{v_2-v_1}$$

时就赶上了乌龟，而当

$$t>\frac{L}{v_2-v_1}$$

时就超过了乌龟。但对于芝诺时来说，只有当时 $t'\to\infty$，阿基里斯才能非常逼近乌龟。在任何有限的芝诺时 t' 里，阿基里斯将永远赶不上乌龟。这就是芝诺佯谬的结论。

下面对 t 和 t' 的关系作进一步的定量分析。

t 和 t' 的关系

芝诺时(t')	普通时(t)
0	0
1	$\frac{L}{v_2}$
2	$\frac{L}{v_2}+\frac{L}{v_2}\cdot\frac{v_1}{v_2}$
⋮	⋮
n	$\frac{L}{v_2}+\frac{L}{v_2}\cdot\frac{v_1}{v_2}+\cdots+\frac{L}{v_2}(\frac{v_1}{v_2})^{n-1}=\Sigma\frac{L}{v_2}(\frac{v_1}{v_2})^n$

由上表的对应关系，经过简单的数学运算，我们就可以得到 t 和 t' 之间的变换式

$$t=\sum_{t'=0}^{n'-1}\frac{L}{v_2}\left(\frac{v_1}{v_2}\right)^n=\frac{L}{v_2-v_1}\left[1-\left(\frac{v_1}{v_2}\right)^{t'}\right]$$

$$t'=\frac{1}{\ln\left(\frac{v_1}{v_2}\right)}\ln\left[1-\left(\frac{v_2-v_1}{L}\right)t\right]$$

由下图可以看出，t 和 t' 之间的变换有一特点，那就是这种变换是有奇性的。

$$t=\frac{L}{v_2-v_1}$$

当时，$t'\to\infty$。因此，当t'从零增加到无限时，它只覆盖了t上的一个有限区间，即从零到$\frac{L}{v_2-v_1}$这个时间区间。

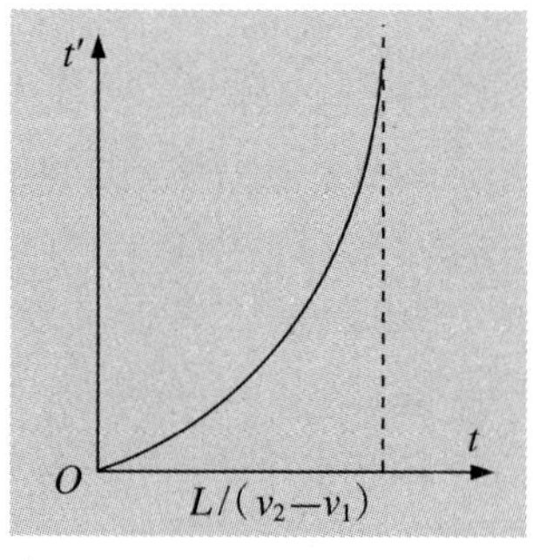

▲t和t'之间的坐标变换图。

作了如上的一些定量分析之后，方励之教授总结说：

"因此，芝诺佯谬之'佯'，是由于芝诺把'永远'理解为$t'\to\infty$。他认为$t'\to\infty$之后就没有时间了，故$t'\to\infty$相当于永远。"

实际上，从图中看到，在芝诺时t'到达无限之后，还是有时间的。但是，在该范围内，即$t>L/(v_2-v_1)$，用芝诺时已经无法度量它们了。简言之，芝诺的佯谬来源于芝诺时的局限性，芝诺时不可能度量阿基里斯追上乌龟之后的现象。

芝诺佯谬给我们的启示是时间与时间的度量不同，一种时间达到无限之后，还可以有另一种时间。反之，一种时间的度量达到无限，从其他时间度量看可能是有限的。

"芝诺佯谬还启发我们提出一个更深入的问题，即所谓普通钟(或日常钟)是否也具有芝诺钟那种局限性，当日常钟t的读数达到无限之后，是否也还有时间？是否有t也无法度量的现象，即在$t\to\infty$之外的现象？现代物理学的研究，对这些问题的回答都是肯定的。"①

写到这里，不由使我想到法国著名作家司汤达(Stendhal，1783—1842)在《红与黑》中的一段话：

> ……就是这样，死亡、生存、永恒，对人是非常简单的事，但对感官太小的动物却难以理解……
>
> 一只蜉蝣在夏天早上九点钟才出生，下午五点钟就死了；它怎

① 方励之，李淑娴:《力学概论》，安徽科技出版社，1986，11—12页。

么能知道黑夜是什么呢？

让它多活五个小时，它就能够看到，也能知道什么是黑夜了。[①]

荷兰物理学家克拉默斯（H. A. Kramers，1894—1952）还说过一句很有意思的话：

“我所喜爱的观念是，一般说来，在人类的思维世界中，特别说来，在物理科学中，最重要和最富有成果的是那些不可能给予确切意义的概念。”[②]

时间，就正好是这么一种概念。我们能决断地说，普通时 t 就没有芝诺时 t' 所具有的缺陷吗？如果说以前我们认为 t 是唯一的，那其实只不过是一种虚妄的信念罢了！现代物理告诉我们，芝诺时 t' 所具有的局限性，我们的普通时 t 也仍然具有。

方励之教授在《由芝诺佯谬所想起的》一文中明确地说：

当日常钟 t 达到无限之后，是否也还有时间？是否也还有 t 也无法度量的 t 之后的现象？答案是肯定的。黑洞理论告诉我们，芝诺时 t' 所具有的局限性，在日常时 t 中也是有的，即不能用 t 来度量落入黑洞之后的过程。落入黑洞之后的现象涉及 t 无限之后的时间。为了描述落入黑洞之后的过程，要用其他的时间度量，要遇到新的有奇性的时间变换，它的性质和芝诺变换十分相似。

丹齐克曾经惊叹地说，芝诺佯谬的“四论在历史上的重要性，是怎样估计也不为过分的。其理由之一是：它们促使希腊人对时间的概念采取了新的态度”。现在，我们完全可以有理由说，芝诺佯谬不仅在历史上有不可估计的重要性，即使在现在，其重要性也是“怎样估计也不为过分的”。理由是同样的：它促使现代人“对时间的概念采取了新的态度”。

一个佯谬有这么长久而强大的生命力，这在科学史上大约也十分罕见。

---

① 《红与黑》，司汤达著，许渊冲译，湖南文艺出版社，1993。

② 引自 A. P. 弗伦奇：《牛顿力学》(1)，人民教育出版社，1978，59 页。

二、到底谁落得快一些?

——落体佯谬

新哲学号召怀疑一切,
火元素已完全熄灭;
太阳消失,地球不见,人的智慧
也不能指出何处可见真理的光泽。
当人们穿过行星之林和茫茫沧海,
如此众多新事物在寻觅中不断发现,
他们随意宣称世界的末日正在到来,
人们看到世界再度碎裂为原子,
一切都在分崩离析,
所有结合不复存在;
剩下的只是一切事物和所有联系的
暂时替代……

——约翰·多恩

▲ 英国玄学派诗歌的主要代表约翰·多恩的画像

细心的读者读了上面的诗句,可以发现诗人的心情极度的惶恐、迷惘、不安。面对丰富多彩、瞬息万变的大千世界,古已有之的理论在新的发现面前,岌岌可危;永恒的、令人眷念的金科玉律即将土崩瓦解。啊,这是多么可怕的情景!昨日的真理,今天可以被否定;今天的秩序,明天也许又被宣布为不可靠的东西。一切都不是恒定的,一切都在变化……诗人的心碎了,他不能不惶恐地呼鸣。

这首诗是英国玄学派诗歌的主要代表约翰·多恩（John Donne，1572—1631）在1611年所写。约翰·多恩所处的时代正是亚里士多德的科学观点受到严重冲击的时代。

1. 亚里士多德的“目的论”

亚里士多德认为，整个自然界的有规律的运动都是出自某种目的的结果，世界上万事万物均有各自的目的和位置，它们与整体的关系早已被精心安排。这是一种神秘主义的目的论，亚里士多德的科学观由于种种原因（后面我们还将进一步谈及），被人们视为金科玉律已有近两千年的历史。但是到了17世纪早期，纷至沓来的新发现，使人们开始以怀疑和批判的眼光来审视亚里士多德的理论了。正如著名的美国科学史家霍尔顿（Gerald Holton，1922— ）所说：

> 人们听到一些新发现，说什么恒星是无规则地分布于整个天空的，与地球并没有任何显然的关系，而地球本身不再占有得天独厚的地位。同时，还出现了这样一些理论，类似于古代雅典学者卢克莱修和伊壁鸠鲁[①]的无神论，把世界似乎描绘成在虚空中不断运动的原子的无意义的偶然聚集。上述发现和理论必然使当时许多虔诚而敏感的知识分子极度惶恐不安。[②]

约翰·多恩的诗就是在这种情况下写的。二十多年之后的1632年，意大利科学家伽利略出版了他的伟大著作《关于两大世界体系的对话》，1638年又出版了《关于两门新科学的对话》。在这两本著作中，伽利略对亚里士多德的错误观点进行了深刻彻底而又机智巧妙的批判。正是这些批判，对近代科

① 卢克莱修（Lucretius，约公元前99—前55），罗马哲学家、诗人、唯物主义者，他的长诗《物性论》（De Natura Rerum）阐述原子论思想。伊壁鸠鲁（Epicurus，公元前341—前270），希腊哲学家，唯物主义者，发展了德谟克利特的原子论。

② G.霍尔顿：《物理科学的概念和理论导论》（上册），人民教育出版社，1983，123—124页。

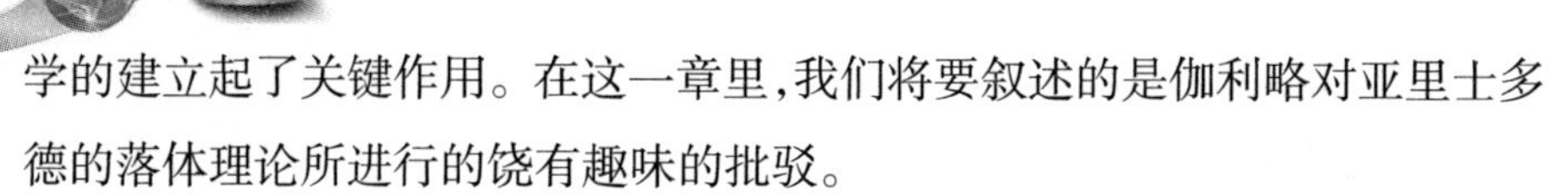

学的建立起了关键作用。在这一章里,我们将要叙述的是伽利略对亚里士多德的落体理论所进行的饶有趣味的批驳。

亚里士多德认为,较重的物体在自由下落时,比较轻的物体落得快。在《论天》一书中他说:

"一定的重量在一定的时间内运动一定的距离,一较重的重量在较短的时间内走过同样的距离,即时间同重量成反比。譬如,如果一物的重量为另一物的两倍,那么它走过一给定距离只需一半的时间。"

如果泛泛地说"重物比轻物落得快",这和人们的直觉是相符的,但如果说"下落的时间同重量成反比",细心的读者就肯定会看出破绽来了。重两倍的物体下落时间短两倍,那么重十倍的物体岂不在下落时间上短十倍?随意粗略地试验一下,就可以完全肯定这是不可能的。现代的读者就一定会提出诘问:这么显然荒谬的结论,怎么竟然在近两千年里被人们视为真理?人们不是只要扔两个石头就可以证明其荒谬吗?

要想让现代的读者了解这个问题,可绝不是一件轻而易举的事,这得从那个时代的理论结构以及认识论讲起。正如G.霍尔顿所说:"亚里士多德对落体的看法不单纯是错误或进行不当的实验的结果,而是由一个包罗万象的巨大体系造成的一个有特征意义的后果。"

2. 亚里士多德的运动观

亚里士多德曾为人类建造了一个包罗万象的、庞大的概念体系,其中包括科学、诗歌、神学和伦理几个部分,落体运动只是这个庞大体系中一个很小的、很特殊的问题。在亚里士多德之前,希腊的哲学是无所不包的,各门具体的科学均未从哲学中分化出来。亚里士多德的巨大功劳之一在于他总结了古希腊哲学和科学成就,首次明确提出科学分类学说。他将各门学科按照其目的分为三类:

一、实用的——如建筑学、修辞学、诗学等,这类科学是为了物的生产,有实用价值;

二、实践的——如政治学、伦理学、经济学等，这类科学是为了求得人的行为准则规范；

三、理论的——如物理学、数学、形而上学等，这类科学是为求知而求知，即为了知识本身。物理学是研究那些独立存在而且不断变动的东西；数学是研究那些非独立存在而且不变动的东西；形而上学则研究那些既独立存在而又永远不变动的东西，亦即所谓“本体”。

在这里我们不可能论及这整个庞大的体系，而只能研究其中一个很小的部分，即亚里士多德的运动观。

亚里士多德强调物质运动的永恒性和普遍性。他在《形而上学》一书中说：“运动是永恒的，不能在一个时候曾经存在，在另一个时候不存在。”他还把运动分为四类：(1)事物本质上的变化，即产生和消灭；(2)事物性质上的变化，即从一种状态变到另一种状态，如冷变热、红变绿等；(3)事物数量上的变化，即增加和减少；(4)事物空间位置的变化，即位移，如从左到右、从前到后、从上到下等。

今天的读者也许会觉得这种分类十分幼稚，但在当时却不失为一种科学的总结。亚里士多德还认为，位移在这四种运动形式中是最初的和最基本的运动形式，它存在于任何其他运动形式之中，但其他运动形式不能归结或还原为位移运动。亚里士多德的这些思想是唯物的，也具有辩证性质，是对古代朴素唯物主义和自发辩证法的重大发展。

▲ 古希腊伟大的学者亚里士多德

但是，当亚里士多德进一步研究物质运动的本性和根源时，他就陷入了唯心主义。他把运动的完成称为“隐得来希”。“隐得来希”是运动的结果，运动的目的。他认为这个目的是事物运动的最初原因，它不仅存在于运动的最后，而且存在于运动开始之时。这表明,亚里士多德虽然肯定了事物运动必然存在某种必然性,但他却把这种必然性从属于某种神秘的目的。他把生物运动所具有的自行组织、自行调节的能力,牵强附会地比附为人的有意识的目的活动,他甚至认为整个自然界的有规律的运动都源自某种目的的结果,这个目的总是使自己得到完善。不停地运动将带来逐步完善的积累,最终将达到一个最大的完善。这个最大的完善就是神,神就是整个世界的"隐得来希"。此时,一切运动将不复存在。这样,亚里士多德就构造了一个以神为最后目的的庞大目的论等级体系。落体运动只是这个体系中一个很小的引申,下面我们专门论述这个问题。

从目的论出发,亚里士多德提出了所谓"自然归宿"的学说。我们要想了解这种学说,首先得明白,亚里士多德的运动理论主要倾向于解释运动,即他不仅只关心运动是"如何"(how)发生这种描述性的说明,而且他还关心运动为什么(why)这样发生。我们应该注意,亚里士多德的这种研究方法与后来伽利略、牛顿(Isaac Newton,1643—1727)的研究方法大相径庭。伽利略和牛顿尽力避开"为什么"的问题,引导人们去了解物体"如何"运动,而不是在建立描述性定律以前,就去探讨"为什么"运动这种长期争执不休的问题。他们认为急于探讨"为什么"运动,只会导致精力的浪费和陷入无意义的争执之中,而且很容易陷入唯心主义的泥潭。

为了解释物体为什么运动,亚里士多德提出了"自然归宿说"。他认为在人类所能达到的物理范围内,每种物质均由土、水、气、火四种元素混合而构成。这四种元素中的每一种都具有一种"天然的趋势或意向",即要自动回到它原来静止的"天然位置"上。它们各自的"天然位置"按亚里士多德的理论,在地球与月球之间,形成四个同心球,土在下方(即位于球心),水位于土之上,气环绕着水或位于水之上,而火倾向于上升,故在最外层。由这种排列顺序,就得到了每种元素的自然归宿。每一种物体的实际运动,就完全取决于占最大数量的元素的运动趋势或意向。例如,水汽之所以向上运动,是因为水在加热过程中吸收了大量的火元素,火元素占了优势,故而要回到其天然归宿——上空；水汽冷却以后，火元素被释放出来，于是水元素又恢复了其优势地位，故降落地面以回到水的天然归宿。这种各个物体都具有天然归宿（或叫天然位置）的概念，就是亚里士多德的运动学的最基本概念。当物体不受外力阻碍，就力图回到它的天然位置，这种运动称为“天然运动”。除了天然运动以外，还有一种运动称之为“强迫运动”，这种运动只有在外力不断的作用下才能产生。

亚里士多德的这种运动观有一个推论，那就是某物在做天然运动时，其运动速度必定同占优势元素的数量成比例，数量越多，其回归的意向越迫切，故其回归的速度必然要大。于是，由于大石块比小石块含的土元素多，所以当它们自由下落（亦即它们做天然运动）时，大石块“回归的意向越迫切”，因此理应比小石块落得快。

3. 伽利略精彩的反驳——落体佯谬

我们即将看到，这一推论成了伽利略推翻亚里士多德理论体系的重要根据之一。

▲ 意大利物理学家、天文学家伽利略

亚里士多德的运动理论在伽利略以前就曾经不断受到科学家的批评，其中比较有意义的是斯特芬在1586年所著的《静力学》一书中记载的，为证明亚里士多德落体理论的错误所做的实验。斯特芬从三十英尺高处同时丢下两个铅球，这两个铅球重量不相等，其中一个的重量是另一个的10倍，实验结果表明两个铅球落地的声音差不多是同时发出的，而根本不是如亚里士多德预言的那样，重球落地的时间只为轻球的十分之一！在斯特芬之前，1585年，意大利的数学家贝内德蒂（G · B · Benedetti，1530—1590）在他的著作《多种多样的沉思》中，曾用伽利略后来也采用的归谬法来反驳亚里士多德的落体理论，但斯特

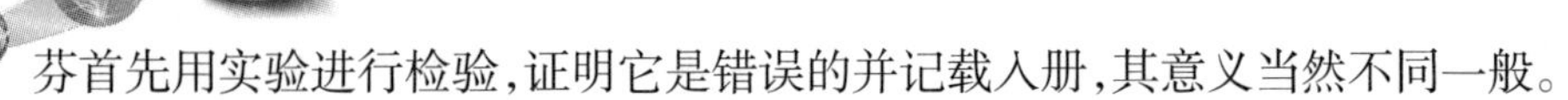

芬首先用实验进行检验，证明它是错误的并记载入册，其意义当然不同一般。

虽然斯特芬和贝内德蒂从不同角度反驳了亚里士多德的落体理论，但他们的事迹在科学史上却几乎很少为人所知，人们多半只知道伽利略提出过著名的"落体佯谬"和做过"比萨斜塔实验"。这一方面是因为伽利略的名声远远大于他们，另一方面也只有伽利略才有巨大的天才和能力，使包括力学在内的整个自然科学发生根本性的变化。

下面我们来欣赏一下伽利略在《关于两门新科学的对话》中，对亚里士多德落体理论机智而又风趣的批评。伽利略采用的是三人对话的形式，其中代表亚里士多德观点的是辛普利邱，代表伽利略新观点的是萨尔维阿蒂，还有一位则是持中立态度的沙格列陀。

> 萨：我十分怀疑亚里士多德确实曾经用实验检验过下面这个论断：如果让两块石块（其中之一的重量十倍于另一块的重量）同时从比如说 100 腕尺（cubit）[①]高处落下，那么这两块石头下落的速度便会不同，那较重的石块落到地上时，另一块石头只不过落下了 10 腕尺。
>
> 辛：他的话似乎表明，他已经做过这个实验了，因为他说：我们看见较重的石块；看见这个词证明他做过实验。
>
> 沙：辛普利邱，可是我进行过检验，我可以肯定地对你说，重量为二百磅以上的一枚炮弹到达地面时，重量仅为半磅的与之同时下落的步枪子弹并不会落后一拃（span），[②]倘若二者都是从高度为 200 腕尺的地方落下来的话。

伽利略到底（在比萨斜塔上）做过沙格列陀所说的实验没有，这是史学界至今仍在争论不休的问题，有人把它称为"科学史上九十九谜"中的第一谜。但即使伽利略没做过这个实验，他也完全可以驳倒亚里士多德。令人叫绝的

① 1 腕尺约等于 20 英寸：100 腕尺大致等于比萨斜塔的高度。

② 1 拃等于 9 英寸（手伸开时，从拇指尖到小指尖的距离）。

是，伽利略采用“以子之矛，攻子之盾”的方法，利用亚里士多德本人的逻辑推理法来批驳亚里士多德的理论。

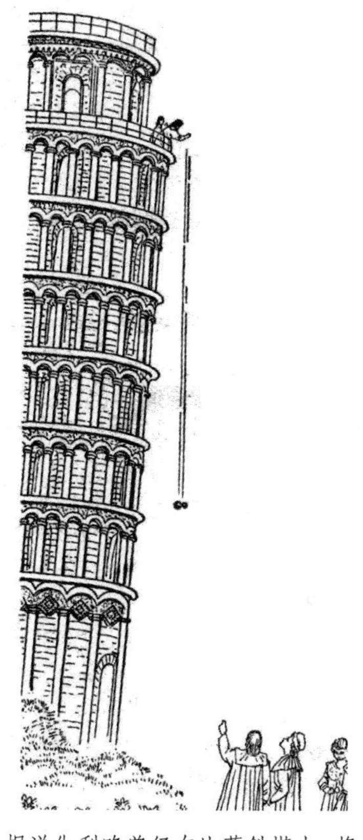

▲ 据说伽利略曾经在比萨斜塔上，将两个大小不同的石球同时让它们自由落下，结果两个球同时落地。

萨：但是，即使没有进一步的实验，也能用简短而决定性的论证清楚地证明，假如有两个物体是同一材料制成的，那么其中较重物体并不比较轻物体运动得快——总之，这同亚里士多德的想法相反。但是，辛普利邱，请你告诉我，你是否承认每个落体具有一种由自然界给定的一定的速度，亦即除非使用外力或阻力便不会增加或减小的一种速度。

请读者注意，伽利略通过萨尔维阿蒂为辛普利邱设下了一个圈套，而辛普利邱正按照萨尔维阿蒂的预想逐步进入了圈套。

辛：毫无疑问，在同一种介质中运动的同样的物体，具有由自然界给定的固定速度，这一速度是不能增减的，除非动量增加，它才会增大，或由于某种使它缓慢下来的阻力的存在而使它减小。

萨尔维阿蒂开始收紧套索了。

萨：那么，如果我们取天然速率不同的两个物体，显而易见，如果把那两个物体捆在一起，速率较大的那个物体将会因受到速率较

▲ 伽利略的名著《关于两门新科学的对话》的扉页

慢物体的影响其速率要减慢一些，而速率较小的物体将因受到速率较大物体的影响其速率要加快一些,你同意我的这个想法吗?

萨尔维阿蒂现在大约十分紧张了，因为只要辛普利邱首肯，那么此后闻名于世的“落体佯谬”的解决就将大功告成。但萨尔维阿蒂是有信心的,因为他的推理都完全符合亚里士多德的理论和逻辑推理方法。果然，辛普利邱不得不最终落进圈套。

辛:毫无疑问,你的这种看法是对的。

好,大功告成！萨尔维阿蒂一定会喜形于色、不能自抑。但越接近于成功,越要冷静,何况这是在向两千多年来的权威挑战,此举可是非同一般！萨尔维阿蒂依然平静地但又咄咄逼人地向辛普利邱发动了致命的一击。

萨:但是,如果这是对的话,并且假定一块大石头以(比如说)8的速度运动,而一块较小的石块以4的速度运动,那么把二者捆在一起,(因为轻的慢、重的快,重的受轻的拖累)这两块石头将以小于8的速率运动;但是两块捆在一起的石头(比两个单个时都要重,因此)当然比先前以8的速率运动时要大。可见,较重的物体反而比较轻的物体运动得慢,而这个效应同你的设想是相反的。你由此可以看出,我是如何从你认为较重物体比较轻物体运动得快的假设推出了较重物体运动较慢的结论来。

辛普利邱这下子可乱了阵脚，他心慌意乱了："我简直不知如何是好了……这就是说，简直超出了我的理解力。"

但是辛普利邱立即援引所谓"直觉"来给自己解围："你的讨论确实令人钦佩之至，不过，我还是觉得不容易相信鸟枪的子弹同炮弹下落得一样快。"

辛普利邱的"觉得"大体上指的就是直觉。这种直觉，实际上是大多数人共有的一种感觉。但正如爱因斯坦所说："凭直觉的推理方法是不可靠的，它导致了对运动的虚假观念"，"我们发现，一些最明显的直觉的解释往往也显示错的。"①伽利略很清楚这一点，他立即针对这个问题作了深入的剖析：

> 萨：为什么不说一颗沙粒和一块磨石下落得一样快呢？但是，辛普利邱，我确信你一定不会步许多人的后尘，他们使讨论偏离主旨而抓住我同真理只有毫发之差的某种说法不放，而这根毫发下面隐藏的另一种真理的缺点却有如船上的缆绳那般粗。亚里士多德说："一个百磅重的铁球从一百腕尺高的地方落下到地面时，一磅重的球才落下一腕尺。"我说，这两个球要同时落地，你在做实验时将发现，小球比大球落后两指宽……现在你既不应该在这两指宽的后面暗藏亚里士多德的99腕尺，也不应在提到我的小误差时，默不作声地放过他那个大错误。

爱因斯坦对伽利略的这种推理方法作了极高的评价，他说："伽利略对科学的贡献就在于毁灭直觉的观点而用新的观点来代替它。"霍尔顿也深刻指出："这一段谈话清晰地陈述了我们希望得到的看法：对自然事件天真的初始的一瞥，绝不足以作为一种物理理论的基础，虽然在空中不同的自由落体实际上不在同一时刻落到塔底，但是进一步的考虑说明，这远不如它们几乎同时落地的事实有意义。"②

① 爱因斯坦，英费尔德：《物理学的进化》，上海科学技术出版社，1979，4—5页。

② G.霍尔顿：《物理科学的概念和理论导论》(上册)，人民教育出版社，1983，127页。

伽利略最后明确地指出，由于亚里士多德的论断中出现了“佯谬”，这充分表明“亚里士多德错了”。他认为在真空中，两个物体在相同的高度上下落，其所需的时间应该相等。进一步的研究后他指出，重力加速度应与物体重量无关，只有这样“落体佯谬”才能被消除。

▲ 桌子上伽利略的论文和两个大小不同的石球，加上窗外的比萨斜塔。这种象征性的意义读者看了自然会了然于心。

4. 实验证实和第五种力

伽利略利用上面所述的简单的“思想实验”（即对一个想象的实验中可能发生的情况进行分析），并通过自由想象与逻辑分析的巧妙结合，击败了在物理学中统治了近两千年的传统思想，这无疑是物理学史上令人叹绝的一幕。此后，无数实验证明，伽利略的落体理论是正确的。直到20世纪，还有人用更精确的实验进一步作了证明。1922年，在匈牙利的首府布达佩斯，罗兰德·冯·埃特伏斯（Loránd Eötvös，1848—1919）的同事宣称，他们在埃特伏斯的领导下做的一个第一流的实验中，证实了伽利略的落体理论。精密的测量表明，万有引力对不同重量的物体作用相等，不过，在测量中出现了一些很微小的差异，埃特伏斯把它们归咎于设备上的缺陷。大部分的科学家心安理得地接受了埃特伏斯的看法，五十多年来也没有人旧事重提。

1986年1月6日，美国权威性物理杂志《物理评论快讯》上发表了一篇文章。文章的大意如下：

据美国物理学会1月6日出版的一期《物理通讯》报告说，一些物理学家在对20世纪早期的一些实验作新的分析研究之后，认为宇宙中还存在未被发现的第五种力——“超电荷力”。

新的研究认为，与伽利略的结论相反，在真空中从同样高度落下时，羽毛比金属币落得快。这是因为对物体超作用的不仅是重力，另外还有一种称作“超电荷”的力。它使不同结构的物体产生稍为不同的加速度。

这个新的研究是由以印第安纳州普杜大学物理学教授阿弗雷姆·费赫巴赫博士为首的一个科学家小组完成的。费赫巴赫博士的小组重新分析研究了匈牙利科学家罗兰德·冯·埃特伏斯在20年中所进行的实验数据，这些数据是1922年公布的。

埃特伏斯的实验包括把不同结构和质量的物体悬挂在一个扭力秤上。他的实验结果与伽利略在17世纪早期的观察基本相符。17世纪末期，牛顿根据伽利略的实验提出了他的重力公式。1916年，爱因斯坦发表他的相对论时，也根据埃特伏斯的实验认为，在一个统一的重力场里，所有物体以同样加速度下落。

▲ 匈牙利物理学家埃特伏斯

但根据费赫巴赫的研究，即使在埃特伏斯的研究中也已记录了与伽利略的理论不符的结果。但他认为这些数字没有重大意义，所以被忽略了。在详细地研究了这些数据后费赫巴赫发现，在“原始实验”数据中一些不符合伽利略理论的数字已大到足以使人认为，除重力以外，还可能有其他的力作用于物体。根据报告认为，“超电荷力”是重力的百分之一。这是已知的力中最弱的。它的作用距离为600英尺多一点。

认为这个新研究结果如果为以后的实验所证实,将对物理学和宇宙学的研究产生深远的影响。[①]

12年之后的1998年,两个国际天体科研小组独立发现了一种特别的天体现象——星系在加速膨胀。根据这个现象科学家们推测：在宇宙当中应该还存在着一种不同于目前已知的四种基本作用力的另外一种基本作用力。这种作用力同前四种作用力最大的区别就在于：前四种作用力所产生的力都是引力作用,而这种作用力恰恰相反——它所产生的力是一种斥力作用,前四种作用力全部依赖于物质质量而存在，而这种作用力则完全可以脱离物质质量而独立存在。而且科学家猜测,暗物质(dark matter)与这第五种力有关。

但是直至目前为止,第五种力的客观性还没有得到更多的验证和广泛的承认。

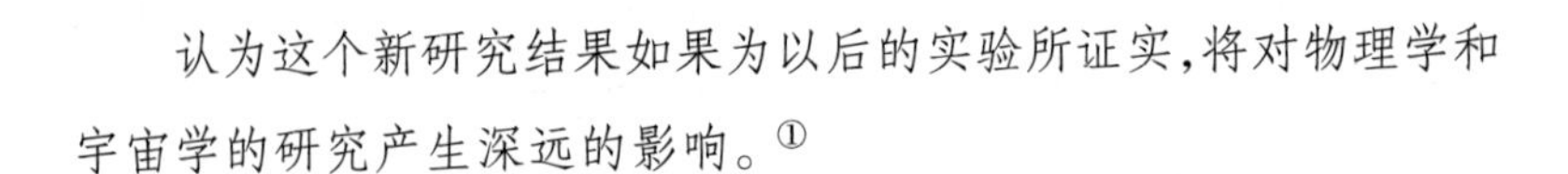

三、小球为什么不下落?

——流体动力学佯谬

力学在其各个分支部门中所取得的伟大成就,在天文学发展上的惊人成功，力学观念在那些显然不具有力学性质的问题上的应用,所有这些都使我们确信,用不变的物体之间的简单作用力来解释所有的自然现象是可能的。在伽利略时代以后的两百年间,这样的一种企图有意识地或无意识地表现在几乎所有的科学著作中。

——A.爱因斯坦

① 王杰铭,丁柯:《宇宙中存在第五种作用力——超电荷力》,《光明日报》,1986年1月14日,第四版。

据说，德国伟大的数学家、物理学家和哲学家莱布尼茨（G. W. Leibniz，1646—1716）有一次对德国的欧根亲王（Eugenvon Savoyen，1663—1736）讲解"同一律"时说，天地之间虽存在着万事万物，却没有两个完全不同的东西。欧根亲王对此表示怀疑，立即派人到御花园里去找两片完全不同的树叶，但莱布尼茨却总能够指出它们之间的同一的地方，欧根亲王对此大惑不解。欧根亲王大约很少接触过哲学和物理学，否则，他就不会对莱布尼茨的说法感到迷惑了。其实，从希腊哲学到现代物理学的整个科学的发展过程中，哲学家和科学家们总是力图将表面上极其复杂的自然现象，统一到几个简单的基本概念和规律中去。例如，早在公元前3世纪，希腊哲学家、原子论的创立者德谟克利特（Democritus，前460—前370），就曾想将所有自然现象统一到"原子"和"虚空"两个基本概念中去。他写道：

> 依照习惯的说法，甜总是甜，冷总是冷，热总是热，颜色总是颜色。但是实际上只有原子和虚空。这就是说，我们通常习惯于把感觉的事物当作是实在的，但是真正说起来，它们是不实在的，只有原子和虚空是实在的。①

不过，在古代哲学中，类似德谟克利特的这种统一自然现象的想法，只不过是一种纯粹思辨的产物，一种巧妙的想象而已。因为真正的科学研究方法是到伽利略才建立起来的。到了牛顿力学最终建立以后，人们才明白爱因斯坦说的一句话：

> 力和物质是理解自然的一切努力中的基本概念，我们不能想象这两个概念可以缺少一个，因为物质总是作为力的源泉而作用于其他物质并由此确证它的存在。②

① 《西方哲学原著选读》(上卷)，商务印书馆。1981，5页。

② 爱因斯坦、英费尔德：《物理学的进化》，上海科学技术出版社，1979，40页。

由于牛顿力学的巨大成功，人们对牛顿确立的三大定律更加深信不疑，奉为金科玉律，而它在相当长的一个时期里，也的确是无往不胜、百举百捷。在牛顿定律被逐步扩大其应用范围的过程中，也并不那么一帆风顺，实际上是充满坎坷，甚至多次被疑为陷入绝境，但最后它却总能摆脱困境。真可谓“山重水复疑无路，柳暗花明又一村”！

1. 奇怪的流体力学现象

下面我们要讲的“流体动力学佯谬”（又称“伯努利佯谬”），就是牛顿力学经历的坎坷中一个不大不小的插曲。在经历了这一坎坷之后，流体动力学却因此脱颖而出。

在生活中，我们常常会惊诧地发现流体表现出一些预想不到的效应，这些效应似乎说明流体不同于固体，它不一定遵守牛顿第二定律。下面我们介绍这些“异常”效应中的两种。

桌上放一轻的小球，再把一个玻璃漏斗放到小球上方，用嘴从漏斗对着小球用力吹气（下图（a））。你大约会预料到，小球将被气流吹跑。但奇怪的是，小球不仅没有被吹跑，反而被吸进了漏斗。当提升漏斗时，尽管小球受到重力作用，加上往下吹的气流，小球却可以跟随漏斗一起上升，而不会离开漏斗掉下来（下图（d））。按照牛顿第二定律 $F = ma$，小球受向下的力就应该被紧紧压在桌上，它怎么会“违背”牛顿第二定律向受力的反方向运动呢？

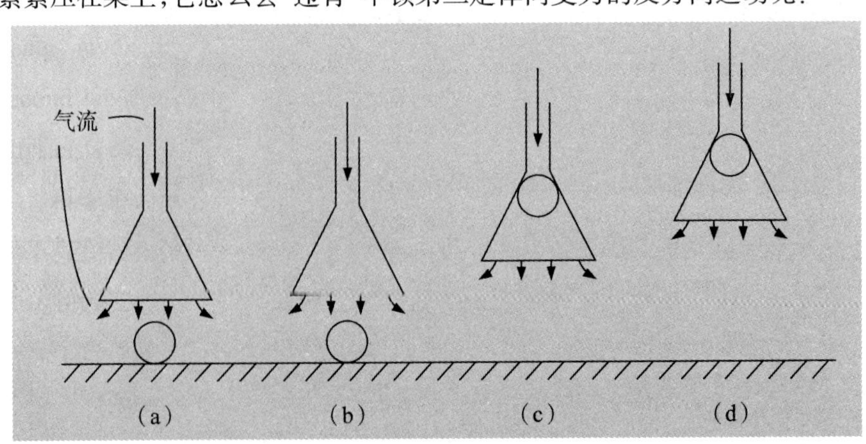

再举一个例子。向一根前端收口的小玻璃管里吹气，气流急速向上喷出，这时将一轻的小球放在气流中（甲图(a)）。我们本预料这股快速气流会把轻小球推开，但小球却并没有被推开，而是停留在离喷口不远的空中。更令人感到奇怪的是，当倾斜玻璃管时（甲图(b)、(c)），小球仍然停留在气流前方不远处，并不因倾斜而落下。按照牛顿力学中力的合成，小球应该受到一个向右的合力，所以它应该向右做加速运动（乙图），但现在小球却停留在空中。

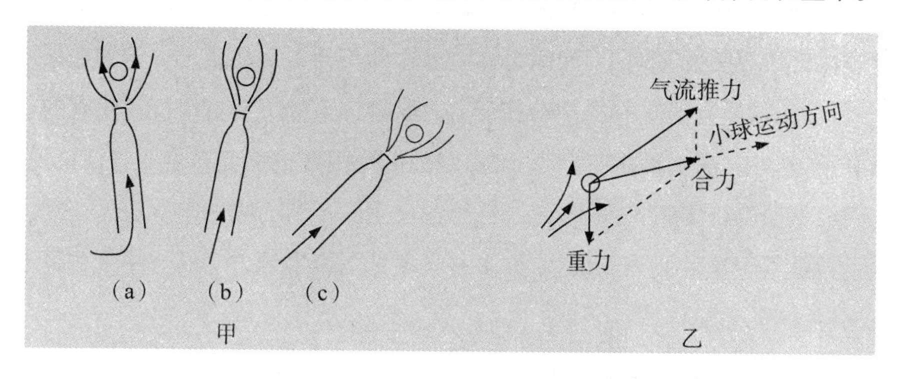

类似的“异常”现象还有很多，它们都被称为“流体动力学佯谬”。但仅从这两例就足以使人们产生一个令人感到事态严重的疑问：难道在流体的情况下，牛顿定律不再有效了吗？难道我们又需要找出另一套不同于牛顿定律的新规律，来解决流体动力学问题？当时的确是有一些物理学家认为，对流体动力学的问题，需要请出一个特殊的神秘的“精灵”来解释。但更多的科学家们还不愿意这么做。毕竟统一性、简单性思想，是人类哲学思想领域里最早萌芽、最经久不衰而且又最富有魅力的思想之一。它们已不仅仅是哲学家们的一种基本思想，而且也成为科学家们的坚强信念之一。正是基于这种信念，无数自然科学家们才始终具有旺盛的精力和激情，去探索那隐藏在错综复杂、瞬息万变的自然现象背后的统一性和简单性。伽利略在研究自由落体时就说过：

在研究天然加速运动的过程中，自然界好像亲手带领我们对所有的行动惯例和规则仔细进行观察，在这些行动中自然界总是习惯

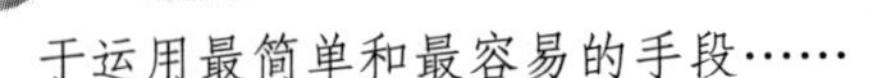

于运用最简单和最容易的手段……

……因此,当我观察一块原来处于静止状态的石头从高处开始下落并不断获得新的速度增量时,为什么我不应该相信这样的增加是以极简单和为人们十分容易理解的方式进行呢?

牛顿在他的《自然哲学的数学原理》一书中,也赫然写道:“自然界喜欢简洁。”法国数学大师彭家勒(Henri Poincare,1854—1912)认为,科学大厦就是建筑在自然界美的基础上,而简单性就是这种美的主要品质。自然界如果不美,科学家就没有研究它的冲动和活力。但科学美并不是直接打动感官的自然景色(外在之美),而是打动理智的自然和谐(内在之美)。恩格斯曾评论说:在人类早期的许多哲人那里,统一性思想已达到不言而喻的牢固程度。

正是基于这种坚强的信念,许多科学家试图用牛顿力学的规律来解释上述的“流体动力学佯谬”。

2. 丹尼尔・伯努利的研究

瑞典数学家丹尼尔・伯努利(Daniel Bernoulli, 1700—1782)在这一探索中,首获成功,所以这一佯谬又被称为“伯努利佯谬”。

关于丹尼尔・伯努利,我们在这儿做一个简单的介绍是必要的。在科学史上,瑞士曾出现了一个闻名于世的家族——伯努利家族。从 17 世纪中期开始到 18 世纪后期,这个家族先后出现过十一位数学家。其中最出名的有三位:雅科布(Jakob I.,Bernoulli,1654—1705),他的弟弟约翰(Johann I.,Bernoulli, 1667—1748),还有一个是约翰的第二个儿子丹尼尔。在这三位伯努利中又以

▲ 瑞典数学家丹尼尔・伯努利

丹尼尔成就最大。著名的伯努利家族曾产生许多传奇和轶事。对于这样一个既有科学天赋然而又语言粗暴的家族来说，这似乎是很自然的事情。一个关于丹尼尔的传说是这样的：有一次在旅途中，年轻的丹尼尔同一个风趣的陌生人闲谈，他谦虚地自我介绍说：“我是丹尼尔·伯努利。”陌生人立即带着讥讽的神情回答道：“那我就是伊萨克·牛顿。”

丹尼尔·伯努利（以下简称伯努利）在物理学领域最令人瞩目的成就是他于 1738 年出版了《流体动力学》（*Hydrodynamica*）一书。在这本书里，伯努利从牛顿第二定律 $F=ma$ 这一普遍规律出发，得出了流体动力学中一个非常简洁的原理——伯努利原理（principle of Bernoulli），用它不仅可以出色地解释上述佯谬，而且可以预言许多新现象。

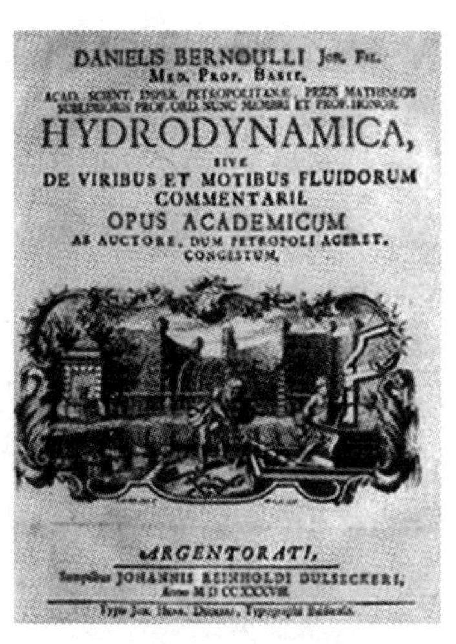
DANIELIS BERNOULLI Joh. Fil.
Med. Prof. Basil.
HYDRODYNAMICA,
SIVE
DE VIRIBUS ET MOTIBUS FLUIDORUM COMMENTARII.
OPUS ACADEMICUM
AB AUCTORE, DUM PETROPOLI AGERET, CONGESTUM.
ARGENTORATI,
JOHANNIS REINHOLDI DULSECKERI,
Anno M D CC XXXVIII.

▲ 丹尼尔·伯努利的著作《流体动力学》

伯努利原理是阐明在流体中流速和压强关系的一个原理，下面我们用一个实验来说明。

在下图中的玻璃管子中段有一较细的部分，当水从左端快速流入到细管部分时，水的流速一定更大，这是因为水在流动过程中，既不会增加，也不会减少，流过管中每一个横截面的水的体积一定相等。所以通过管内任一截面水分子的速度与截面积大小成反比——即管子细的地方水速大，粗的地方水速小，这也称为“水流的连续性原理”（principle of continuous of fluid-flow）。与水平玻璃管垂直的细管叫测压管，由其中水柱的高低即可测出该管所在处水流的压强。实验告诉我们，“流速快的地方压力就比较小”，这一结论就被称

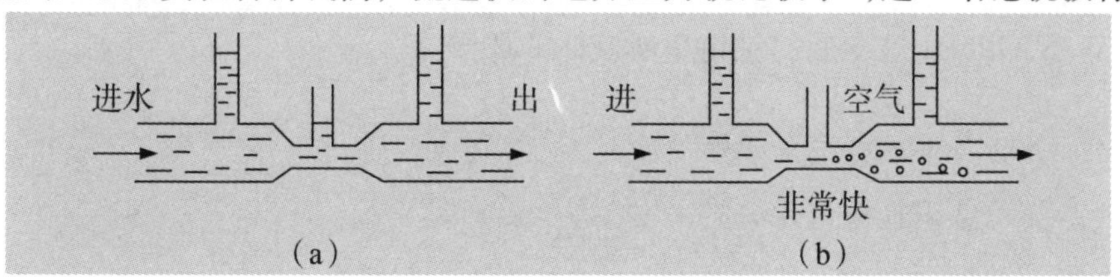

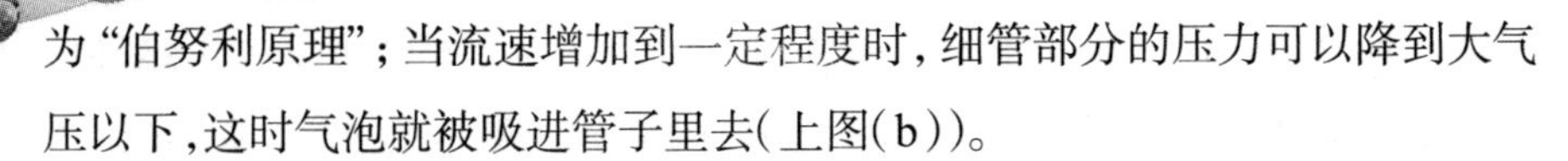

为“伯努利原理”；当流速增加到一定程度时，细管部分的压力可以降到大气压以下，这时气泡就被吸进管子里去(上图(b))。

一般说来，不论气体还是液体，只要在层流的情形下(粗略地说，层流是流速不太快。尚未形成涡流的情形)，伯努利原理始终是成立的。但是，伯努利原理总令人有种奇怪的感觉，粗看起来似乎不那么合理。但如果我们仔细分析一下，就不难发现它不过是牛顿第二定律的一个特例。我们再考虑上图的情形，假想有一体积的水从宽处流到窄处，这时这一体积的水流动加快，具有较大的动量。根据牛顿第二定律，这一体积的水由于获得向前的加速度，就必须要受到一个向前的力，这个向前的力显然只能由它前后相邻的水压来提供。也就是说，由牛顿第二定律的提示，管子宽处压力应该大，窄处压力应该小，前后压力差就提供了水加速的力。实验证实这一分析是合理的。由此可见，粗看起来似乎不合牛顿理论的流体力学佯谬，最终还是证实了牛顿第二定律：要产生加速度必须有压力差。

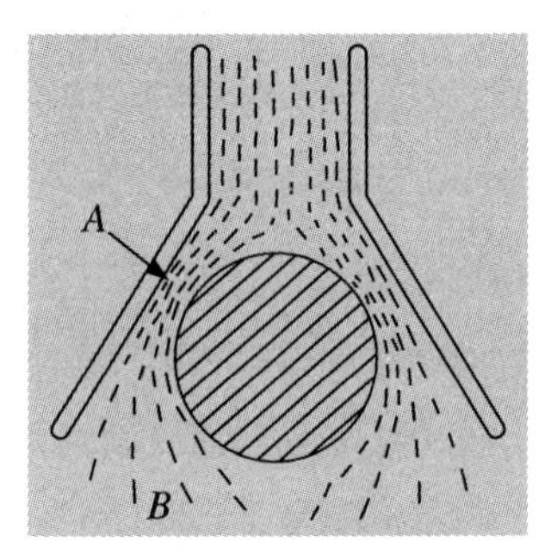

知道了伯努利原理，我们就可以回头来解释前面的两个佯谬。第一个佯谬可由右图画出的气流形象表示。气流在狭窄的间隙 A 处，由于流速较快(用“流线”表示就是流线密集)，故 A 处压力较小；而气流扩散到了 B 处以后，流速减慢(流线稀疏)，故压力较大，上下的压力差如果超过了轻球的重量，球就被托住了。

第二个佯谬似乎难于解释一些，因为在这种情形下，令人难以理解的并不是气流可以向上推小球，而是小球竟十分稳定，即使吹气管倾斜，小球也始终能稳定地待在气流中，并不像一般预料的那样会掉下来。这正如吉尔伯特(W. S. Gilbert)在一首打油诗里所戏谑的那样：

佯谬的办法多奇妙，
常识也被她开玩笑。

现在我们来分析一下小球为什么不从旁边落下的原因，如果小球向下侧运动，这时就有更多的气流从小球上方喷去(右图)，这样上方气流的速度就比较快，压力就比较小，下方因气流速度比较慢，压力就比较大，这一压力差就把将侧落的小球推回到它原来的平衡位置上去了。

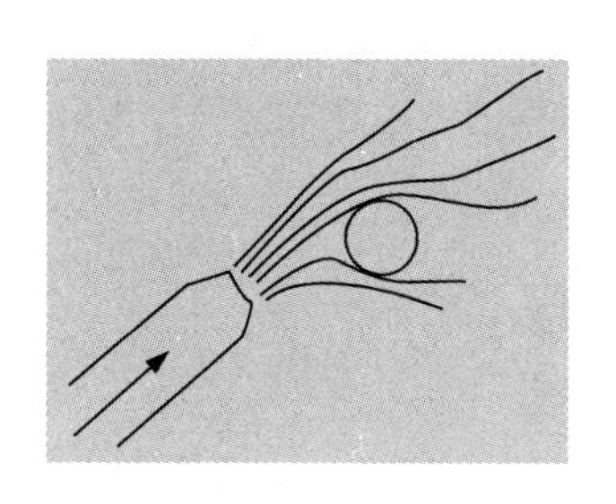

3. 伯努利方程

到此，伯努利佯谬似乎已经全部解决了。但这儿还应该申明两点：一是伯努利原理不仅仅是一个经验性的原理，它还可以从理论上加以推导，并得到一个十分简洁、优美的方程，即：

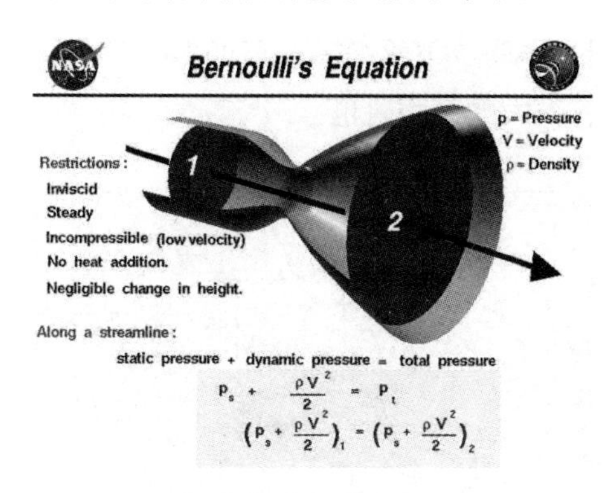

$$P_s + \frac{\rho V^2}{2} = P_t$$

$$\left(P_s + \frac{\rho V^2}{2}\right)_1 = \left(P_s + \frac{\rho V^2}{2}\right)_2$$

▲ 伯努利方程示意图

$$p + \rho gh + \frac{1}{2}\rho v^2 = Const.$$

式中 p、ρ、v 分别为流体的压强、密度和速度；h 为垂直高度；g 为重力加速度；Const.是 constant 的缩写，表示“常数”。

这个方程式叫“伯努利方程”(Bernoulli's Equation)。

二是在实际情况下，当流体速度加快到一定的程度时，流体还会产生涡旋，这时问题就变得十分复杂。我们只是初步探讨了一下解释伯努利佯谬的方法。从这一探讨中，我们可以进一步体会到科学进步的本质就是使问题简化，而不是使它更加复杂。爱因斯坦曾经说：

> 从那些看来同直接可见的真理十分不同的各种复杂的现象中认识到它们的统一性，那是一种壮丽的感觉。

美国著名物理学家吉布斯(J. W. Gibbs,1839—1903)也曾指出:"……在任何知识领域里,理论研究的一个主要宗旨,就是要找出那种使问题显示出最大的简单性的观点。"①

4. 飞机为什么会飞?

最后,作为本章的结束我们还应该指出,伯努利原理不仅可以解释一些佯谬,更重要的是它在工农业生产上有重要的应用,下面我们举两个例子。

(1)喷雾器

喷雾器的构造如图(1)所示,它由一个水平细管和插入液体杯中竖直细管组成。当我们向横管用里吹气时,直管上口处由于气流速度大,压力减小,结果杯子里液面上的大气压力就把杯子里的液体从直管压上去。液体升到管口又被气流吹散,形成雾状喷到空中。喷雾器是么一位读者都十分熟悉常见的器具,在生活中、工农业生产中都有很大的使用价值。

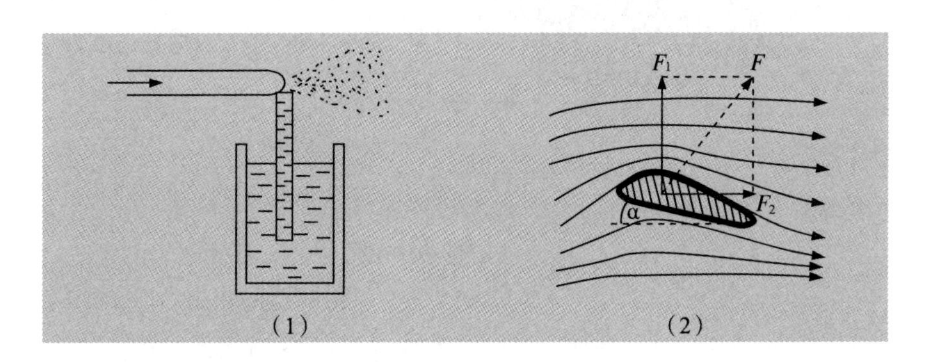

(1)　　(2)

(2)飞机机翼的形状

我们都知道飞机能飞上天与机翼的设计关系极密切,机翼的横截面图形如图(2)所示,机翼的形状上下不对称,而且它与水平方向有一个小夹角(又称为冲角)。当飞机向前飞行时(图(2)中飞机向左飞行),机翼上方气流的速

① *Josiah Willard Gibbs*, *The History of a Great Mind*, by L. P. Wheeler, woodbridge, CT: Ox Bow Press, 1998, P.88.

度比下方的大，在图上就表现为上方流线密集，下方流线稀疏。这样，机翼上方压强减少，下方加大，其压力差设为 F，F 向上而偏后，F 的竖直方向分力 F_1，称为举力，它维持飞机上升或不下坠；F 的水平方向分力 F_2 阻碍飞机飞行，称为正面阻力。图中机翼的形状，是前苏联动力学家、数学家茹可夫斯基（1847—1921）根据伯努利原理设计的。1906 年，茹可夫斯基还从理论上确定了机翼举力的公式。

▲ 前苏联数学家茹可夫斯基。他还是现代流体力学和气体动力学创始人之一，也是“俄罗斯航天之父”。

四、夜色为什么是黑的

——奥伯斯佯谬

> 实际上，从“夜是黑的”这个简单事实中，已经得出宇宙不能随便安排的结论。从所有可以设想的宇宙构造图像中，仅仅能够考虑的是没有光度学佯谬和其他佯谬的那一些。在宇宙学发展进程中，一种佯谬被克服并产生着另外的佯谬，其中每一种佯谬的克服都意味着在宇宙构造的普遍规律性上的认识前进了一大步。
>
> ——苏联《哲学百科全书》第三卷

1721 年，英国著名天文学家哈雷（E. Halley，1656—1742）在英国皇家学会上提出了一个在当时听来极为古怪，甚至令人感到可笑的问题：“如果不是恒星的数目有限，那么天空就理应非常明亮。”他认为“夜色为什么是黑的”，这是一个值得研究的问题，并不像人们所认为的那样十分容易理解。23 年之后，即 1744 年，瑞士天文学家奇西奥克斯（Jean-Philippe Loys de Chéseaux，1718—1751）再一次提到这个问题，并提出了他自己的解释。到 1823 年（亦有书上说是 1826 年），德国天文学家威尔海姆·奥伯斯（Wilhelm Olbers，1758—1840）又一次提出了这个“夜黑”问题。以后，这个问题就被称为“奥伯斯佯谬”（Olbers paradox）或“光度学佯谬”。

▲ 德国天文学家威尔海姆·奥伯斯

1. 奥伯斯佯谬

“夜色为什么是黑的”这个问题如果粗略地看来，的确像是一个不值得考虑的、显而易见的问题。人类最早观测到的天文现象之一就是夜是黑的，但这个司空见惯的现象，如果按奥伯斯的思路分析下去，你肯定也会大吃一惊，明白这个问题还真不容易给出合适的解释。下面我们先将奥伯斯的推理过程简单介绍一下。

奥伯斯在计算天空背景的亮度时发现，如果想解决这个问题，就首先得想象离我们非常遥远的宇宙深处是什么样子。为此他提出了四条假设：

（1）空间是无限的，恒星在不同程度上均匀分布其中；

（2）时间是在无穷尽地流逝着，无论在多么遥远的过去，宇宙空间都充满着恒星，而且平均来说，它们的光度没有什么变化；

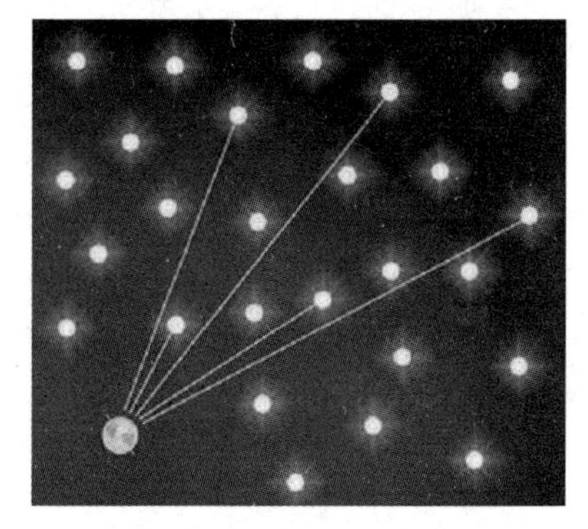

▲ 奥伯斯佯谬示意图。

（3）光的传播规律（即光离开光源后传播的方法），在整个宇宙空间都是一样的，如同光在我们的房间传播的情形一样；

（4）宇宙作为整体来说，没有大尺度的、系统的运动，即宇宙从大尺度来看是静态的（这一重要假设他作得十分含蓄，以致他本人也没有意识到他作了这样一个假设）。

这四个假设都非常符合那个时代传统的看法，与当时的宇宙观和观测是合拍的。从哥白尼（N. Copernicus，1473—1543）时代以来，科学家们都认为宇宙中不存在什么特殊的事物，我们人类所生活的地球在宇宙中也并不具有什么特别优越之处，我们预先不能对此作出什么特别的假设。如果追溯到更远古的年代，奥伯斯的假设与一种古老的自然观——“宇宙和谐”是一致的。事实上，从毕达哥拉斯（Pythagoras，公元前572—前497）到哥白尼、牛顿，都毫不例外地受到了这一激励人心的信念的鼓舞。奥伯斯也正是基于这种信念，相信宇宙是统一的、对称的、简单的，才提出了上述四个假设。有了这四个假设，奥伯斯就可以计算天空背景的亮度了。

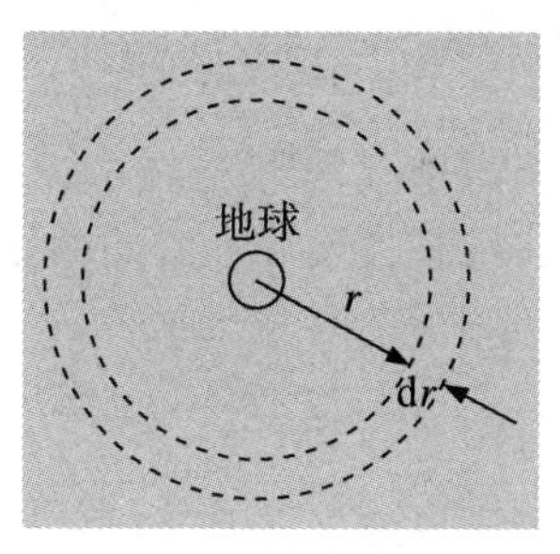

假想有一半径为 r 的巨大球壳包围着地球，球壳的厚度为 $\mathrm{d}r$（如右图），则球壳的体积为 $4\pi r^2\mathrm{d}r$。这里要注意的是，虽然球壳厚度取的是一个微分元 $\mathrm{d}r$，但 $\mathrm{d}r$ 只不过是相对于 r（宇宙尺度）而言才是一个微分量。实际上在 $4\pi r^2\mathrm{d}r$ 体积内，仍可包含大量的恒星。假定单位体积里恒星的数目是 N，每颗恒星发光的平均亮度为 L，则球壳里全部恒星的亮度为 $NL4\pi r^2\mathrm{d}r$。由于这些光向四面八方均匀地发射，故落到半径为 R 的地球上的亮度为

$$\frac{\pi_{R_2}}{4\pi_r^{\,2}}NL4\pi r^2\mathrm{d}r = NL\pi R^2\mathrm{d}r$$

这样，整个宇宙发射到地球的光亮程度就应该是

$$\int_0^{\infty} NL\pi R^2\mathrm{d}r = NL\pi R^2\int_0^{\infty}\mathrm{d}r$$

显然，这个积分值将趋向无限大。这就是说，无论在哪个方向上，地球上

看到的天空都应该是无限亮的，不但黑夜根本不会存在，而且整个地球都会燃烧起来。这个结论很明显与事实完全不相符合，因为地球上夜色是黑的，白天也不会无限明亮，，地球不仅没有燃烧起来，而且还在逐渐冷却。

2. 寻求出路

奥伯斯佯谬说明，理论的预言与实际的观测不符。在这种情形下，理论所根据的前提假设必定有错误。奥伯斯在推论的过程中有四个假设，为了从这个佯谬中解脱出来，我们至少得舍弃其中的一个假设。在这里我们应该特别注意的是，奥伯斯的四个假设都涉及到宇宙这个宇观尺度上的时间、空间及物质运动的性质，因而无论我们舍弃或修正哪一个假设，都会导致我们对宇宙认识的巨大改变。可见，“夜色为什么是黑的”绝非是一个简单的小问题，它是宇宙学研究中的一个重大课题。其实，这一佯谬早在1610年就由德国天文学家开普勒（J. Kepler，1571—1630）讨论过，他把它作为反对宇宙是无限的和宇宙中包含无数恒星这种观念的一个论据。

那么，我们到底应该舍弃哪一个假设呢？科学家们为此做过各种尝试，以求圆满解释这一佯谬。1774年，瑞士天文学家奇西奥克斯提出过一种解释，他认为光在空间传播的过程中存在一种微小的损失，其累积效应足以避开这个困难。显然，这是希望对第三条假设给予修正。但是进一步的计算表明，这一修正是不成功的。

在此后不久，德国数学家兰伯特（J. H. Lambert，1728—1777）提出了等级式宇宙学模型，以取消第一条假设。这个模型认为恒星的分布是不均匀的，是以一定规律的成团形式分布着。这个观点影响较大，延续的时间也较长，直到20世纪20年代还不断有人进一步发展这个模型。例如，瑞典天文学家沙利叶（Carl. W. L. Charlier，1862—1934）在1922年还利用这个模型做了一次有意义的尝试。然而除了个别人外，大部分天文学家都不相信沙利叶所设想的成团等级制。

除了这两种尝试外，一百多年来还有许多其他的尝试，但后来都相继被否定了。在所有这些尝试中，有一点很值得注意，那就是科学家们很少去修正第四个假设，即科学家们似乎都认为宇宙从大尺度上来看是静态的，认为这一假设是不证自明的。这种“不证自明”的设想根深蒂固地潜藏在人们心中。在古代，不论哪个民族的宇宙观，差不多都是把天穹看成是一种类似盖子一样的东西罩在大地之上。在中国古代有“天圆如张盖，地方如棋局”的盖天说。南北朝时代，一首民歌更形象地描述了盖天说：

敕勒川，阴山下，
天似穹庐，笼盖四野。
天苍苍，野茫茫，
风吹草低见牛羊。

古埃及人认为，大地顶上的苍天是一块无限大的金属片，它被大地四个角上的四座大山支撑着。古巴比伦人则认为天空的形状像一个扣在大地上的碗。古代人的这种宇宙观，实际上就是宇宙不会改变这种观点的具体表现。时至近代，虽然古代的盖天说被否定了，但是宇宙静止不变的观点却已经形成一种潜在的成见沿袭了下来。为了解释一个奥伯斯佯谬，人们还没有胆量去怀疑这一似乎不可辩驳的“不证自明的事实”。

▲ 1917 年前后的爱因斯坦

1917 年，科学史上一桩最大胆的预言轰动了整个科学界。谁也没有预料到，一百多年来无法解释的奥伯斯佯谬不仅因此得到了比较可信的解释，而且还成了验证这个预言的可信观测之一。下面我们先简单介绍一下这桩预言提出的过程。

1916 年，爱因斯坦创立了广义相对论之后，为了明显地在定量上区别自己和牛顿的引力理论之间的差别，他不得不将自己的注意力转向宇宙的大尺度特征。1917 年，他发表了论文《根据广义相对论对宇宙学所作的考查》。在这篇论文里，虽然爱因斯坦没有给出有关宇宙的定量预言，但他的成就却不能低估，因为他第一次从动力学的观点考查了整个宇宙，并建立了第一个后来颇令人满意的、自洽而统一的宇宙模型。爱因斯坦的宇宙模型仍然是一个静态宇宙模型。在他看来，他没有理由背弃从大尺度上看宇宙是静止的这一传统观念。这里还应该特别指出的是，爱因斯坦曾经发现从他最初的场方程出发，无论如何也得不出一个静态宇宙模型解。为此，他不惜对原来的场方程提出修正——在引力方程中加了一个“宇宙常数”，以保证宇宙从总体上是静态的。

3. 科学史上一桩最大胆的预言

几乎在爱因斯坦提出静态宇宙模型的同时，即 1917 年初，英国天文学家德西特(W. de Sitter，1872—1934)在递交给皇家天文学会的论文中，提出了一个不同于爱因斯坦的宇宙模型。德西特指出，在实际宇宙中，可以证明很遥远的天体正背离我们而去，这可以说是关于宇宙膨胀最早的预言，而且也可以说是科学史上一桩最大胆的预言。

爱因斯坦立即表示不赞成德西特的宇宙学模型。1917 年 3 月 14 日他在给德西特的信中表示了自己的反对意见，并指出德西特的模型在离观测者有限距离处含有一个奇点，因此是不合理的。但德西特的助手克罗伐指出，爱因斯坦在计算中犯了一个根本性的错误，因而他的反对是没有说服力的。德西特在 1926 年的一篇文章中回忆这一争论时说，爱因斯坦虽然是一个伟大的科学家，但“他的天文学知识却极为贫乏”。

1922 年和 1924 年，前苏联列宁格勒大学数学教授弗里德曼(1888—1925)发表了两篇关于宇宙学的论文。在论文中他指出，宇宙的几何特性在大尺度范围内应随时间而变化，这种变化具有“扩大”的性质，即宇宙可以膨胀，而且这种背离我们而去的膨胀速度大致与它们之间的距离成比例。

爱因斯坦看了弗里德曼的文章以后不久，指出文章中有一个错误，如错误得到更正则弗里德曼的解将仍然是一个静态解。但不久爱因斯坦承认是自己弄错了,并赞扬了弗里德曼的研究工作。1932 年 4 月,比利时数学家、物理学家勒梅特(G. Lemaitre,1894—1966)在他的著名论文《与河外星云的视向速度有关的质量恒定和经向膨胀的均匀宇宙》中,又一次独立地得出了弗里德曼的模型。

如果我们考虑到静态的宇宙模型已有几千年的历史,而且新模型预言涉及到整个天文学空间,那么我们就会明白,这几位科学家敢于预言我们的宇宙必定是膨胀着(或收缩着),的确是需要非凡的勇气和学识。说它是科学史上一桩最大胆的预言,一点也不过分。但这个预言毕竟还是纯理论性的推测,是解方程时得出的一个可能解,它到底能不能为实践观测证实呢?这显然是科学界翘首以待的事情。正在这时,美国威尔逊天文台传来了令人振奋的消息。

在 1910 年—1920 年间,美国天文学家斯里弗(V. M. SIipher,1875—1969)在研究星云光谱时,他从大量光谱资料中发现,除了少数星云外,大多数星云辐射光的光谱有相当大的红移,其中室女座等三个星云的红移特别明显。如果用多普勒效应[①]来解释红移的起因,这就意味着这些星云在远离我们而去,而且用多普勒效应的公式,我们还可以算出这种远离而去的速度。例如,上面提到过的室女座中的星云远离速度达到每秒 1000 千米左右,比常见的恒星视向速度大 10 到 100 倍。这样快的速度在当时的天文观测中是从没遇到过的。更令人意外的是各个方位上的星云都有红移现象发生,这也就是说,我们四周所有的星云都在远离我们而去。这不正是一幅宇宙在膨胀的图景吗?

1929 年,美国威尔逊天文台的天文学家哈勃(E. P. Hubble,1889—1953)利用当时最大的天文望远镜(口径 2.50 米)测定星云距离,与斯里弗理论得出

① 多普勒效应(Doppler effect)指的是:物体辐射(或者声音)的波长因为波源和观测者的相对运动而产生变化。在波源与观测者距离减少时,波被压缩,波长变得较短,频率变得较高(称为蓝移 blue shift);当波源与观测者距离加大时,会产生相反的效应,波长变得较长,频率变得较低(称为红移 red shift)。波源的速度越高,所产生的效应越大。根据波红(蓝)移的程度,还可以计算出波源与观测者之间相对运动的速度。

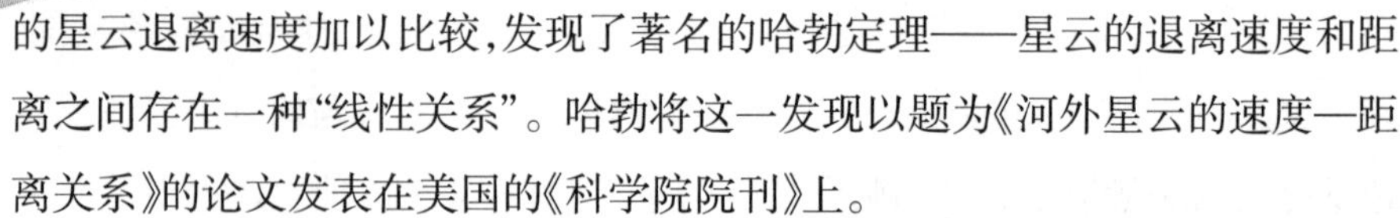

的星云退离速度加以比较,发现了著名的哈勃定理——星云的退离速度和距离之间存在一种“线性关系”。哈勃将这一发现以题为《河外星云的速度—距离关系》的论文发表在美国的《科学院院刊》上。

哈勃定律发现后不久,英国皇家天文学会主席爱丁顿(A. S. Eddington,1882—1944)就极力推荐这一发现,认为它是对德西特等人依据广义相对论推出的宇宙膨胀模型理论的一种支持和验证。但由于从哈勃定理推算星体年龄出现了一些困难,故而宇宙膨胀的理论一时还遭到怀疑和反对。但这一困难到1958年,被美国天文学家桑德杰(Allan Sandage,1926—2010)妥善解决。于是大多数科学家都相信:宇宙膨胀理论是可以接受的。

▲ 美国天文学家哈勃正在大型天文望远镜里作观测。

除了“红移”支持宇宙膨胀理论以外,还有第二个观测也支持宇宙膨胀理论。这就是“夜色是黑的”这一自古以来就观测到的自然现象。因为宇宙膨胀理论取消了奥伯斯的第四个假设,因而在这种理论模型中,奥伯斯佯谬不再存在,而应与观测的结果完全符合。为什么这么说呢?下面我们作一个简单的计算就可以明白这一点了。如果按哈勃定律,我们知道星体远离速度 v 是距离 r 的线性函数,即

$$v(r,t)=v(t)r$$

那么,在严格按照牛顿力学速度合成定律的情况下,位于 r 处的星体向地球辐射的光,其速度将为 $(c-v(t)r)$。显然,在

$$r\geqslant\frac{c}{v(t)}$$

处的星体,其光的辐射速度将成为负值(对地球而言),这也就是说,在

$$r\geqslant\frac{c}{v(t)}$$

处，星体辐射的光不是向着地球，而是离开地球而去，所以这些辐射光不会到达地球。那么，前面的积分式上限就不再是无穷大，而是 $\frac{c}{v(t)}$ 了，即

$$NL\pi R^2\int_0^{c/v(t)}\mathrm{d}r$$

这样，膨胀宇宙理论的模型就解决了奥伯斯佯谬。

▲ 美国天文学家桑德杰在大型天文台里。

不过，严格说来上面的叙述是不严谨的，因为光的运动不能用牛顿力学速度合成法合成。也就是说，我们上面解决奥伯斯佯谬的方法是在牛顿力学框架里进行的。

五、阿拉果之谜

当一个理论在很顺利地发展时，突然会发生一些出乎意料的阻碍，这种困难在科学上常常发生。有的把旧的观念加以简单推广似乎是一个解决困难的好办法，至少暂时解决困难是可以的……可是那旧理论往往已无法弥补，而困难终于使它垮台，于是新的理论随之兴起。

——A.爱因斯坦

阿拉果(D. F. J. Arago，1786—1853)是法国著名的物理学家和天文学家。在天文学方面，他发现了太阳的色球层，还测定过多个行星的直径，1830 年他出任巴黎天文台台长。在物理学方面，他对电磁学与光学的研究蜚声于物理学界。

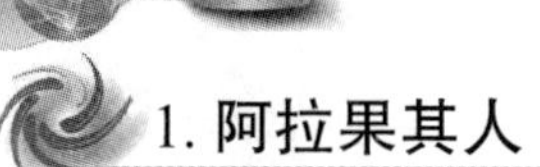

1. 阿拉果其人

1800年，英国物理学家托马斯·杨(Thomas Young,1773—1829)批评了牛顿光的微粒说,积极倡导光的波动说。杨的波动说一提出,立即遭到猛烈的攻击。一位名叫布卢汉姆(H. P. Brougham,1778—1888)的进步派评论家在《爱丁堡评论》(*Edinburgh Review*)第二期和第四期上,非常粗暴地将杨训斥、侮辱了一通,说他的文章“没有任何值得称之为实验或是发现的东西”,“没有任何价值”,指责杨提出的干涉原理是“荒唐”、“不合逻辑”的,是一种想入非非的梦想。波动说大有再次被扼杀的危险。但到1817年,波动说的兴起有了生机,这与阿拉果的大力鼎助有极大关系。阿拉果是当时法国科学家中唯一支持波动说的,而像拉普拉斯(P. S. Lap1ace,1749—1827)、毕奥(J. B. Biot,1774—1862)这样一些著名的科学家,当时几乎全都赞成牛顿的微粒说。

▲ 法国物理学家阿拉果

阿拉果对微粒说信仰的动摇,始于1813年。他当时已经认识到1801年杨的干涉理论能更好地解释色偏振等实验事实。因此,1815年,当法国科学家菲涅耳(A. J. Fresnel,1788—1827)在法国科学院初次宣读关于光的衍射论文时,就得到阿拉果和珀蒂(Alexis Therese Petit,1791—1820,巴黎工艺学院物理教授)的全力支持,他们用折射实验证明波动说的优越性,并驳回拉普拉斯等一个接着一个的攻击。

阿拉果还和菲涅耳一起系统地研究偏振光的干涉。但菲涅耳用横波完满地解释了光的双折射和偏振后,阿拉果却持保留态度。

英国物理学家廷德尔(J. Tyndall,1820—1893)曾评论说:“通过那时掌握了舆论界的一个作者的激烈挖苦,这个有天才的人(指托马斯·杨——本文作者注）被压制了——被他的同胞的评头论足的才智埋没了——整整二十年，他事实上被当作梦呓者……他首先要感谢著名的法国人菲涅耳和阿拉果，感谢他们恢复了他的权力。”①

阿拉果不仅是一位杰出的科学家，他还是政治活动的积极参与者，1848年法国大革命时，他曾被选为法国临时政府的战争与海军部长。在任职期间，他下令取消了法国殖民地的奴隶制度。

2. 阿拉果之谜

1822年，阿拉果和他的朋友德国地理学家洪堡（A. von Humboldt，1769—1859）在格林威治山测量地磁场强度时，发现了一个十分奇怪的现象。当磁针放在金属板上面时，它的振动明显地迅速衰减。阿拉果敏锐地感觉到这一效应可能会导致重大后果，遂于1824年11月22日在法兰西科学院会议上首次宣布了这一发现。会议报告上是这样记载的：

> 阿拉果先生口头报告了他所做的某些实验，实验内容是关于金属和其他许多物质施加于磁针的影响，其效应是该影响能快速减少摆动的幅度，而不致可觉察地改变摆动周期。

1825年3月7日，阿拉果又向科学院报告和演示了另一个奇怪的现象：把一个铜盘放在一个磁针下面，当铜盘转动的时候，磁针便会发生偏转，甚至可以连续转动。1825年第28卷《化学和物理学年刊》上作了如下的报道：

> 阿拉果先生曾向科学院展示了一种仪器，仪器以新的方式表明了磁化物体与非磁化物体相互施加的作用。
>
> 在他的第一批实验中，阿拉果先生证明，一片铜或其他任何固体物质或液体物质，在置于磁针之下时，能对这针施加一种作用，而且这作用的直接效应是改变摆动的幅度，但是其摆动的周期没有可

① *Six Lectures on Light*, 2d. ed., New York, 1877, p. 51.

察觉的变化。他向科学院展出的现象可以说是与上一次展出的次序相反。阿拉果想，既然一根运动着的磁针可以被一个静止的金属片所吸引，那么，一根静止的磁针也一定可以被一个运动着的金属片所带走。事实上，在置入封口容器的磁针下面，如果我们以一定的速度使一个铜片转动的话，那么，该磁针就不再停留在它原来的位置了……当铜片转动越快，它就离开铜片越远。如果转动的运动足够大的话，则离铜片一定距离的磁针就环绕其所系的细线而继续转动。①

阿拉果的发现，立即引起欧洲各国物理学家们深切的关注，促使许多人作了进一步的研究。例如，英国皇家学会的巴比奇（C. Babbage，1792—1871）和赫歇耳（J. F. W. Herschel，1792—1871）就做过许多实验，广泛地研究这一令人迷惘而费解的现象。他们不仅用铜而且还用其他许多金属演示了这一效应，他们发现在各种金属圆盘因磁铁转动而引起的偏转中，以铜的偏转角度最大，其后依次为锌、锡、铅、锑、汞、铅，而非金属的偏转角为零。他们还认为，这种偏转效应的发生一定是盘内有某种电流在流动，因此他们在盘上挖了各种形状的槽（见下图），结果，他们惊异地发现，挖了槽之后偏转减小。

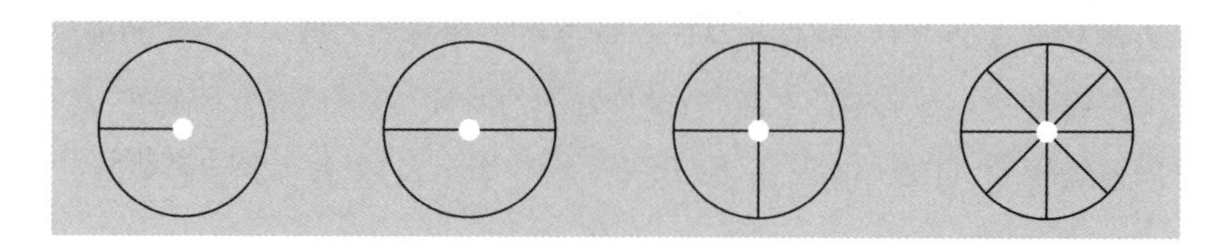

所有以上所说的各种发现，用当时已知的电磁学知识根本无法解释，这是因为当时电流产生磁的现象才刚刚发现，人们对电和磁之间的关系还不十分清楚；再加上由于安培电动力学的影响，电学家们把磁现象和电磁现象都简化地归结为电流的现象，忽视了电和磁之间多方面的关系。这样，阿拉果的发现就成为物理学界一个多年来悬而未决的佯谬，并被称为“阿拉果之谜”。

① *Arago's Works*, vol. IV, p. 424。

为了深刻了解这个谜，我们还得从丹麦物理学家奥斯特（Hans Christian Oersted，1777—1851）在1820年作出的划时代发现讲起。

3. 奥斯特伟大的发现

奥斯特早年就读于哥本哈根大学，1799年获哲学博士学位，他不仅喜爱自然科学，而且对自然哲学有特殊的领悟能力，德国哲学家谢林（F. W. J. Schelling，1775—1854）的自然哲学思想尤其使他发生兴趣。1801年—1803年当他到德国等西欧国家访问时，他仔细地研究了谢林的《自然哲学思想》等著作。谢林将当时自然科学的成果广泛地进行了整理，然后指出了自然现象的总的联系，提出了因自然的发展引起的矛盾斗争这一正确概念。谢林将自然界对立的诸方面如正电和负电、南极与北极等，都看成是积极的因素，而不是将它们看成一种被动的、凝固的矛盾东西。他曾说过：

▲丹麦物理学家汉斯·奥斯特

“对立在每一时刻都重新产生，又在每一时刻被消除。对立在每一时刻这样一再产生又一再消除，必定是一切运动的最终根据。”①

谢林还特别强调对自然现象应从总的联系方面进行理解，从发展的观点进行理解，“完善的自然理论应是整个自然借以把自己融化为一种理智的理论”。②他认为自然界不同运动形式间存在着某种同一性，光、电、磁、重力、化学力都是相互有联系的，是同一事物的不同侧面。谢林的这些哲学思想，对奥斯特有深刻的影响，1803年他就说过：

“我们的物理学将不再是关于运动、热、空气、光、电、磁以及我们所知道的任何其他现象的零碎的汇总，而是将整个宇宙容纳在一个体系之中。”

① 谢林：《先验唯心论体系》，商务印书馆，1977，148页。

② 谢林：《先验唯心论体系》，商务印书馆，1977，147页。

1812年,奥斯特在他的《关于化学力和电力的统一的研究》一书中,作了一个大胆的、认真的,但现在看来又十分可笑的推测,他认为电流通过较细的导线有明显的发热现象,那么,导线如果再细一点就可能发光,如果继续变细到一定程度,电流就会产生磁效应。虽然这些推测有些可笑,但他的结论却令人肃然起敬:

"我们应该检验电是否以其最隐蔽的方式对磁体有所影响。"

▲ 1920年,奥斯特电流磁效应的实验。他把一枚磁针放在可以通电流的电线之下。当电流接通时,磁针旋转。

1820年春,奥斯特在这一强大信念的支持下,终于在实验中发现了电流的磁效应。事情一旦成功,人们才发现电对磁体的影响原来并不那么"隐蔽"。关于奥斯特实验发现的详细过程,挪威物理学家克里斯托弗·汉斯滕(Christopher Hansteen, 1784—1873)曾在1857年给法拉第(M. Faraday,1791—1867)的信中详细谈到,一般书上的描述奥斯特伟大的实验发现大都根据这封信。下面我们将信的原文引用如下:

在上一世纪就已有一种普遍的想法,认为电力和磁力之间具有很大的相似性并且或许是同一性,问题只在于如何用实验来证明它。奥斯特试着把他的伽伐尼电池的导线垂直地(成直角地)放在磁针的上方,但是没有显示可觉察的运动。有一次在他的讲演结束以后,当时他已用强伽伐尼电池做了其他实验,他说:"现在,当电池还是很强的时候,让我们试做一次导线和磁针平行放置的实验。"当他按照这个方式做的时候，他为看到磁计发生大的振动（几乎是和磁子午线成直角）感到十分迷惑和震惊。那时他说“让我们现在掉转电流的方向”，而磁针偏向相反的方向。这样，就作出了伟大的发现，并且据说“他偶然地使磁针转过来”，这也不是没有道理的。与提出力应该是横向的任何其他人相比，他没有更深刻的思想。但是，好像拉格朗日讲过牛顿的类似的机遇：“这样的偶然性仅仅被那些理应得到它们的人所碰上。”①

我们说奥斯特的实验是划时代的，有两方面原因。

其一，它显示了两种在以前看来完全不同的现象，即电和磁之间存在着某种联系，将谢林等自然哲学家们的哲学思想变成了实实在在的物理现实；

其二，它揭露了机械观在应用上存在着巨大困难。这一困难在右图的实验中，表现得十分清楚：当图中圆形线圈通电流时，置于圆心的磁针偏离原来的位置，最后平衡在如图的位置上。即，如果将书所在平面代表线圈的平面，则磁针的一极将指向读者，另一极垂直书面指向书里面。这一实验确凿地表明，作用于磁极的力垂直于线圈平面，它既不在金属线和针的连线上，也不在流动电粒子和基本磁偶极子的连线上。人们惊异地发现，这力竟与这些连线垂直！这可与所有机械观所描述的力（如万有引力、库仑力等）完全不同，这些力都沿着相互作用物体间的连线上。这一困难的彻底解决是几十年以后的事情了，但与本文所讲的“阿拉果之谜”的解释很有关系。

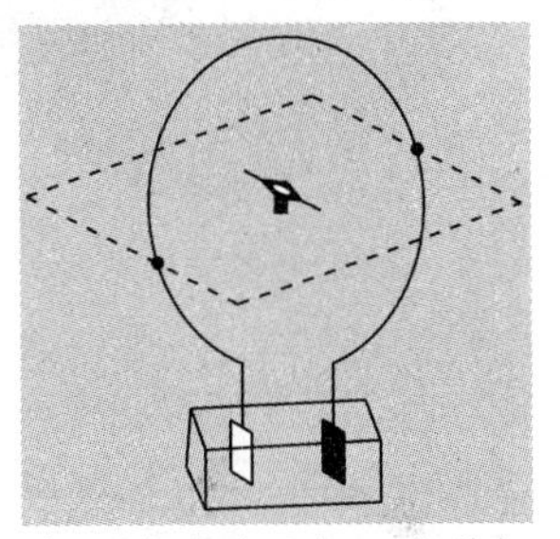

▲ 图中虚线平行四边形表示磁针所在的平面。

4. 安培的实验

奥斯特发现了电流的磁效应以后，很多科学家就想到，既然电可以产生磁，那么反过来，磁似乎也应该产生电流。事实上，在奥斯特宣布了他的发现

① 卡约里:《物理学史》，内蒙古人民出版社，1981，222 页。

后仅三个月，菲涅耳就曾经向法兰西科学院报告说，他已经成功地应用磁性作用取得了电流。他的实验是将螺线管里放一块磁铁，然后将螺线管两个线端插入水中，菲涅耳“发现”，水被线圈中产生的“电流”分解了，如同伽伐尼电池可以分解水一样。于是菲涅耳宣称：磁被成功地转化为电了！

▲ 法国物理学家安培

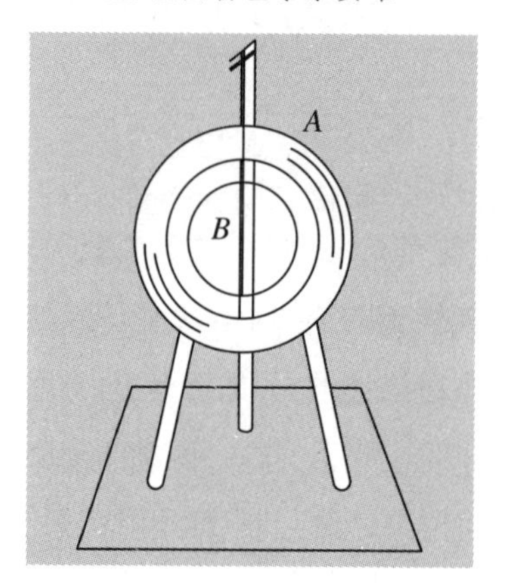

这一消息立即引起了轰动，大家竞相重复菲涅耳的实验。结果发现，菲涅耳的实验根本不可能产生电流。虽然菲涅耳的实验以失败告终，但他的这一设想却启发并鼓舞了许多物理学家进一步从事这方面的实验。法国物理学家安培（A. M. Ampère，1775—1836）是其中非常积极的一位。1821年，他做了如左下图所示的实验，A 为一铜质多匝绝缘线圈，固定在绝缘支架上，B 为一较小的单匝铜质线圈，悬挂在未扭转的细丝上，并与固定线圈在同一平面内。安培认为，既然通电的线圈可以使铁心磁化，那么当 A 通电流时，B 线圈中也应该产生电流，只不过比较微弱。这时 B 就相当于一个悬挂起来的磁铁，如果用另一个磁铁向它靠近，B 就应该转动，但遗憾的是 B 并没有转动。现在的读者看到这里也许会提出一个问题：如果将磁棒迅速向 B 线圈里面插进去，按我们已经学过的电磁感应知识，只要磁棒磁性足够强（这在当时来说应该是没有问题的），B 线圈就会前后摆动，为什么安培竟然没发现呢？

这个问题显然问得很有道理。也许安培预先设想的是，B 线圈在 A 通电后是一个悬挂磁铁，那么他很可能只是像磁棒靠近磁针使磁针转动那样，不会是迅速将磁棒靠近 B 线圈，这样就不太容易引起摆动。另外，据史书记载，安培曾向科学院报告说,当固定线圈 A 通电、断电瞬间,B 线圈似乎有微弱的转动。这说明安培已经走到了重大发现的边缘,可惜正如日本物理学家广重彻所说:

> 有些实验实际上也产生了感应电流。但是……也同研究电流的磁效应时一样,因为所预期的结果同实际上所发现的效果不一样,所以安培和菲涅耳都不能对实验中所出现的现象作出正确解释,同时也不能进一步去研究为了产生这些现象需要什么样的条件。他们所期待的是,由静止的磁铁或者稳定的电流来产生电流。[①]

这种期望"由静止的磁铁或稳定的电流来产生电流"的思想,可以从瑞士物理学家德拉里夫(A. de la Rive,1801—1873)的助手科拉顿(J. D. Colladon,1802—1893)设计的一个实验明显地表现出来。他把电流计用很长的导线与放在另一房间里的螺线圈相连接,当他把磁铁插入线圈后,再跑到放电流计的房间里去看电流计的指针是否发生了摆动,结果当然是否定的。科拉顿如果有上帝保佑,有一个助手碰巧在放电流计的房间里工作,并恰好当电流计的指针在摆动的时候(也就是当科拉顿在隔壁房间里将磁铁插进线圈的时候),他的助手抬起头看了电流计一眼,那科拉顿就不会像现在这样鲜为人知了。

由于这种不正确的指导思想在当时物理学家中占绝对的统治地位(包括后来发现了电磁感应的法拉第在内也一直这样思考),所以不仅安培、菲涅耳等人的磁生电实验无法成功,也同样使得"阿拉果之谜"一直无法解开。

5. 法拉第解开阿拉果之谜

1831 年 8 月,神秘的"阿拉果之谜"终于被英国物理学家法拉第解开。法拉第在奥斯特实验成功之后不久,也独立地想到磁生电的可能性,但他也是从稳恒电流产生电磁感应着手,所以在十来年时间里,毫无成就地重复了多

① 广重彻:《物理学史》,上海教育出版社,1986,257—258 页。

次实验。

1825年,他做了如右图所示的实验,实验仪器由三部分组成:倒悬的莱顿瓶 A,铜质转盘 B 和可使转盘转动的转台 C。法拉第用两根硬导线从带电的莱顿瓶两极,接出两个突出的终端紧挨在铜盘上方,然后他让转台带动铜盘转动。法拉第预期莱顿瓶将因铜盘的转动而跟着转动,但结果使他十分失望,莱顿瓶并没有转动。

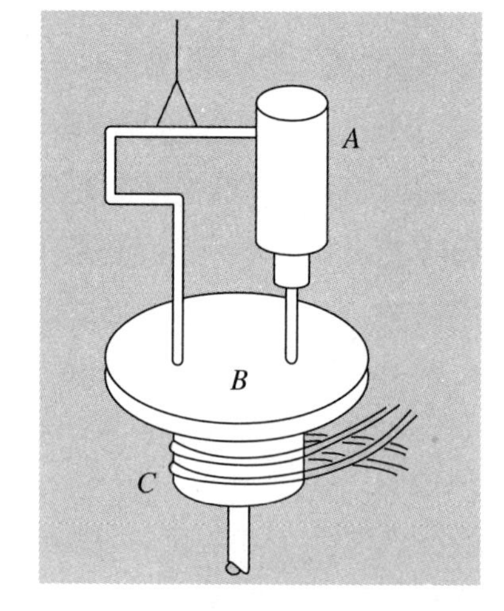

1828年,法拉第又设计了一个实验,其装置如右下图所示。铜质线圈 A 用一小球 B 平衡地悬挂起来,它们可以灵敏地绕悬线转动。法拉第将一强磁铁置入线圈 A 内,他认为线圈 A 可能因磁铁作用而感生出电流来。这时如果再用第二个磁铁接近线圈 A,A 就会绕悬线转动。这个实验的思想与安培设计的实验完全一样。法拉第也许认为自己设计的装置灵敏度高于安培设计的装置,可以将微弱的磁生电效应显示出来。可见,这时的法拉第仍然没有突破安培、菲涅耳等人的思想,还是着眼于静态、稳恒,所以他又一次失败了。法拉第虽然遭失败,但他的信念没有发生动摇,他坚信磁一定可以生电,所以从未中断这方面的实验。有一句英语格言说得好:“perseverance is the only road to success.”(不屈不挠是取得胜利的唯一道路)法拉第付出的艰辛劳动,终于使成功这位可爱的天使向他微笑招手。

▲ 英国物理学家法拉第

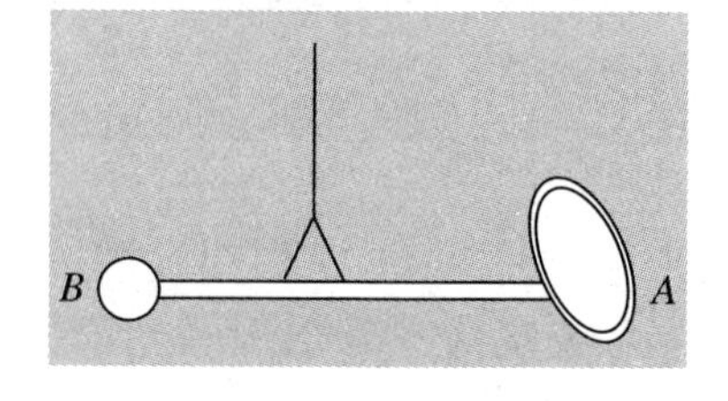

1831 年 8 月 29 日，这是人类历史上值得纪念的一个日子。这天，法拉第用如图（1）所示的实验装置做了一次实验。铁环上绕有两组线圈 *A* 和 *B*，其中一组接到电流计 *G* 上，另一组则接到电池上。他想试一试在电流接通后，电流计的指针会不会摆动。应该指出，在做这个实验之初，法拉第并没有正确解决“磁生电的条件”这一至关紧要的问题，所以我们不难理解，当法拉第意外地发现当电流接通或断开的那一瞬间，电流计的指针竟摆动起来！这使他十分惊讶。他开始意识到“磁生电”可能是一种“瞬时效应”（instantaneous effect），并非以前追求的那种稳定效应。这一实验在中学课本上都有，其实验线路图见图（2）。当启闭开关 S 的时候，或者改变电阻 *R* 的时候，*B* 线圈电流发生变化，于是 *A* 线圈产生感应电流，*G* 的指针发生摆动。

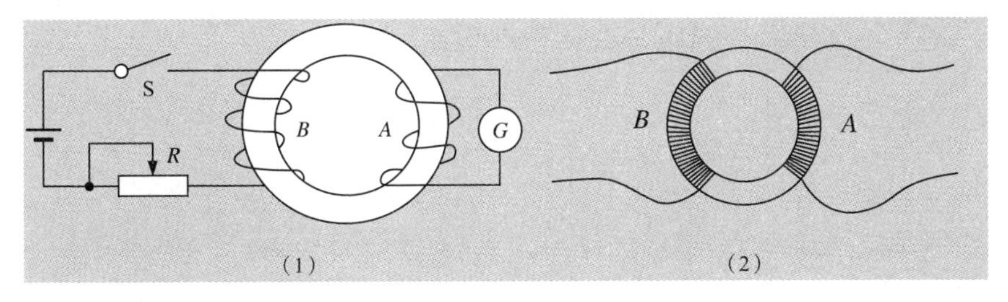

（1）　　（2）

但是他并没有立刻完全明白这一发现的重大意义，所以他在给友人的信中写道：

“我好像抓住了好东西，但这并不是鱼，说不定可能是藻屑。”

接着在 9 月 24 日、10 月 1 日和 10 月 17 日，他又连续成功地做了几个实验。通过这些实验法拉第才知道，自己抓的不仅是一条鱼，而且是一条硕大无比的鱼。这时，他才终于明白电磁感应原来是一种瞬时效应，以前安培、菲涅耳和他自己之所以长期不能实现磁生电的效应，正是因为以前追求的是稳恒的效应，所以大错特错！

1831 年 11 月 24 日，法拉第写了一篇论文，首次向英国皇家学会报告了整个实验情况，并总结出下面几种情况可以产生感生电流：

（1）变化着的电流；

（2）变化着的磁场；

(3)运动着的稳恒电流；

(4)运动着的磁铁；

(5)在磁场中运动的导体。

至此，法拉第划时代的伟大发现，终于大功告成。多年悬而未决的“阿拉果之谜”也终于被解开。原来这个谜底就是由于电磁感应引起。当铜盘转动的时候，由于上面有磁针，由于电磁感应铜盘上就会产生电流，电流引起磁针的运动。铜的导电性最好，所以这种效应就会最强。如果在铜盘上挖了槽，铜盘上的电流会减弱或者中断，因此磁针的运动也会减弱或者终止。

六、麦克斯韦妖

近一个世纪以来，麦克斯韦作为热力学第二定律的破坏者，提出了一个假定的存在物，自那时以来，它占据了许多杰出科学家的心。

——W. 爱伦伯格[①]

在科学史上，在继牛顿把天、地运动规律统一起来之后，英国伟大物理学家麦克斯韦(James Clerk Maxwell，1831—1879)又把电、磁、光统一起来，实现了物理学史上的第二次伟大的大综合。1873 年出版的《论电和磁》(*Electromagnetism*)，也因之被尊为继牛顿《原理》之后的一部最重要的物理学经典著作。没有电磁学就不可能有现代文明。麦克斯韦除了在电磁学上建立了丰功伟绩以外，在热学

▲ 英国物理学家、电磁理论奠基者麦克斯韦

① 《麦克斯韦妖》，W. 爱伦伯格著，吴之仪译，上海人民出版社，94 页。

和分子运动论、统计物理学领域，也作出了重大的贡献。

1. “麦克斯韦妖”的来历

1871 年，麦克斯韦在他的《热的理论》一书末尾《热力学第二定律的限制》的一节里，写了下面的一段话：

> 热力学中最确凿不移的事实之一是，如果一个封闭在既不允许体积变化又不允许热量流通的系统里，而且其中温度和压强处处相等的话，那么，在不消耗功的情况下使系统里温度或压强不均匀，那是不可能的。这就是热力学第二定律。当我们能够处理的只是大块物体，而不清楚构成物体的分子结构时，这无疑是正确的。但是如果我们设想有某个存在物(a being)，它的才能如此突出以致可以追踪每个分子，它的属性仍然如我们自身的属性一样基本上是有限的，但这样一个存在物能做到现在对我们来说是不可能做的事。我们知道，在一个温度均匀的充满空气的容器里的分子，其运动速度不是均匀的，然而大量分子的平均速度几乎完全是均匀的。现在让我们假定把一个容器分为两部分，A 和 B，在分界上有一个小孔，再设想一个能见到单个分子的存在物，打开或关闭那个小孔，使得只有快分子从 A 跑向 B，而慢分子从 B 跑向 A，这样，它就在不消耗功的情况下，B 的温度提高，A 的温度降低，而这就与热力学第二定律发生了矛盾。

这段话里提到的“某个存在物”(a being)，就是鼎鼎大名的、一个多世纪以来一直在物理学界兴风作浪的“麦克斯韦妖”(Maxwell demon)。美国科罗拉多大学物理学教授伽莫夫 1962 年曾指出：

“麦克斯韦‘妖’是统计物理中一个很重要的角色。”[①]

看到这里，读者一定有些迫不及待地想了解这个“妖”到底是何方冒出来

① 乔治 · 伽莫夫：《物理发展史》，商务印书馆，1981，110 页。

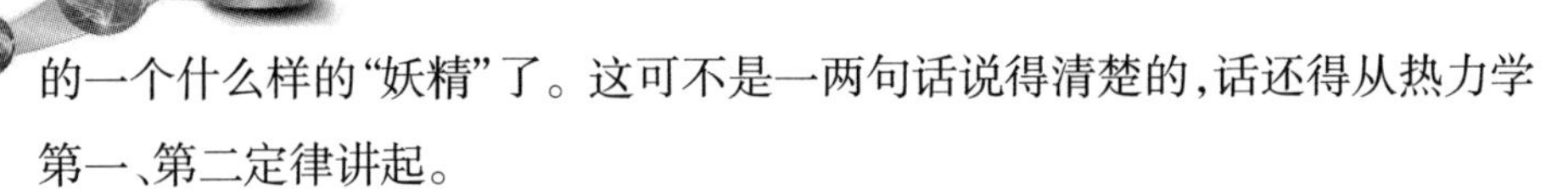

的一个什么样的“妖精”了。这可不是一两句话说得清楚的，话还得从热力学第一、第二定律讲起。

2. 热力学第一、第二定律

德国物理学家亥姆霍兹(H. L. F. von Helmholtz，1821—1894)在 1847 年发表的论文《论力的守恒》中，阐述了能量守恒定律。亥姆霍兹的这篇论文是关于能量守恒定律最严谨、最全面的论述，其影响也最大。但应该注意的是，在那时“能量”(energy)这个术语尚不通用，亥姆霍兹所说的“力”(force)实际上就是指“能量”。下面我们在引用他的话时，为了方便已经将“力”改成了我们已经习惯的“能量”了。亥姆霍兹指出：

“从对一切其他的已知物理和化学过程的这类研究中可以得出这样的结论，自然界作为整体来说它蕴藏着一定数量的能量，它既不会减少，也不会增加，因此自然界中能量的数量是永恒的和不变的，就像物质的数量是守恒的一样。我把用这种形式定义的这一普遍规律称为‘能量守恒定律’。”[①]

亥姆霍兹所说的能量守恒定律，即热力学第一定律。在亥姆霍兹提出热力学第一定律三年之后，即 1850 年，德国物理学家鲁道夫·克劳修斯(Rudolf Clausius，1822—1888)又提出了热力学第二定律的最初表述：

▲ 德国物理学家克劳修斯

对于一个自动的机器来说，在没有任何外界作用的帮助下，不可能将热量从一个物体转移到另一个温度较高的物体。

1851 年，威廉·汤姆逊(William Thomson，1824—1907，即 Lord Ke1vin)更加谨慎地叙述了热力学第二定律：

① H. Helmholtz，Scientific Menmories，*Natual Philosophy* (Trans. By John Tyndall)，1853.

> 不可能在非生命物质的帮助下，把物质的任何部分冷却到它周围物体最冷的温度之下，以产生机械效应。

汤姆逊所提到的“非生命物质”是很值得注意的，它与以后的麦克斯韦妖有深刻的联系。汤姆逊为了让人们注意他所提到的“非生命物质”，特别作了如下的解释：

“如果我们不承认这个定律在一切温度下的有效性，那么我们就不得不认为，能够在运动中引入一个无意识的机器，并且借助于大海和陆地的冷却而得到任何数量的机械功，直到陆地、海洋或直到整个物质世界的全部热量耗尽为止。”

热力学第二定律的这两种说法在本质上都说明了一个共同的问题，即在自然界里凡是与热现象有关的过程都是“不可逆的”(irreversible)。克劳修斯指出热传导是不可逆的：一根烧红了的铁块可以把自身的热量自动地传给周围温度较低的空气，最后铁块的温度与周围空气的温度一样；但有谁见过铁块周围的空气会自动冷却，把热量传给铁块而使铁块变成白热状态？而汤姆逊则指出功变热是不可逆的：小球从高处落下，与空气摩擦以及与地面碰撞产生热，这是重力做的功自动变为热；但有谁见过地面与空气自动冷却做功，使小球又上升到原来的高度？如果铁块能自动变成炽热(以周围空气自动冷却为代价，因而满足热力学第一定律)，小球能自动上升到原来的高度，那可真是妙不可言，这在历史上叫作第二类永动机。可惜这些妙不可言的可能性，都被热力学第二定律彻底否定了！

3. 熵增加原理和热寂说

自然界这种不可逆的过程是无限多的，而且可以证明所有这些不可逆过程相互之间都是彼此有联系，还可以相互推导。克劳修斯认为，既然这些无限多的不可逆过程都彼此相关，那就应该可以找到一个共同的函数，以判定自然界过程允许的方向(例如热传导允许的方向是从高温自动传向低温)和

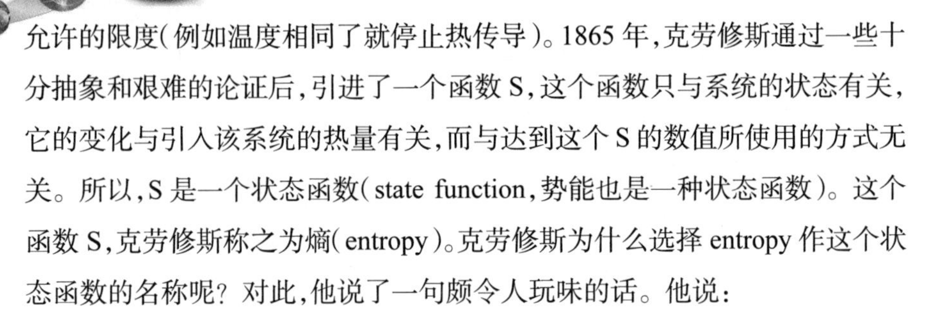

允许的限度(例如温度相同了就停止热传导)。1865年,克劳修斯通过一些十分抽象和艰难的论证后,引进了一个函数S,这个函数只与系统的状态有关,它的变化与引入该系统的热量有关,而与达到这个S的数值所使用的方式无关。所以,S是一个状态函数(state function,势能也是一种状态函数)。这个函数S,克劳修斯称之为熵(entropy)。克劳修斯为什么选择entropy作这个状态函数的名称呢?对此,他说了一句颇令人玩味的话。他说:

"在确定一些重要的科学量的名称时,我宁愿求助于古代的文字……熵在希腊文里表示'变化'。我专门挑选了'熵'这个词,是为了使它与'能量'(energy)一词在发音上有相同之处。因为按照它们的物理意义这两个量很相似,我认为,使它们的名称在发音上也相似是有益的。"[①]

的确,熵是一个与能量紧密相关的物理概念,它表示在一个孤立系统中,热能转化为其他形式能量的能力衰减程度。用熵来描述热力学第二定律,那就是说在任何孤立系统中,系统总是向逐步丧失转化能力的方向发展,亦即一切变化总是使系统向熵增大的方向进行。这就是著名的克劳修斯的"熵增加原理"(principle of entropy increment),也是热力学第二定律最普遍(和最抽象)的描述。前面提到的克劳修斯和威廉·汤姆逊的描述,都是这一最普遍描述的特殊情形。例如:热量从高温物体传向低温物体,能量转化能力逐渐衰减,因而熵是增大的,这种过程就可以自动发生;而相反的过程,即热量自动由低温传向高温物体,这时能量转化能力增强,熵在过程中逐渐减少,不符合"熵增加原理",所以这种过程不可能自动发生(尽管没有违反能量守恒定律)。

克劳修斯的熵增加原理,有非常深刻的物理意义,它指出自然界的一切过程是有方向的。有一些过程虽然并不违背热力学第一定律,但违背熵增加原理,因而不可能发生。这无疑是物理学的一个巨大进步。但非常遗憾的是克劳修斯以及另外几位物理学家,把这个定律任意外推到无限的宇宙中去。

---

① *The Second Law of Thermodynamics*, W. F. Magie, ed., New York, 1899.

1865 年 4 月 24 日，克劳修斯在苏黎世自然科学家联合会上作了一篇题为《关于热动力理论主要方程各种应用的方便形式》的演讲，该文同年发表于德国《物理和化学年鉴》上。在演说中他指出：

> 宇宙的熵趋向于极大。宇宙越是接近于熵这个极大的极限状态，进一步变化的能力就越小；如果最后完全达到了这个状态，那就任何进一步的变化都不会发生了，这时宇宙就会进入一个死寂的永恒状态。①

1867 年 9 月 23 日，克劳修斯在德国自然科学家和医生的一次集会上，在题为《论热之唯动说的第二原理》的演说中，正式提出“热寂说”（heat death）。这就是 19 世纪 70 年代轰动一时的“热寂说”的来龙去脉。

▲ 英国诗人史温朋画像

英国一位名叫史温朋（Algernon Charles Swinburne，1837—1909）的诗人，甚至写了一首读了令人感到毛骨悚然的诗，形象地描述了“热寂”到来时那可怕的情景，其中有两句是：

> 在那永恒的黑夜里，
> 只有没有尽头的梦境。

正当“热寂”说在人们中间引起强烈反响，并在某些人中间产生悲观厌世的情绪之时，奥地利物理学家玻尔兹曼（L. F. Boltzmann，1844—1906）和麦克斯韦就已经看出了其中的问题：难道“热寂”就无法避免？不可逆性到底是物

① “‘热寂说’不是热力学第二定律的科学推论”，王竹溪，《自然科学争鸣》，1975，(1)，62 页。

理学的一个基本定律，还是仅仅只是一个近似规律？他们试图提出某些理论来描述自然界的真实变化，虽然他们的理论由于当时科学水平的限制还是很不完全的，但在物理学史上仍然留下了不可磨灭的功绩。

▲ 奥地利物理学家玻尔兹曼

4. 麦克斯韦妖真的存在吗？

麦克斯韦在当时就已经模模糊糊地意识到，自然界可能存在着某种与熵增加相反的过程。由于他当时不清楚这种相反过程（即熵减少过程）的机理，于是他提出了一个十分有趣而又相当迷惑人的"思想试验"（thought experiment），这就是本文开始引用的麦克斯韦的那段话里的"某个存在物"，亦即麦克斯韦妖。他想利用这个"妖"的特殊本领（能够在不消耗功的情形下挑选个别的分子），使熵增加的趋向停止，甚至逆转。

一百多年来，麦克斯韦妖的概念一直使物理学家们感到困惑。正如英国伦敦大学物理教授爱伦伯格（W. Ehrenberg）在1967年的一篇文章中所说的那样：

"近一个世纪以来，麦克斯韦作为热力学第二定律的破坏者，提出了一个假定的存在物，自那时以来，它占据了许多杰出科学家的心。"（This hypothetical being, invoked by James Clerk Maxwell nearly a century ago as a violator of the second law of thermodynamics, has occupied the minds of many prominent physicists ever since）[①]

科学家们绞尽脑汁地思考这么一个问题：麦克斯韦妖是否真的存在？如果不存在，熵减少是否就绝不可能出现？那么，宇宙作为一个整体总有一天会达到熵极大，所有运动将全部消失。如果麦克斯韦妖真的存在，岂不是又违反了热力学第二定律？也就是说第二类永动机可以制成了。这真是一个

① W. Ehrenberg: Maxwell' s Demon, *Scientific American*, May 1967, vol 217, pp. 102—110.

难于解开的谜！

但是，尽管这是一个如此难解之谜，不理睬它却是不行的。正如里夫金(J. Rifkin)和霍华德(T. Howard)所指出的那样："麦克斯韦对熵定律的挑战是不能忽视的。"[1]为什么不能忽视呢？控制论的创始人维纳(N. Wiener, 1894—1964)说，"简单地不承认麦克斯韦妖，那我们就要失去一个难得的机会来学习关于熵的和在物理学上、化学上、生物学上可能的系统的知识。"[2]

正因为科学家们深入研究了麦克斯韦妖所涉及到的各方面的问题，才不仅在热学方面取得了巨大成就，而且还促进了信息论、控制论、生命等学科的发展。

下面我们就一百多年来，科学家对麦克斯韦妖认识的深化过程作一简单回顾。

首先我们要提到的是 W ·威廉·汤姆逊的评论。由于威廉·汤姆逊特别强调"动物并不像一架热机那样动作"，所以他很敏感地认识到麦克斯韦妖与他的想法有共同之处：

> 根据麦克斯韦对妖这个词的定义来看，它应该是一个有智力的存在物(an intelligent being)，它具有自由的意志，相当灵敏的触觉和知觉敏锐的机构，因而它能观察和影响物质中的单个分子……麦克斯韦妖与真实动物之间的差异，只在于它非常非常小以及极端的灵敏——它不能创造或消灭能量——它只能储藏有限的能量，并按自己的意志再现这些能量……"分类妖"是纯力学的概念，对理论物理有极大的价值。[3]

威廉·汤姆逊这句话的意思十分明显，他指出麦克斯韦妖(即热力学第二定律假想的破坏者)应当具备三个条件：生命体、有智力和非常非常小

① J. 里夫金，T. 霍华德：《熵——一种新的世界观》，上海译文出版社，1987，37页。
② 苏汝铿："从比热商到变克斯韦妖"，《自然杂志》，2卷11期，674页。
③ J. 里夫金，T. 霍华德：《熵——一种新的世界观》，上海译文出版社，1987，38页。

(extreme smallness)。那么,威廉·汤姆逊的看法是不是正确的呢?我们至少可以提出两点疑问:这些条件确实是不可少的吗?它们是否充分?

▲ 英国物理学家威廉·汤姆逊,即开尔文勋爵,他正在演示一个仪器。

5. 玻尔兹曼的统计理论和麦克斯韦妖

接下来我们应该谈到玻尔兹曼的工作了。1866年,22岁的玻尔兹曼尝试从力学的观点来证明热力学第二定律。1877年10月,亦即麦克斯韦妖提出六个年头之后,玻尔兹曼在《热的力学理论第二定律和概率计算或与热平衡有关的几个定律》一文中指出,物质是由数量极大的分子组成,而每一个分子运动时它们运动的速度、方向都毫无规则,只能用统计理论来解释它们的行为。我们在宏观上所看到的状态只是一种概率的问题。于是玻尔兹曼得出了这样的结论:

> 大多数情况下,初始状态也许是概率极小的状态。系统由此向更大概率的状态过渡,最后达到最可几的状态,即热平衡状态。若把这个观点试用于热力学第二定律,则通常称为熵的这个量等同于这里所讨论的状态发生的概率。

于是热力学第二定律被玻尔兹曼解释为:任何孤立系统趋向于具有最大概率的平衡状态,这种状态与均一的温度、压力等相关联。我们又知道,出现分子有序排列的概率远远小于无规则(或无序)的排列,因而,这一定律实质上表明在一切物理过程中,有序系统都趋向于变成无秩序的。于是,克劳修斯的熵在玻尔兹曼的统计力学中有了新的含义,即:熵是系统中运动的混乱程度(或无序性)的量度,能量则是系统有序性的量度。

有了玻尔兹曼的统计理论,麦克斯韦妖才逐渐"原形毕露"。

1913年,波兰物理学家、统计力学先驱斯莫鲁霍夫斯基(M. Smoluchowski)在哥廷根的一次演讲中,根据玻尔兹曼的结论:一个系统的熵值也不是稳定的,它可以涨落(即变大变小的意思),这种涨落的状态当然不是最可几,而是非最可几状态(improbable states)。这一分析正确回答了四十多年来科学家们关于麦克斯韦妖的种种猜疑。斯莫鲁霍夫斯基指出,利用玻尔兹曼的计算方法,可以定量地估计涨落出现的比率。计算结果指出,大的涨落十分少见,但非常小的涨落则经常出现。这就是说,违背热力学第二定律出现熵减少的状态,其可能性还是有的。在麦克斯韦的思想实验中,即使没有那令人心烦的麦克斯韦妖,A、B两室的分子全部自动集中到A室或B室的可能性也存在,但其出现的几率与A、B两室的粒子数N的关系为

▲ 统计力学先驱、波兰物理学家斯莫鲁霍夫斯基

$$P(\text{几率})=\frac{1}{2^N}$$

而我们知道,1mol气体分子总数为$N\approx6\times10^{23}$,这就是说,出现上述情况的机会只有$\frac{1}{2^{6\times10^{23}}}$! 因而,其出现的机会实际上是趋于零。换句话说,一个观察者如果能等天文数字那么长的时间,他才有可能看到熵急剧减小的事件。

爱丁顿爵士曾非常形象地说:“如果有一群猴子在打字机上乱蹦乱跳,它们也‘可能’会碰巧打出大英博物馆的所有藏书。然而就是这样的可能性,也要比分子回到容器中的一半的可能性要大得多。”①

因而,麦克斯韦认为微观上热力学第二定律可以被违反原则上是正确的,但其几率趋向于零。

1951年,法国物理学家列昂·布里渊(Léon Nicolas Brillouin,1889—

① J. 里夫金,T. 霍华德:《熵——一种新的世界观》,上海译文出版社,1987,38页。

1969）在《应用物理杂志》上发表了题为《麦克斯韦妖不起作用》一文。他用熵的信息论的观点，进一步解决了麦克斯韦妖这一难题。我们知道，熵增加原理只适用于完全孤立的系统，并不适用于体系中非孤立的部分。而麦克斯韦所涉及到的是气体和妖合成的总体系，气体的熵仅是总体系熵的一部分，气体的熵减少并不一定就违反熵增加原理，因为它可以以妖的熵增加为代价。布里渊正是从这一角度解决困难的。他指出，麦克斯韦妖如果要能够分辨气体分子运动速度的大小，就必须从外界获得信息，而“信息可以用负熵来定义”，所以麦克斯韦妖将引起环境的熵增加。按奥地利物理学家薛定谔（E. Schrödinger，1887—1961）的说法就是：麦克斯韦妖将从环境中取得负熵。

J. 里夫金、T. 霍华德曾非常形象地说明布里渊的比较抽象的观点：

> （麦克斯韦）假定他的小妖能识别分子运动的速度（速率和方向），并能见机行事……当小妖窥视充满均匀温度的气体的封闭容器的两个部分时，均匀的辐射使它什么也看不见。容器里的均匀度使它能察觉到热辐射及其消长，但却看不见任何分子……于是我们得出结论，认为他的小妖需要一定的光源来打破容器中辐射的平均状态。所以我们就给它一定光线来识别分子。灯光把高质量的能量带入了容器系统，从而使小妖管好小门把高速运动与低速运动的分子分开。虽然这个小妖能使气体的秩序增加（从而降低它的熵），然而光源的混乱度与熵却有了更大的增加。如果把光源、小妖以及气体作为一个系统来看，那么正如热力学第二定律所要求的那样，只会使熵的总值增加，从而使永动机成为泡影。①

这样看来，麦克斯韦妖事实上是一个能产生负熵的开放系统。因为它是开放系统，当然就谈不上违反热力学第二定律。这样的“麦克斯韦妖”多得很，

① J. 里夫金，T. 霍华德：《熵——一种新的世界观》，上海译文出版社，1987，37 页。

例如电冰箱、生物体、黑洞……因为它们都是可以产生负熵的开放系统，所以都可以看成是麦克斯韦妖。比利时化学家伊利亚·普里高津（Ilya Prigogine，1917—2003，1977年诺贝尔化学奖获得者）的耗散结构，实际上也是一种麦克斯韦妖。

▲ 比利时化学家普里高津，他因为发现耗散结构理论获得1977年诺贝尔化学奖。

从以上简单的回顾可以看出，对麦克斯韦妖的研究已经涉及到物理、化学、生物学、控制论、信息论以及宇宙学等许多不相同的学科，而展现在人们面前的将是热力学的新的突破。普里高津学派已经在新的道路上迈开了步子，对非平衡态的不可逆过程热力学和耗散结构（dissipative structure）开展了日趋深入的研究。①下面我们引用联合国教科文组织某文件上的一段话来结束本文，一定颇有启迪：

> 某些科学家经常感到，在有生命的系统中，有序性的出现、再生和生长是违背热力学第二定律的。现在人们不再这样看了。的确，有生命的系统的有序性是可以增加的，但只有在把能量扩散到环境中去，和把叫作食物的复杂分子（碳氢化合物、脂肪）变为简单的分子（O_2、H_2O）时才有可能。例如，要使一个健壮的人的体重保持不变，一年需要消耗大约500公斤食物，同时（从人体和食物）把50万千卡（200万千焦耳）的能量扩散到环境中去。人体的有序性可以不变甚至增加，但环境的有序性减少得更多。生命的维持实际上是一个消费过程，在这一过程中自然界的无序性增加了。

① 耗散结构是自组织现象中的重要部分，它是在开放的远离平衡条件下，在与外界交换物质和能量的过程中，通过能量耗散等作用，经过突变而形成并持久稳定的宏观有序结构。

七、开尔文的第二朵乌云

麦克斯韦是第一个发现经典物理定律有错误的人。

——R. P. 费曼

19世纪末,经典物理似乎已达到了让众多科学家顶礼膜拜的境地。但也正是这个时期,反常现象却不断出现,严重地冲击着整个物理学的基础。到20世纪来临时,连素以保守著称的英国著名科学界元老开尔文勋爵也不得不在一次演讲中承认:

> 动力学理论断言热和光都是运动的方式,可是现在,这种理论的优美性和明晰性被两朵乌云遮蔽得黯然失色了。第一朵乌云是随着光的波动论开始出现的,菲涅耳和托马斯·杨研究过这个理论,它包括这样一个问题:地球如何通过本质上是光以太这样的弹性固体而运动呢?第二朵乌云是麦克斯韦、玻尔兹曼关于能量均分的学说。①

关于第一朵乌云,本书下一章将会论及,这里我们要讨论的是开尔文提到的第二朵乌云。在上面提到的讲话里,开尔文用大部分篇幅讨论了第二朵乌云。他断言,双原子或多原子气体比热理论计算值,"与观察的明显偏离绝对足以否认玻尔兹曼—麦克斯韦学说"。他还预言,"实际不存在玻尔兹曼、麦克斯韦学说与气体比热真实情况相符的可能性",因而"达到所期望的结果的最简单的途径就是否认这一结论"。

开尔文提到的比热理论所遭受的困难,曾长期使科学家们迷惑不解,成为一个难解之谜。正如意大利裔美国物理学家赛格雷所说:

① 刊于1901年7月出版的《哲学杂志》和《科学杂志》合刊号,文章题目是:《19世纪悬浮在热和光动力理论上空的乌云》。

“这些佯谬使统计力学的学生们感到烦恼：玻尔兹曼、开尔文勋爵、瑞利勋爵（Lord Rayleigh，1842—1919）和其他许多人都对它们迷惑不解。”①

下面我们先将这一困难（或佯谬）产生的历史情况作一简要的回顾。

▲ 美国物理学家赛格雷，1959年获得诺贝尔物理学奖。

1. 历史的回顾

1859年，麦克斯韦把气体分子看作刚性小球，并从概率的角度证明：在温度为T的热平衡状态下，分子的每一个自由度（free degree）平均地具有同样的动能$\frac{1}{2}kT$，其中k是玻尔兹曼常数，T是绝对温度。这就是物理学中著名的“能量按自由度均匀分布定律”，简称为“能均分定律”（law of energy equipartition）。后来，玻尔兹曼又把麦克斯韦的能均分定律推广到任意数目的粒子体系中去。因此，这条定律又被人们称为麦克斯韦—玻尔兹曼能均分定律。

能均分定律是关于分子热运动动能的统计规律。在经典统计物理学中，这个定律有严格的证明，而且由这一定律出发，可以导出理想气体状态方程，解释许多物理学现象，对常温下的固体和单原子气体的比热，它也能够给出与实验测定值一致的结果。

看来，经典统计物理学是非常令人满意了。但不幸的是，当麦克斯韦把这个定律用来研究“两种比热的关系式”（即理想气体的定压比热C_P和定容比热C_V之商$\gamma=\frac{C_P}{C_V}$）时，他发现理论值与实验值不符。这使他感到非常迷惑。按照经典统计物理的理论，在考虑了原子的平动、转动和振动等全部自由度的贡献后，γ的理论值应该是9/7，即1.286。但在常温下，氢的γ的实际值却

① 赛格雷：《从X射线到夸克》，上海科学技术文献出版社，1984，72页。

是 1.404，氧的是 1.399，都与理论值不相符合。

在当时，首先认识到这一理论值与实测值不符所引起的困难的本质是麦克斯韦。1860 年，麦克斯韦在《气体动力学理论范例》一文中严肃指出：

> 在建立了所有粒子（不是小球）的平动和转动之间的一个必然联系后，我们证明了一个由这样的粒子组成的系统，不可能满足众所周知的两种比热的关系式。尽管动力理论在其他方面可能令人十分满意，但是这一理论值与实测值的不符，推翻了所有的假说。

许多科学家并没有及时认识到这一困难的严重性。例如玻尔兹曼就曾试图利用"分子和周围以太介质的相互作用"来摆脱这一困难，但麦克斯韦不同意玻尔兹曼的想法。在一次化学协会的演讲中，麦克斯韦指出：

"无论如何，我以为靠介质来摆脱困难是不可取的，那只会使本已十分复杂的比热计算，变得更加复杂。"①

他已经敏锐地觉察到，有某些基本定律出了问题，所以他说："在完整地描述分子物理理论中，一定有某种本质的东西被我们忽视了。"

虽然由于时代的局限，在 19 世纪中叶量子力学还没有问世，麦克斯韦无法解释比热商这一佯谬，但他"把分子论所遇到的最大困难"向科学界明确提出，一直激励着人们不断去探索其中的奥秘。

随着实验技术的日趋精确，经典统计理论的缺陷就越来越明显。其中最严重的缺陷有两点：

（1）按经典统计理论，一切自由度数相同的气体，其 C_V（定容摩尔热容量）与 C_P（定压摩尔热容量）应该完全相同，但实测结果并不是这样的。由测定结果可知，各种双原子气体的 C_V 虽然都和 5 很相近，但彼此间的差异已远超过实验误差；

（2）更重要的是，根据经典统计理论，气体的 C_V 应与温度无关，然而实验

---

① *The Collected Paper of James Clerk Maxwell*, ed. W. D. Niven, Cambridge (1890), Vol. 2, p. 433.

表明，一切双原子气体的 C_V 随温度的升高而增大。如果将氢的 C_V 实验值取比较详细的数据，则这种 C_V 随 T 而改变的情形就看得更清楚了（见下表）：

在不同温度下，氢的 C_V 实验值的比较

（单位：cal · mol⁻¹ · k⁻¹）

温度（℃）	−233	−183	−76	0	500	1000	1500	2000	2500
C_V	2.98	3.25	4.38	4.849	5.074	5.486	5.990	6.387	6.688

以纵坐标表示氢的 C_V，横坐标表示温度，则从右图所示的曲线可以看出，在低温的范围内，氢的 C_V 接近 $\frac{2}{3}R$，类似单原子分子气体；在常温时其 C_V 约为 $\frac{2}{5}R$，在高温时，则很接近 $\frac{2}{7}R$。其他双原子气体的 C_V 值随 T 变化的情形也与氢相类似。

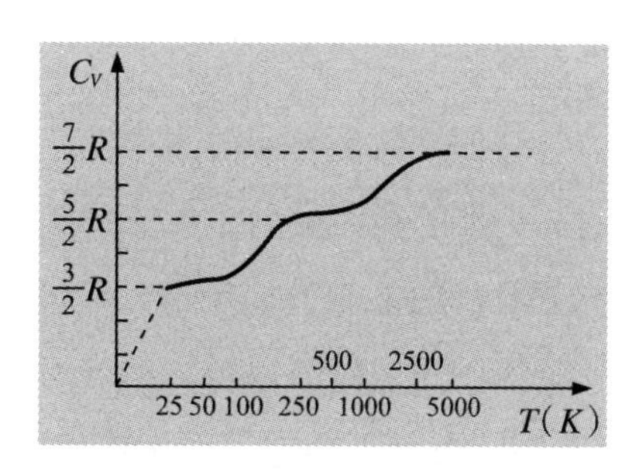

 2. 在一个不牢靠的地基上建造大厦

对于这种理论值与实验值的不符，英国物理学家金斯（James Jeans，1877—1946）在 19 世纪末提出一个猜测性的想法：当温度很低时，分子的转动自由度被“冻结”了，只有平动自由度，因而 $C_V = \frac{3}{2}R$；在常温时，分子有了转动自由度，故 $C_V = \frac{5}{2}R$；当温度很高时，振动自由度被“激发”了，因而 $C_V = \frac{7}{2}R$。然而这毕竟只是一种定性的猜测，它既不能用经典理论加以解释，而且也无法解释由低温到中温、由中温到高温过渡阶段 C_V 随 T 改变的原因。

除了气体比热商的困难以外，到 19 世纪末，科学家们在研究黑体辐射时，又碰上了性质类似的困难，即所谓“紫外灾难”（ultra-violet catastrophe）。这时，更多的科学家才认识到，近 40 年前麦克斯韦提出的警告是非常中肯的。美国物理学家吉布斯说：

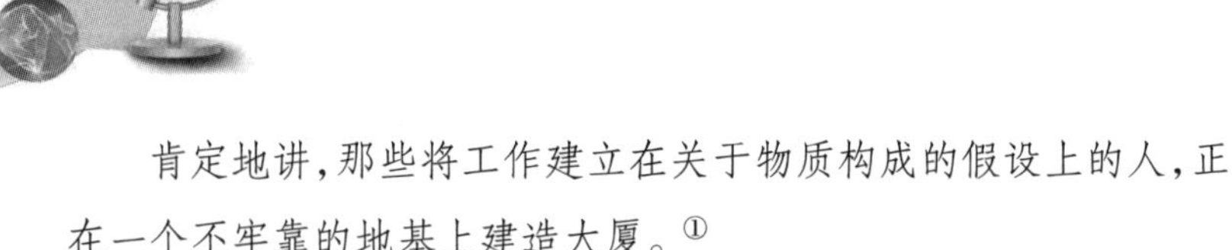

肯定地讲，那些将工作建立在关于物质构成的假设上的人，正在一个不牢靠的地基上建造大厦。①

瑞利也明确指出：

我认为，在这些极端情形下，我们必须承认能均分定律的失败。如果情形的确如此，寻找失败的原因就显然是头等重要的大事了。②

那么，“原因”到底找到了没有呢？答案是肯定的，但是绝大部分科学家都没有预料到，失败的原因竟是由于能量是不连续的！如果我们说：几乎所有科学家都没预料到这一原因，这也绝不过分。1906 年 11 月德国《物理学杂志》上刊登了爱因斯坦的一篇论文，题目是《普朗克的辐射理论和比热理论》。在这篇对普朗克量子论最终取得胜利有举足轻重作用的论文里，爱因斯坦继用量子假说研究光电效应后，又一次将人们仍然没有普遍承认的量子论，用于固体比热的研究，指出了克服经典理论面临又一困难的途径。十分幸运的是，爱因斯坦的这一研究成果很快被当时德国著名化学家能斯特(Walther Hermann Nernst，1864—1941，1920 年获得诺贝尔化学奖)证实。这样，不仅固体比热困难得以完满解决，而且普朗克的量子论也由此开始受到科学界的重视。

▲ 德国化学家能斯特，1920 年获得诺贝尔化学奖。

下面我们将简要地介绍一下固体比热的困难以及爱因斯坦如何克服这一困难的经过。

---

① 赛格雷：《从 X 射线到夸克》，上海科学技术文献出版社，1984，73 页。

② M. Goldman, The Demon in the Aether, Paul Harris Pub. (1983), p. 200.

3. 爱因斯坦驱散"乌云"

固体比热的困难与气体比热商佯谬有许多共同之点。固体由于热膨胀很小,它的热容量就不必区分定压和定容,因此原子晶体的摩尔热容量就是

$$C=\frac{dQ}{dT}=\frac{dU_0}{dT}3R=6\text{cal}/\text{mol}\cdot\text{K}$$

这一理论值是玻尔兹曼根据能均分定律于 1871 年推出来的。十分令人惊异的是,这一理论结果早在 1819 年就由法国科学家杜隆(P. L. Dulong,1785—1838)和珀蒂由实验得到。他们两人根据大量的实验测量,发现许多物质的原子量与比热的乘积是一个常数,由此他们在一篇论文中指出:

"所有简单物体的原子都精确地具有相同的热容量。"①

而且,杜隆—珀蒂的实验测定值与后来玻尔兹曼的理论值也基本相符。但也有不少元素的热容量小于 6cal / mol · K。尤其是金刚石,在常温时其热容量只有 1.8cal / mol · K。物理学家和化学家对这种反常现象,正像比热商佯谬一样,无法作出解释。

1872 年,德国科学家韦伯(H. F. Weber,1843—1912)在精确测定金刚石在 1300℃高温时的摩尔热容量时发现,其值增大到 6cal / mol · K。这正是杜隆—珀蒂的实验测定值。由这一实验结果人们自然会推测,在室温时其热容量接近 6cal / mol · K(如铝、铁、铜、锌等),在低温时就应偏离杜隆—珀蒂的测定值。这一推测立即引起了人们的兴趣,不少科学家迅速进行了实验测定。科学家在比较不同物质在低温热容量测定的结果时,果然发现温度越低,其热容量就越小。1905 年英国物理化学家杜瓦爵士(Sir J. Dewar,1842—1923)有专文论述这一结果。经典理论自然也无法解释固体比热随温度降低这一实验事实。

正当科学家们不知出路何在时,曾经在苏黎士联邦工业大学听过韦伯物理课的爱因斯坦却另辟蹊径,指出了解决困难、驱散"乌云"的办法。在我们

① *Ann. Chim. & Phys*, 10. 395—413.

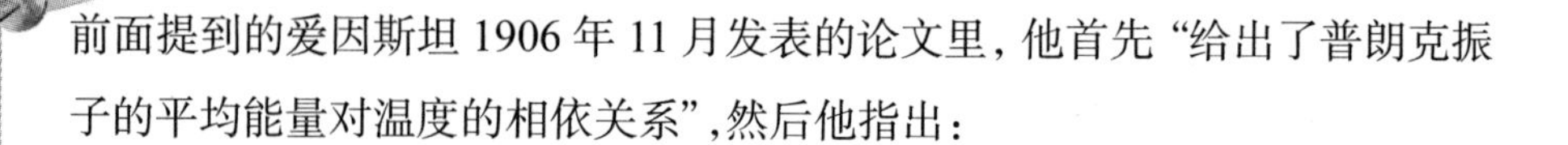

前面提到的爱因斯坦 1906 年 11 月发表的论文里，他首先“给出了普朗克振子的平均能量对温度的相依关系”，然后他指出：

> 可以很清楚地看出，热的分子运动论必须在哪个方面作修正，才可以同黑体辐射的分布定律相一致。也就是说，虽然我们过去一直设想分子的运动是同样严格遵循着我们的感官（所感觉到的）世界中物体运动所遵循的那种规律（我们基本上只要添补一个完全可逆性假设），可是我们现在需要作这样的假设：能够参与物质和辐射的能量交换的、以确定的频率振荡着的离子，它们能够采取的种种状态，少于我们（日常）经验中物体可能采取的各种状态。我们必须假设，能量交换的机制是这样的：基元实体的能量只能取 $0, h\nu, 2h\nu\cdots\cdots$ 等值。①

这正是爱因斯坦从 1905 年以来一直坚持的观点，即普朗克的量子假说有重大意义，应该而且也必须加以推广。但非常有意思的是提出量子假说的普朗克本人，对这种合理推广却视为畏途，并多次反对。面对这种十分微妙的、艰难的处境，爱因斯坦不但没有动摇信心，反而在继用量子假说解释光电效应后（几乎所有老一辈科学家都反对这一解释），又用它来解释许多物理、化学家们关心的比热佯谬。他认为：

> 如果普朗克辐射理论接触到了事物的核心，那么我们必须期望在其他热学理论领域中也可以发现现代分子运动论和经验之间的矛盾，这些矛盾可以用这里所采取的方法来消除。在我看来，事实正如我试图在下面指出的那样。

接着，爱因斯坦就开始用量子假说研究固体比热。为了计算的方便，他把在平衡位置附近作正弦振荡的原子，作为固体热运动的模型，并假定固体

① 《爱因斯坦文集》第二卷，许良英等编译，商务印书馆，1977，141 页。以下引用爱因斯坦的话，均见同一文献。

中所有的原子的频率同它的振动能量无关，即都有相同的频率。根据普朗克的假说，每个原子（其频率为ν）在温度 T 时的平均能量为

$$E = \frac{3h\nu}{e^{h\nu/kT} - 1}$$

因而其热容量为

$$C = \frac{d\bar{E}}{dT} = \frac{3k(k\nu/kT)^2 e^{h\nu/kT}}{(e^{h\nu/kT} - 1)^2}$$

乘以阿伏伽德罗常数 N_0，即可得固体摩尔热容量

$$C = 5.94\,\frac{(k\nu/kT)^2 e^{h\nu/kT}}{(e^{h\nu/kT} - 1)^2}$$

这个理论结果与实验测定值是否一致呢？这当然是爱因斯坦迫切希望知道的。当他将韦伯的测量数据与他的理论公式相比较时，他发现理论值与实测值符合得很好（右图中纵坐标为 C，横坐标为 $kT/h\nu$），于是，爱因斯坦放心地说：

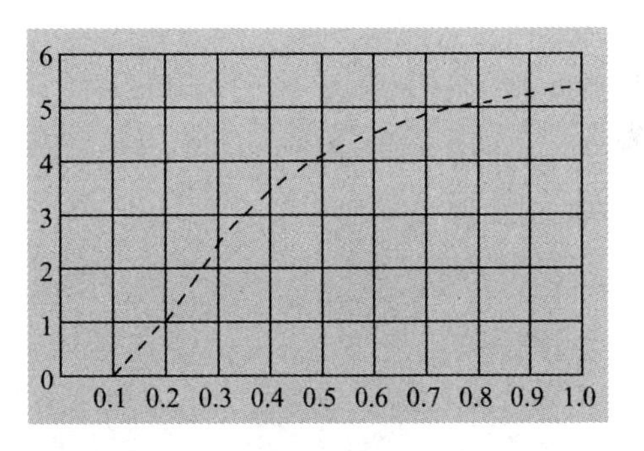

"……两种困难被新的理解消除了，并且我认为，这种理解大概在原则上是正确的。"但他同时也指出："当然，不应当设想它严格地符合于事实。"

因为爱因斯坦知道，为了简化计算而采用单一频率，将不可避免地会使理论值和测定值有差异。

除了理论与实验基本相符以外，爱因斯坦的新公式还作出了两点预言：

其一，当温度足够高的时候，所有固体的比热都趋向杜隆—珀蒂的测定值；

其二，在很低的温度时，爱因斯坦的公式给出了一个令人意外的结论，即所有固体的比热将趋向于零。

爱因斯坦的论文发表后，有四年时间没有受到人们的重视。其原因有三：一是当时还很少有人关心量子理论；二是爱因斯坦预言固体比热在低温时的行为，与当时普遍的观测、解释不相吻合；最后，更重要的是因为固体比热问

题，无论在理论上和实验上都是一个非常复杂的问题，尤其实验证实更是十分棘手。虽然在 1909 年有一位科学家赖因格鲁（M. Reinganum，1876—1914）在一篇论文里讨论过爱因斯坦的比热理论，并根据普朗克的假说推出了一个与爱因斯坦的不同的摩尔热容量的公式，但也因只限于理论的探讨，没有引起人们更多的注意。

4. 能斯特戏剧性地证实了爱因斯坦的预言

到 1910 年，爱因斯坦的预言才戏剧性地被能斯特证实。为什么说是戏剧性的呢？因为能斯特原来并不是为了证实爱因斯坦的理论预言而进行低温实验，而是在验证他的热学理论实验中，“顺带地”证明了爱因斯坦的理论是正确的。这正是：“有心栽花花不开，无心插柳柳成荫。”

▲ 三位德国科学家会见美国物理学家密立根。这五位都先后获得诺贝尔奖获。左起：能斯特、爱因斯坦、普朗克、美国客人密立根、劳厄。

能斯特也是韦伯的学生。1906 年，当能斯特研究吉布斯—亥姆霍兹关系式

$$A-U=T\frac{\partial A}{\partial T}\quad（式中 A 为自由能，U 为总能量，T 为绝对温度）$$

的时候，他注意到在固体与浓缩溶液之间发生化学电流反应时，A 和 U 之间

的差值极小。由此他作出一个推断：当反应在接近绝对温度零度时，A 和 U 就应该相等。即

$$\lim_{T\to 0}\frac{\partial A}{\partial T}=\lim_{T\to 0}\frac{\partial U}{\partial T}=0$$

能斯特把上述关系式称为“新的热力学定理”。为了证实和应用这一猜测，能斯特知道必须研究固体在接近绝对零度时，其比热的变化情况。于是他立即让他的研究所的助手们都投入到这一实验测定工作中。与此同时，他在实验工作之余又努力寻找以前可能被忽视了的文献资料。正是在这一实验过程和查阅文献的过程中，能斯特注意到了爱因斯坦 1906 年的固体比热论文。

1909 年能斯特在讨论自己的新理论时，第一次引用了爱因斯坦的文章；1910 年 2 月 17 日，能斯特在普鲁士科学院介绍他的比热研究成果时，引人注目地再次提到爱因斯坦的理论：

> 如果把（实验）得到的数据（作为温度的函数）作成曲线，则在大多数情形下会近似地得到一些直线，它们在低温时往往下降非常迅速；这样就使人得到这样的印象，在温度极低时比热会成为零，或者至少是非常小的值……这个结果与爱因斯坦先生提出的理论定量相符。

能斯特对这一成功感到非常激奋，因为这一成功不仅仅是证实了所有单原子固体的比热在低温时趋向同一数值，更重要的是它证实了爱因斯坦将量子理论应用于比热研究是正确的。能斯特原来并不相信量子理论，但通过这一研究，他逐渐明白量子理论的确是解决比热问题的唯一途径。为了进一步研究固体比热问题，能斯特决定立即到苏黎士访问爱因斯坦。那时爱因斯坦还是一个无名之辈。虽然他在 1905 年已经发表了几篇后来震动了整个世界的文章，可是在 1910 年科学界还没有充分认识到这些文章的价值，所以当能斯特于 1910 年 3 月到苏黎士时，爱因斯坦还只不过是位副教授，而能斯特却

已是赫赫有名的大教授了。难怪苏黎士的居民们对此大惑不解:这个爱因斯坦一定是个了不起的人,不然能斯特这位大教授怎会从柏林那么远的地方到这儿来拜访他?

这次拜访中他们谈了些什么,已经无案可查,但从爱因斯坦在能斯特返回柏林后不久写给劳伯(J. J. Laub)的信中,也许可以看出一点端倪。爱因斯坦在信中说:

"我是量子理论坚定的信奉者。我的关于比热的预言似乎已被证明非常正确。刚走不久的能斯特和鲁本斯都在专心致志地做实验验证,因此,我们不久就会见到分晓了。"

果然,能斯特不久就宣称:

> 我相信没有任何一个人,经过长期实践对理论获得了相当可靠的实验验证后(这可不是一件轻而易举的事情),当他再来解释这些结果时,会不被量子理论强大的逻辑力量所说服,因为这个理论一下子澄清了所有的基本特征。①

由于能斯特在比热问题上发现量子理论的成功,而比热问题又是许多物理学家、化学家十分熟悉和关心的问题,所以许多科学家开始关心量子理论,一扫以前冷冷清清、无人问津的凄凉境况。

开尔文的第二朵乌云,就在量子理论面前彻底化解。

正是在这有利的形势下,能斯特说服了普朗克等人,于1911年10月29日在比利时的布鲁塞尔胜利召开第一届索尔维国际物理会议。这一次会议对量子理论发展具有重大的历史意义。会议的中心议题就是《辐射理论和量子》。会上能斯特和爱因斯坦两人对比热问题分别作了专题报告,与会者对他们的报告也作了详细的讨论。

从此,量子理论进入了迅速发展的新阶段。

---

① M.J.Klein, *Science*, 148(1985)176.

▲ 第一届索尔维会议。前排坐者右起第一人是彭家勒、第二人是居里夫人，左起第一人是能斯特、第三人是索尔维；后排站者左起第二人是普朗克，右起第二人是爱因斯坦。

读者可以体会到，佯谬虽然让科学家在一段时间里魂不守舍、七死八活，但是它又的确能够给科学的发展带来无限生机！

八、迈克尔逊—莫雷实验佯谬

> 静止以太的假设被证明是不正确的，并且可以得到一个必然的结论：该假设是错误的。
>
> ——A. A. 迈克尔逊

在物理发展史上，大约再没有比“以太”（ether）这个“妖精”更令物理学家头疼的了。[①]从法国科学家笛卡尔（René Descartes，1596—1650）提出“以太说”直到20世纪上半叶，几乎所有最杰出的物理学家都无一不认真考虑过以太说，而且也无一不被以太这个神秘的“妖精”弄得神魂颠倒、心力交瘁。

① 英国 M. Goldman 在1983年写了一本书《妖精以太》。

1.洛伦兹的哀叹

20 世纪初世界上最负盛名的荷兰物理学家洛伦兹（Hendrik Antoon Lorentz，1853—1928,1902 年获得诺贝尔物理学奖）曾哀叹道：

“我现在不知道怎样才能摆脱以太的矛盾。”

▲ 荷兰物理学家洛伦兹，于 1902 年获得诺贝尔物理学奖。

洛伦兹所说的矛盾，就是本文即将讨论的迈克尔逊—莫雷实验佯谬。最能说明以太曾使几乎所有物理学家茫然不知所措的绝妙的例子，也许应该是迈克尔逊和爱因斯坦荣获诺贝尔物理学奖时，瑞典皇家科学院向迈克尔逊的致词和爱因斯坦获奖的原因。

对迈克尔逊教授的致词是：

> 由于芝加哥大学的迈克尔逊教授的光学精密仪器以及他用这些仪器进行的精确计量和光谱学的研究工作，皇家科学院决定授予他今年的诺贝尔物理学奖……因为观测的准确度是我们进一步深入物理定律的根本条件，是达到新发现的唯一途径。本科学院正是由于愿意承认这种进步，而授予迈克尔逊教授今年的诺贝尔物理学奖的。①

爱因斯坦的获奖原因则是“因对理论物理学所作的贡献，特别是因发现了光电效应定律获奖”。②

这两件事对现在的理工科大学生都是难以理解的。因为每个理工科大

① 《诺贝尔奖获得者演讲集》物理学（第一卷），科学出版社，1985，144—145 页。由于瑞典国王奥斯卡二世逝世，迈克尔逊的授奖典礼被取消，这个致词没有被宣读。

② 《诺贝尔奖获得者演讲集》物理学（第一卷），科学出版社，1985，419 页。

学生都知道,爱因斯坦有关光电效应的研究当然也有资格获得诺贝尔物理学奖,但是他对人类最伟大的贡献是他提出了相对论;而迈克尔逊—莫雷实验的主要功劳,是为狭义相对论的证实提供了坚实的实验基础。但为什么他们获诺贝尔奖时,却对这方面的功绩都只字不提呢?这显然不是偶然的疏忽,其原因就是"以太之谜"实在太难以令人识破,迈克尔逊—莫雷实验佯谬使物理学家处于非常困难的境地,为了比较深入地了解这一困境之"困",我们还得把话头扯到笛卡尔那个时代。

2. 物理学家为什么要引入以太

"以太"的概念早在古希腊时期就已初步形成,但并不十分明确。有时它指的是青天或上层大气,有时又用以表示占据浩渺天体空间的物质。到1630年前后,对科学思想有重大影响的数学家、哲学家笛卡尔最先将以太引入物理学,并赋予它某种力学性质。笛卡尔之所以要在物理学中引入以太,是因为在他看来,物体之间的所有作用力都必须通过物体之间某种介质来传递,所谓超距作用在他看来是根本不存在的。因此,宇宙空间不可能是真正虚空的,它应该充满一种不可见甚至不能为人的感官所感知的以太——它是一种连续的、柔软的而且是可压缩的流体。正是在这种以太的作用下,构成了笛卡尔那闻名于世的漩涡理论。[①]由于漩涡理论十分形象,容易为人们接受,所以它曾风靡一时,影响极大,以太说也因而广泛为众多科学家所接受。

▲ 法国科学家、哲学家笛卡尔

① 笛卡尔发展了宇宙演化论,创立了漩涡说。他认为太阳的周围有巨大的漩涡,带动着行星不断运转。物质的质点处于统一的漩涡之中,并在运动中分化出土、空气和火三种元素。土形成行星,火则形成太阳和恒星。笛卡尔的这一太阳起源的漩涡说,比康德的星云说早一个世纪,是17世纪中最有权威的宇宙理论。

后来，当光的波动说由胡克和荷兰物理学家惠更斯（C. Huygens，1629—1695）倡导时，以太开始有了物理学上重要的、实质上的意义——它成为光波的载体，如同空气是声波的载体一样。惠更斯根据光可以在真空和透明体内传播，提出以太应该充满包括真空在内的全部空间，并能渗透到透明物质之中。

牛顿在年轻时也深受笛卡尔"漩涡理论"的影响，一直到1679年以前他都相信以太说。例如1679年他曾认为：重物之所以被吸引到它们的引力中心，实际上是由于"以太漩涡具有某种神秘的推拒外物的原因"。而且他认为以太不一定是单一物质，因而能传递电、磁以及引力作用。后来，当牛顿用笛卡尔的漩涡理论进行推演时，发现推演的结果与开普勒第三定律不相符合，就逐渐否定了以太。在1704年的《光学》第一版中，他就根本没有提到以太；在1706年《光学》的拉丁文译本中，牛顿更以尖锐而且坚决的批判抨击了以太说。非常奇怪的是，到1717年《光学》第二版时，牛顿对以太的态度又发生了变化，在"问题"一节中，列举了八个"关于以太"的假说。更令人惊奇的是，第一版中那些反对以太的评论却又原封不动地保留了下来。这反映了牛顿光的微粒说遇到了困难，自己也感到无法自圆其说，因而对以太假说表现出一种矛盾的态度。

18世纪后，以太说没落了。这是由于超距的引力理论和光的微粒说取得统治地位的直接结果。但到了19世纪，以太说又因光的波动说的胜利而复兴和发展起来。

首先用实验证实光的干涉现象的英国物理学家托马斯·杨，用四个关于以太假说来说明波动光学原理：

（1）稀疏的和有弹性的发光以太充满宇宙；

（2）在每一次物体开始发光时，就在这个以太中激励起振动；

（3）对不同颜色的感觉取决于由以太传递给眼睛视网膜的以太振动的不同频率；

（4）一切物体都吸引以太介质，因此后者聚集在物体的物质之中以及它们周围的近距离之内，在那里以太密度大，以太的弹性保持不变。

比起托马斯·杨，法国物理学家菲涅耳对扩建以太大厦作出了更多的贡献。他和托马斯·杨一样，认为所有的介质其差别只在于以太的密度，而不在于其弹性。

3. 以太被纳入物理学体系之中，但是困难太多

光的波动说在物理学中的地位得以巩固后，以太就逐渐被纳入了当时物理学家们的理论体系之中，与原子理论并列，被认为是宇宙的基本构成要素。所以尽管人们用以太解释自然现象遇到了越来越多的麻烦，但物理学家还是不愿轻易地抛弃可爱的以太，他们宁愿改变以太的形象，至少在理论上做些改变，以便使以太不断适应新发现的事实。19 世纪的物理学正是致力于此，一直到 19 世纪末，以太虽屡陷危境，但这座理论大厦不仅没有坍塌，反而还扩大了它的统治领域。

▲ 法国物理学家菲涅耳

例如，光是横波，那么作为传播光的媒质的以太，就应该具有固体性质；而且由于光的速率极大（光速 $c=3\times10^8 \text{m/s}$），以太固体的弹性系数就应该极大，也就是说以太固体应该非常坚硬。但是，如果充满宇宙的以太是坚硬异常的固体，那为什么天体在其中运行又没有受到阻力呢？对此，英国物理学家斯托克斯（G. G. Stokes，1819—1903）提出一种解释：以太可能是一种像蜡或沥青样的塑性物质，对于光那样的急速振动，它表现出具有足够弹性的固体性质；而对于像天体那样缓慢的运动，则又显示出流体般的性质。又例如，对不同频率的光，其折射率 n 的值不同，于是菲涅耳的曳引系数（即 $1-\frac{1}{n^2}$）对不同频率的光也将随之而异。这岂不是说，每种频率的光将有自己的以太？那以太该有多少种？对此，洛伦兹又试图用他的电子论加以解释（他的

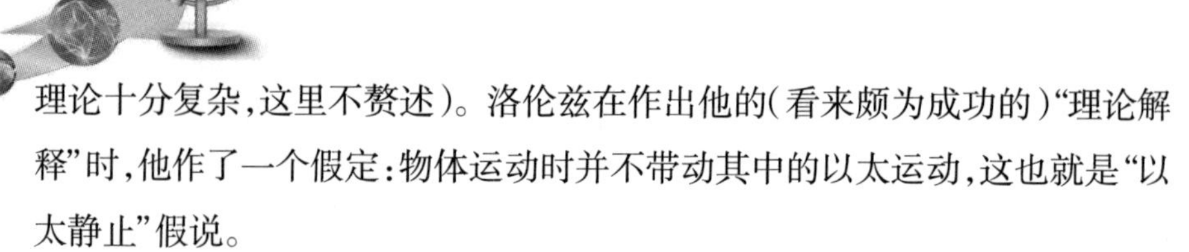

理论十分复杂,这里不赘述)。洛伦兹在作出他的(看来颇为成功的)“理论解释”时,他作了一个假定:物体运动时并不带动其中的以太运动,这也就是“以太静止”假说。

以太静止说从此成为主流假说,科学家普遍接受。但是问题很快又出现了!

4. 以太静止说与以太风

在以太概念发展史上,以太相对于地球到底是静止的,还是地球会曳引以太一起运动,一直是物理学一个非常热门的探索课题。看法有两种:

(1)一种是“以太静止”说,即以太相对于地球不动、静止;

(2)还有一种是“以太被部分曳引”说,即在地球表面附近,以太的速度同地球的速度相等,因此以太相对于地球的速度为零,只有在地面之上相当的高度,才可以将以太看成是静止的。

这两种看法各有各的实验证据,彼此之间的争论也在很长一段时期里没有停息。

1728年,英国天文学家布拉特莱(J. Bradley,1693—1762)发现,为了观察天空正上方的星体,必须将望远镜向地球公转方向倾斜一个角度($\varphi=20.5''$)。这就是所谓的“光行差”(aberration of light)现象。它指的是运动着的观测者观察到光的方向与同一时间同一地点静止的观测者观察到的方向有偏差的现象。光行差现象在天文观测上表现得尤为明显。由于地球公转、自转等原因,地球上观察天体的位置时总是存在光行差,其大小与观测者的速度和天体方向与观测者运动方向之间的夹角φ有关,并且在不断变化。

光行差可以由速度叠加的原理解释。在沿 EE'方向运动的观察者看来,天体 S 好像位于 S'的方向。光行差本质是由于光速有限以及光源与观察者存在相对运动造成的,类似于运动中的雨滴:下雨的时候,站在原地不动的人感觉到雨滴是从正上方落下的,而向前走的人感觉雨滴是从前方倾斜落下的,因此需要把伞微微向前倾斜。走得越快,需要倾斜得越厉害。光行差的成因与此相似。①

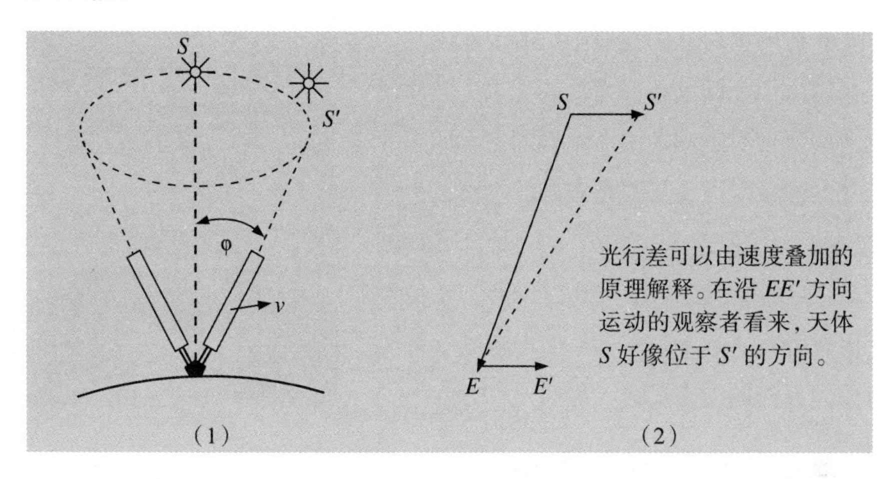

(1)　　(2)

因为地球绕太阳公转，所以在一年中观察该恒星的望远镜镜筒的轴线将沿一圆锥面运动(见图(1)),圆锥的锥角为 2φ。光行差现象说明以太没有被地球曳引。因为,如果以太被地球曳引,即是说地球相对于以太是静止的,那么我们为了观测在我们头顶正上方的恒星，就必须将望远镜镜筒竖直向上,才能使星光达到镜筒底部为人眼所见。我们还可以从理论上算出φ角的大小。如地球以速率 v 在以太中运动，为了使光线通过镜筒底部为人眼所见，望远镜须倾斜一个角度φ，设光线自物镜沿镜筒轴线到达目镜所需时间为 t,则

$$\tan\varphi = \frac{v\Delta t}{c\Delta t} = \frac{v}{c}$$

如取 $v = 3\times10^4$m/s,并利用 $\tan\varphi\approx\varphi$,则有 $\varphi\approx v/c=10^{-4}$,弧度为 26.6″。这一结果与观测符合得很好。

由此看来,光行差现象似乎证明了以太是静止的这一观点。

与静止以太对立的是英国物理学家斯托克斯于 1845 年提出的假说。斯托克斯认为以太为地球曳引，在地球表面附近，以太的速度同地球的速度相等,因此以太相对于地球的速度为零,只有在地面之上相当的高度,才可以将

① 这儿的两段文字以及图(1),均参考或借用维基百科有关文件。

以太看成是静止的。

▲ 英国物理学家斯托克斯爵士

在这两种对立的观点中，由于菲涅耳的静止以太说能圆满解释光行差现象，因而比较多的物理学家和天文学家赞同它。如果菲涅耳的静止以太说果真是正确的，那么由于地球的公转速度 $v = 3\times10^4$ m/s，地球表面就应该存在一种“以太风”（Ether wind），正像在无风时乘高速运动汽车，人们会感到空气流急速向人扑面而来形成一股风一样。

 5. 物理学家要测量以太风

19 世纪中期，有不少的物理学家做了许多实验，其中有光学实验也有电学实验，希望测出地球相对以太这个特殊参考系的速度 v。但十分奇怪的是，所有这些后来统称之为“以太漂移”（ether drift）的实验，统统都给出了否定的结果。好在这种否定的结果当时并没有对以太的地位造成什么重大的威胁，因为根据菲涅耳运动物体的光速公式，当精度只达到 v/c 的数量级时（即地球公转速度和光速之比的一阶量，约为 10^{-4}），地球相对以太参考系的速度在这些实验中不会表现出来。要测出 v，精度至少要达到 v/c 的二阶量（即 $(\frac{v}{c})\approx10^{-8}$），而当时所有的实验都不能达到这么高的精度。所以，物理学家们尽可以暂时安心地在静止以太的概念中，去构造他们的物理理论。但是，随着麦克斯韦电磁理论的发展，人们逐渐认识到麦克斯韦理论隐含着一个优越的（或者说是绝对的）参照系，这就是不参与任何物质运动的“静止以太”。当后来德国物理学家赫兹（H. R. Hertz，1857—1894）、洛伦兹等人把以太说作了一番改造，摒弃了加在以太之上几乎所有的力学性质（如惯性、密度、弹性等），仅仅只保留了它的“不动性”之后，以太实际上就成了牛顿的“绝对空间”的别名了。既然以太已经成了光、电现象的一个绝对参照系，那么以太漂移

的二级效应$(c/v)^2$就理应存在。麦克斯韦早就认识到这一点,但他在1864年前后又明确指出,在地面上测量以太风决定于$(c/v)^2$,因而是不可能测量出来的。于是麦克斯韦认为唯一的途径,是利用天文观测。

1879年,美国航海历书局的局长托德(David Todd)将木星卫星运动观测的最新资料寄给麦克斯韦,麦克斯韦立即想到这一天文观测可以测出地球对于以太的运动,于是他立即给托德回了一封信,将自己的想法告诉了托德。在信中他又一次重申了在地面测定相对于以太的运动注定要失败的想法,他写道:

> 就我所知,只有天文观测才能对太阳相对于发光介质(luminiferous medium)运动速度的方向和大小作出估计……地面上一切测量光速的方法,由于都是利用光沿同一路径往返,故测不出地球相对于以太的速度,因为地球运动对以太的影响决定于地球速度和光速之比的平方,而这是一个十分小的量,无法测定。①

麦克斯韦大约没有料到,这封信后来竟然引起了物理学界的一场轩然大波。

6. 迈克尔逊实验

托德有一位同事阿尔伯特·迈克尔逊(Albert Abraham Michelson,1852—1931,1907年获得诺贝尔物理学奖),他是一位具有雄心壮志的年轻物理学家,那时他正与一位同事纽科姆(S. Newcomb)合作进行光速测量实验。迈克尔逊看到了麦克斯韦的这封信,尤其注意到上面引用的那段话。由于迈克尔逊对精密实验有极大的兴趣,而且技艺高超,再加上年轻气盛,就下决心将麦克斯韦说的$(c/v)^2$效应测出来,他要用事实证明麦克斯韦所说的地面上无法测定是不对的。

1880年到1882年间,迈克尔逊曾先后到柏林大学、海德堡大学、法兰西

① *Nature*, 29, 314(1880).

学院和巴黎工业学院进行研究。在亥姆霍兹实验室，迈克尔逊利用贝尔基金于1881年设计并制成了一台“干涉—折射计”，即“迈克尔逊干涉仪”。这台干涉仪可使一单色光束在半镀银的镜面B（如图）处分为两束，光束1透过B和补偿镜C[①]到达镜M_2，然后被反射回B；光束2被B反射到达镜M_1，也被反射回B。这两束在相互垂直的路径上传播的光束（因B与光源的光束方向夹角为45°），在望远镜（或者眼睛）E处会合而发生干涉。如果将整套仪器转动90°，根据计算应该可以观测到干涉条纹的移动。根据条纹的移动数值就可以算出地球相对于以太的绝对运动。但1881年4月在波茨坦天文观测站地下室的实验观测，迈克尔逊没有发现干涉条纹有任何显著的移动。

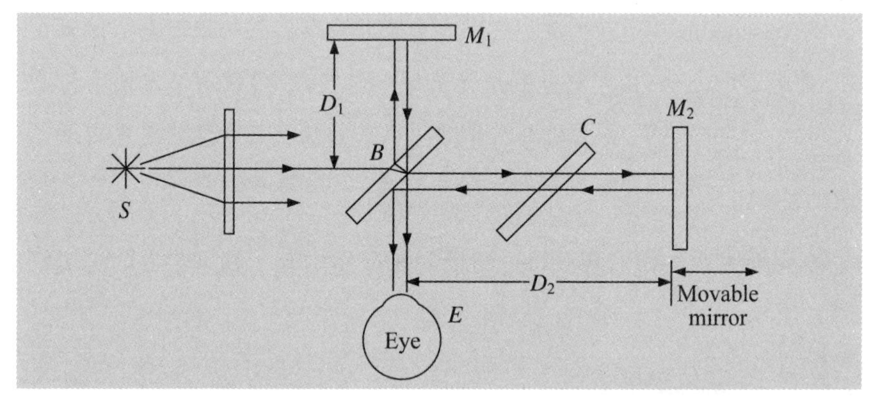

▲ 图中下方Eye是观察者的眼睛；右下方的Movable mirror是可移动镜，即M_2可以移动而改变D_2，从而使眼睛或者望远镜上的干涉条纹发生移动。

迈克尔逊于是在一篇文章中声称，他在1881年完成的实验是两个理论之间的判决性实验，该实验证实了斯托克斯的理论。他甚至大胆地断言说：“必然的结论是静止以太的假说是错误的，这一结论与光行差的说明是直接矛盾的。”[②]

① 补偿镜C是为了保证两路的光线在经过B后能够有相同的路径。

② A. Michelson: “ The Relative Motion of the Earth and the Luminiferous Ether ”, *Am. J. Sci.*, 22c (1881).

但物理学家们都不相信迈克尔逊1881年的实验是决定性的。1881年冬，巴黎的波蒂埃(M. A. Potier)指出迈克尔逊在计算中的估计效果比实际结果扩大了两倍。后来，洛伦兹也证明迈克尔逊的计算是错误的，并证明迈克尔逊错误地解释了事实，他的观测与静止以太说并不矛盾。洛伦兹还断定说，迈克尔逊的实验既没有否定菲涅耳的理论，也没有证明斯托克斯的理论。在众人反对面前，迈克尔逊对自己的实验结果也开始犹豫了，原来想改善实验装置以做进一步实验的念头也由此打消。

▲ 美国物理学家迈克尔逊，1907年获得诺贝尔物理学奖。

1884年，迈克尔逊参加了英国在加拿大的蒙特利尔召开的英国科学促进协会会议，会议主席是瑞利。后来又在美国“巴尔的摩讲座”中听了开尔文的报告。瑞利和开尔文力劝迈克尔逊把他在德国做的干涉实验继续做下去。

迈克尔逊接受了他们的劝告，1886年3月，他写信给开尔文，说他和莫雷(E. W. Morley，1838—1923)已经证实了菲佐的实验。瑞利又写了一封信给迈克尔逊和莫雷，这封信对他们鼓励很大，他们决心重做一次干涉实验。在回信中，迈克尔逊埋怨科学家们对他的工作一点也不重视，但同时写道：“但你的信再次点燃了我的热情，我决定立即开始工作。”

1887年7月，他们用四天的时间再次做了干涉实验，尽管这次精度比上次提高了很多，但他们得到结果仍然是零——没有干涉条纹的移动！8月，迈克尔逊写信给瑞利说：“实验已经完成，结果肯定还是负的。”但是这一次迈克尔逊在解释他的实验结果时，比1881年谨慎多了，那一次他从毫不客气的理论物理学家那儿得到了不少教训。11月，他在发表的实验报告中，再没有断言什么“必然的结论”和“直接的矛盾”，他只是谨慎地说从他的实验结果来看,“如果真的存在着以太和地球之间的相对运动,那么从所有先前的实验看来相当肯定，这种运动一定是很小的，小到足以反驳菲涅耳对光行差的说明。”[①]他甚至想到由于地球表面的不平,也许会模糊了以太风的观测;也想到整个太阳系可能存在与地球相反的方向运动,因而他打算到高山上和“每隔三个月”重复一次实验。

▲ 迈克尔逊做实验用的平台。

迈克尔逊绝没有想到过要去否定以太,也不是因为想否定以太才去做干涉实验。在1887年实验后的一年,在克利夫兰(Cleveland)举行的一次美国科学促进协会会议上,他还大谈“原子振动以及传播这一振动的以太”[②]。而且他直到去世前也没有放弃以太。在晚年他还经常提到“可爱的以太”。

根据他发表的文章进行分析，迈克尔逊1887年做的实验主要还是想反驳菲涅耳的静止以太说,所以他和莫雷在1887年发表的文章中曾指出,要想反驳静止以太假说,看来必须在很高的地方,“例如,在一座孤山顶峰上”。1897年,迈克尔逊进行了他多年就计划在高山顶上测试以太风的实验，但是这回可是真正的让他大吃一惊了：他仍然没有发现以太风！迈克尔逊原以为他1881年和1887年的实验证实了斯托克斯的假说，该假说预言在较高的高度上有以太风,但1897年的实验仍然没有发现任何存在以太风的迹象。

他简直有些不知所措了。虽然他勉强地解释说,如果斯托克斯的理论仍

① A. A. Michelson, E. W. Morley, “On the Relative Motion of the Earth and the Luminiferous Ether”, *Am. J.* Sci., 34c (1881).

② A. A. Michelson, Quoted in A. E. Moyer, *Am. Phy. Tran.* Tomash, Los Angeles (1883), p. 63.

然是正确的，那么以太的速度梯度一定非常小，以至于“地球对以太的影响延伸到相当于地球直径的距离上”。[①]但他自己也认为这是一个“不大可能”的结果。此后，迈克尔逊开始认为，应该承认的是菲涅耳的静止以太说，而不是斯托克斯的假说。但 1881 年和 1887 年的实验又如何解释呢？这不仅使实验物理学家迈克尔逊感到不知所措，就连当时最著名的一些杰出物理学家也处于一种两难境地。洛伦兹忧虑重重地指出：

> 我现在不知道怎样才能摆脱这个矛盾，不过我仍然相信，如果我们不得不抛弃菲涅耳的理论……我们就根本不会有一个合适的理论了。

他甚至无可奈何地提出了一个不大可能是问题的问题：“在迈克尔逊先生的实验中，迄今还会有一些仍被看漏的地方吗？”瑞利则认为迈克尔逊的结果“真正令人扫兴”，开尔文更认为这一结果是物理学晴朗上空两朵乌云中的第一朵，而且认为“恐怕我们仍然必须把这一朵乌云看作是非常稠密的。”(I am afraid we must still regard cloud No.1 as very dense)[②]

7. 爱因斯坦的巨大成功

为了拯救当时被认为是物理基石之一的以太说，几乎所有杰出的物理学家都在极力设法解释迈克尔逊—莫雷实验，而且也几乎是所有物理学家都在静止以太的框架里去解释。解释得最令人鼓舞的是洛伦兹的“收缩说“，鉴于这一假说在一般大学物理教科书中都有，所以这里就不必详细介绍它了[③]。但应指出的是，洛伦兹的收缩假说虽然曾经使固守经典理论的物理学家们着实高兴了一阵子，然而这一假说从理论上来说，特设性假设太多，竟有十一个，这显然不符合理论简洁美的要求。

① A. A. Michelson, “On the Relative Motion of the Earth and the Ether”, *Am. J. Sci.*, 1987.
② Lord Kelvin, *Phil. Mag.*, Vol. 2(1901).
③ 读者如不熟悉洛伦兹假说，可以参看任何一本《大学物理》或者介绍相对论的书籍。

除洛伦兹以外，还有彭加勒、拉摩尔(J. Larmor，1857—1942)等著名科学家也都提出过一些颇有见解的假说，然而由于他们都固守经典时空观，并以此为基础去解释各种现象，所以总没有办法从根本上解决问题。众多事实表明，在经典理论范围内要想克服困难、解释迈克尔逊—莫雷实验佯谬，已经是绝对不可能的事了。

1905 年，困难终于被爱因斯坦建立的新的力学——狭义相对论所解决。爱因斯坦于这年 9 月在德国《物理学杂志》上发表了题为《论动体的电动力学》的论文，在文中他明确指出：

> "光以太"的引用将被证明是多余的，因为按照这里所要阐明的见解，既不需要引进一个具有特殊性质的"绝对静止的空间"，也不需要给发生电磁过程的空虚空间中的每个点规定一个速度矢量。

这样，爱因斯坦就将洛伦兹静止以太最后的一个力学性质(即"不动性")也取消了。爱因斯坦认为，如果真的存在静止不动的以太，那它就是一个特殊的惯性参考系，而与其他所有惯性系不等价。这是一种理论上的不对称性，这是理论不能允许的；它是经典理论固有的缺陷造成。所以，爱因斯坦在上文中指出：

> ……引起了这样一种猜想：绝对静止这概念，不仅在力学中，而且在电动力学中也不符合现象的特性。倒是应当认为，凡是对力学方程适用的一切坐标系，对上述电动力学和光学的定律也一样适用……我们要把这个猜想（它的内容以后就称之为"相对性原理"）提升为公设。一旦所有惯性系都等价之后，"静止以太"假设便自然地随之被否定。既然以太根本不存在，迈克尔逊—莫雷想测量地球相对于以太运动速度的实验，当然就是多此一举了。

迈克尔逊—莫雷佯谬就这样被爱因斯坦简单明快地解决了。

但事情并没有到此终止，爱因斯坦的相对论在很长的一段时间里并没有被物理学家普遍接受，即使在1907年前后，人们一般也并不认为迈克尔逊—莫雷实验充分有理地证实了以太的不存在。读者看到这儿，就明白为什么迈克尔逊于1907年获得诺贝尔物理学奖，不是因为他反驳了以太理论；也说明了迈克尔逊在"诺贝尔演讲"中，为什么连迈克尔逊—莫雷实验提都没有提一下的原因。也明白为什么爱因斯坦甚至于在1922年获得(补发1921年)诺贝尔物理学奖时，诺贝尔奖委员会还不敢大胆提到爱因斯坦获奖原因是因为他发现了相对论，而只含糊地说是因为"对理论物理学所作的贡献，特别是因发现了光电效应定律获奖"。因为即使到1922年末，还是有不少著名科学家不时宣称他们相信一定有一个实验可以证实以太的存在。

只是到了相对论预测的以前未曾梦想过的许多事实得到了证实以后，相对论才最终为科学界普遍接受。也只是在这时，迈克尔逊—莫雷实验才被看成是"科学史上最伟大的否定性实验"。[①]

九、热力学第二定律与时间箭头之谜

毁败教我这样想来想去
时间要来把我所爱带走
这念头好像死亡，不得不
为所害怕的丧失而哭

——莎士比亚《十四行诗》

大概每个人都有这样的体会，当我们在小学做作文时，常常苦于无法开好头，因而迟迟下不了笔。而每当这时，我们大约总会想到一个最好(因为它

① J. D. 贝尔纳：《历史上的科学》，科学出版社，1983，423页。

最通用)的下笔方法:“光阴似箭,日月如梭,不知不觉……”,然后就这么“不知不觉”地转到每次作文的主题上去。

“光阴似箭,日月如梭”,就是说时间是有箭头的。但是,时间真的能像箭一样有箭头,指向一定的方向吗?这个问题可能难不倒小学生,他们会天真地认为这是多么明显、多么容易回答的问题。但事情往往就是这样,很多貌似容易回答的问题,如果仔细分析一下,是很不容易回答的。时间有没有方向就是一个例子。

1. 人类对时间早期的认识

时间是使人类具有某些神秘感最大的来源之一。我们先把人类对于时间的认识简略回顾一下。在大自然界里,潮水、昼夜、冬夏、季节、星辰的循环往复……这些现象自然会使得原始社会的人把时间看成是不断循环的有机节奏。

以希腊人(特别是在古希腊时代)的宇宙观为代表的许多古代文化的共同特征,相信时间是循环的。这一信念最生动地表现在4世纪埃梅萨主教奈米修斯①(Nemesius,公元390年左右)的以下叙述:

“斯多噶学派②认为,各行星经过一定时间的运行回复到宇宙形成之初的相对位置时,就会给万物带来灾变和毁灭。随后,宇宙又精确地按照和以前一样的秩序重新恢复起来,星辰重新按照以前的周期在以前的轨道上运行,一切都毫无变化。”

不仅如此,斯多噶派甚至相信:“……苏格拉底、柏拉图以及每一人都将

① 奈米修斯是一位基督教哲学家,曾任埃梅萨(在今叙利亚境内)主教。他的著作《论人类的本性》(*De Natura Hominis*),试图从基督教哲学构建一个研究人类来源、发展、早期信仰等的系统知识。这句话就引自该书。

② 斯多噶学派是古希腊哲学家芝诺于公元前305年左右创立的哲学流派。这个学派的名字斯多噶(Stoa)的字义是廊,由于这个学派在雅典的一处画廊集会讲学而得名。斯多噶学派认为世界既是物质也是理性的。人的灵魂是物质的,是世界理性的一部分,所以人应该顺从理性,一切变化都是世界理性的表现,都是注定而不是偶然的。这个学派因此相信预言和占卜。

再次复活,还有同样的朋友和同乡,他们将经历同样的事情,进行同样的活动。每一个城市、乡村,每一块田地都会像以前一样恢复起来。宇宙的这种复兴不止一次发生,而是一次又一次,永无止境地重复下去。那些不曾遭受毁灭的神观察了一个周期的全过程,因而知道相继而至的所有周期中将发生的一切事情,因为即使最小的细节,也不会和从前的周期有丝毫的不同。"[①]

与时间循环说对立的是时间的线性观点,这种观点认为历史是在发展而不是循环。在基督教兴起以前,信奉时间线性说的人比较少,只有希伯来人和信奉拜火教的伊朗人信奉此说。基督教认为历史循环理论是不可接受的,因为这种时间观否定了耶稣基督的唯一性以及"福音"的许诺。奥古斯丁在《论上帝之城》里攻击了时间循环理论:

"异教徒谋求用那种论证方法破坏我们单纯的信仰,将我们拽离正直的道路,并强迫我们跟着他们走在转轮上。"

他还说:"真正的信念,完全不是我们应当凭所罗门的这些话相信他们(异教哲学家们)所设想的那些循环的意思。他们认为那些循环是时代和暂时性事物重复地作同样的轮转,因此有人就会说,正像哲学家柏拉图在这个时代坐在雅典城内被称为'学园'的学校里给他的学生们讲课一样,在过去的无数年代里,往往有同样的柏拉图和同样的城市以及同样的学校和同样的学生重复出现,而在未来的无数年代里,也必然重复出现这一切。我说,上帝不许我们轻信这种胡言!基督死了,由于我们的罪恶,永远死了。"[②]

在激烈的宗教斗争中取得胜利后,时间线性说逐渐受到人们的重视。

1602年,英国哲学家弗兰西斯·培根(Francis Bacon, 1561—1626)在一本书名别具一格的书《时间的男性生育》中,提出了时间线性发展这一概念。但奇怪的是牛顿却一直坚持时间循环说。1675年12月他在给皇家科学院院长欧登堡(H. Oldenberg, 1618—1677)的信中写道:

① G. J. Whitrow:《时间的本质》,科学出版社,1982,7页。
② 《发现者——人类探索世界和自我的历史》,上海译文出版社,1992,142—143页。

大自然是一个永恒的循环的创造者，他从固体中生出液体，从易变的东西生出稳定的东西，又从稳定的东西生出易变的东西，它从简陋的生出精细，又从精细的生出简陋。一些东西从地下升上来，形成了地表的是河流和大气，另一些东西则沉下去作为补偿。和地球一样，太阳可能也是靠吸收这样的灵气来保持其光芒，并防止行星离开它跑掉。

▲ 英国哲学家弗兰西斯·培根

后来，在德国哲学家莱布尼茨、英国科学家巴罗(I. Barrow，1630—1704)等人的推动下，时间的线性观点逐渐向前发展。到了19世纪，在生物进化论的影响下，认为时间是连续发展而不是循环重复的线性时间观，终于取得了决定性的胜利，循环说基本上销声匿迹。

2. 不可逆过程和时间的方向性

生物进化是一个单方向的不可逆过程，生物只会由简单的生物进化为复杂、高级的生物，而不会相反。因为生物进化是特定的变异物种和特定的环境的特定组合，重复出现的可能性几乎是不存在的。机体和环境条件越是复杂，逆着进化过程倒退回去的机会越是急剧减少。美国物理学家布拉姆(H. F. Blum)曾十分形象地指出："很难否认无所不在的进化作用是不可逆的，菊石和恐龙都永远的一去不复返了。"正是生物进化的不可逆性，使人们对时间的方向性有了启发性认识。

一旦人们开始注意到时间的方向性后，人们就惊讶地发现，日常经验的大多数过程竟然都是单向性的:人一生由婴儿到老年到死亡;房屋逐渐衰朽以及倒塌;山岳被侵蚀崩塌;河水向下流直达大海;热从高温向低温传送,等等。我们从未见过相反的过程:人由老年又变成少年;倒塌的房屋又自动聚拢成新屋;河水自动倒流上山坡;散到空间的热又自动聚集到火炉之中。

▲ 英国喜剧大师弗兰德斯(右)和斯旺

这使我想起英国喜剧大师弗兰德斯(Michael Flanders)和斯旺(Donald Swann)在他们的歌"第一和第二定律"中有一段歌词:

> 你不能让热从冷处传到热处,
> 你想试一试吗? 结果只会一无所获。
> ………
> 不,你不能让热从冷处传到热处,
> 你如果要试试,你就会像是一个蠢猪。
> 冷的东西变热,这才合乎道理——
> 这是一条物理法则,你要记住! ①

经过仔细分析,人们发现大多数不可逆的物理过程都可以看成是秩序破坏的过程:一幢新屋显然比一堆瓦砾更有秩序;活人比死人显然也更有秩序。物理学家似乎找到了时间方向性的物理本质:宇宙每天都将变得更加无序(没有秩序),时间的方向指向无序性增加的方向。这种带普遍性的结论来自热力学第二定律。正是这一定律把"熵增大定理"和时间方向联系起来了。

---

① 《时间之箭》,柯文尼,海菲尔德著,湖南科学技术出版社,2007,172 页——本文作者在引用时对译文作了稍许改动。

英国天文学家、物理学家爱丁顿(Arthur Stanley Eddington,1882—1944)在1927年首先把这种联系形象地称为“时间的热力学之矢”。为了强调热力学第二定律至高无上的地位,他警告物理学家们说:“如果你的理论违背第二定律,那你就没有希望了,你的理论只会丢尽你的脸,而你的理论也只能垮台!”

▲ 英国物理学家爱丁顿爵士

人们对于时间本质的认识,因为发现了这种联系而得到了进一步深化。

但是,时间的热力学之矢的理论自提出之日起,却又立即陷入了许多佯谬之中,物理学家们对这些层出不穷的佯谬,真是应接不暇。下面我们选两个最著名的佯谬作一简单的介绍。

3. 宇宙热力学佯谬——热寂说

热力学中的第一个佯谬是“宇宙热力学佯谬”。这个佯谬又通常被称之为“热寂”(heat death)佯谬。

热力学第二定律是大自然界的一个最基本和最普遍的规律,它的发现必然导致一个令人震惊的逻辑推理。我们已经知道,热量不可能自发地、无补偿地由冷物体转移到热物体(我们不妨将这些物体称为 A 系统),但在有“补偿”的情形下,是可以发生的。例如,依靠某种机器(B 系统)做功,就可以将热物体的热转移到冷物体上去。但我们由热力学第二定律又知道,此时 B 系统熵增加的量要比 A 系统熵减少的量要多很多,因而($A+B$)系统的总熵增加了。我们又可借助 C 系统做功减少($A+B$)系统的熵,依照同样的道理,($A+B+C$)系统的总熵又增加了。这个假想实验可以一直做下去,一直做到包括整个宇宙。在这一逻辑推理过程中,威廉·汤姆逊根据熵单调增加得出了“热寂”的结论。1861年,他在英国科学促进会上宣读了《关于太阳热的可能寿命的物理考察》(此文后于1862年发表在《哲学杂志》上)。在这篇文章里,他明确提出了热寂说。他指出：

> 热力学第二个伟大定律蕴含着自然的某种不可逆作用原理，这个原理表明虽然机械能不可灭，却会有一种普遍的耗散趋向。这种耗散在物质的宇宙中会造成热量逐渐增加和扩散以及热的枯竭。如果宇宙有限并服从现有的定律，那么结果将不可避免地出现宇宙静止和死亡状态。

1865年，克劳修斯在假定热辐射遵循热力学理论和宇宙构成是连续的前提下，得出了两个"宇宙基本原理：(1)宇宙的能量是常数；(2)宇宙的熵趋于一个极大值"。[①]1867年，他在第41届德国自然科学家和医生会议上，作了题为《关于机械热理论的第二定律》的演讲。在这次演讲中，他进一步阐明了热寂说。他说道：

> 宇宙的熵趋向于极大。宇宙越是接近于熵这个极大的极限状态，进一步变化的能力就越小，如果最后完全达到了这个状态，那就任何进一步的变化都不会发生了，这时宇宙就进入一个死寂的永恒状态。

宇宙处于热寂状态时，在时间上就是没有任何方向可言——一片混沌，一片雾气腾腾，不能区分今天和明天。这个理论曾红极一时，许多物理学家都认为它是宇宙的一个基本规律，连某些赞成唯物主义的科学家也支持宇宙热寂说的悲观预测。但在与它提出的同时，宇宙热寂说也不断受到科学家和哲学家的批评。

玻尔兹曼就曾以佯谬的形式对热寂说提出批评：宇宙热寂说不可能是正确的，因为宇宙在时间上是永恒存在的。如果热力学第二定律在整个宇宙范围内有效，那么，宇宙在无限遥远的过去早就应该处于热寂状态，根本轮不到

① R. Clausius, *Anna. Der Phy. und Che.*, Band CXXV. (1965), p. 400.

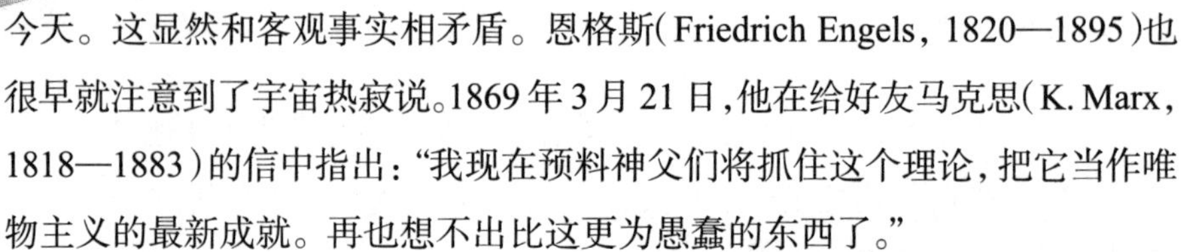

今天。这显然和客观事实相矛盾。恩格斯(Friedrich Engels，1820—1895)也很早就注意到了宇宙热寂说。1869年3月21日，他在给好友马克思(K. Marx，1818—1883)的信中指出："我现在预料神父们将抓住这个理论，把它当作唯物主义的最新成就。再也想不出比这更为愚蠢的东西了。"

但是为什么这个佯谬是"更为愚蠢的东西"呢？到底怎样才能具体驳斥这一佯谬呢？这可是一个非常不容易回答的问题。玻尔兹曼试图用分子运动论里的"涨落理论"解决这一佯谬。所谓"涨落"(fluctuation)，是指由大数量分子组成的物质系统处于热力学平衡态时，作为统计平均值的宏观物理量(如能量、压强、分子数密度等)，在统计平均值附近有不断微小变动的现象。当涨落发生时，熵可以自发地减少(也就是时间"倒流"，如水往山上流，垮了的房子又自动完好如初等等)。但是由熵的统计公式可知，物质系统中分子数量非常巨大，因而熵的涨落几率就非常非常小，小得在实际现象中根本不可能发生。所以从理论上虽然"水往山上流，垮了的房子又自动完好如初"不能说不会发生，但是有谁见过？

▲德国哲学家恩格斯

由此，玻尔兹曼认为，由于宇宙中"元宇宙"的数目无限多，它们存在的时间也无限长，所以涨落的偶尔出现总归是可能的，而我们的银河系恰好是这样一个罕见的"元宇宙"。也就是说，在过去某个时期，由于发生了一次巨大的涨落，我们的银河系幸运地破坏了这一片无边的、死寂的平衡，使我们银河系中的恒星、行星甚至生命得以存在。

玻尔兹曼的涨落说，似乎言之成理。他的意思是说，只有对于像我们银河系这样具体的元宇宙，它还处在初期演化的远离平衡之中(这也就是说，只有我们才能观测时间总是沿着一个方向前进的不可逆现象)。但玻尔兹曼的涨落说与客观事实有一定矛盾，他曾这样说过："宇宙包罗万象，万古永存，很难否定有的星体上的时间方向同我们恰恰相反(这便等于说人死了之后再复活,然后年轻到进入母亲的子宫里)。”玻尔兹曼作了个猜测,认为这样的星体即便存在,它们离地球的距离将超过地球离天狼星距离的$10^{10^{10}}$倍。这也就是说,在我们银河系临近要产生使时间“倒行”这么巨大的涨落,至少要在地球到天狼星距离的$10^{10^{10}}$倍以外的地区才可能。这个距离比我们现今知道的宇宙大小还要大得无法与之比较。这样,玻尔兹曼的涨落理论实际上作出了下面的结论:在我们的银河系之外再也不可能有任何有序的构造,我们的银河系之外是一片死寂的空间。这与当今所认识到的宇宙显然不相符合。

还有一些其他的方案试图解决热寂佯谬,但都因其自身的缺陷而不能令人信服。直到今天,我们仍然不能说我们已经最终解决了这一佯谬。我们也许可以说,有一种方案可能最终为人们接受。这一方案即P. 托尔曼(P. Tolman)提出的“相对论热力学”。这一方案新颖之处在于它指出,研究系统达到统计平衡时,必须同时考虑广义相对论中引力场所表现的特点,而引力场是不稳定的。在一般情形下,引力场不仅依赖于坐标,而且依赖于时间。正因为引力场是不稳定的,所以系统永远不会达到完全的平衡(即“宇宙热寂”状态)。因而,热力学第二定律外推到整个宇宙,不会导致热寂。

4. 可逆佯谬

热力学中的第二个佯谬即“可逆佯谬”(reversing paradox)。

物理学家试图从熵增加定律引出时间之矢,是探求时间方向性物理本质的一种最合乎自然的观点。因为,生活中几乎所有的经验都告诉我们,一切宏观过程严格地说都是不可逆的。看来,时间的热力学之矢似乎很有成功的希望。

但是,先是开尔文于1870年,接着是奥地利物理学家洛喜密特(Johann Josef Loschmidt, 1821—1895)于1876年,他们先后提出了“可逆佯谬”,即:牛顿定律对时间反演是对称的,而玻尔兹曼的统计函数违反时间反演对称性。正如英国物理学家柯文尼(Peter Coveney)和海菲尔德(Roger Highfield)所说:

“奇怪的是,许多科学理论并不支持我们一般对时间的看法。在这些理论中,时间的方向无关紧要。如果时间倒走,现代科学的几座大厦——牛顿力学、爱因斯坦的相对论、海森堡和薛定谔的量子力学,也都同样站得住脚。对这些理论来说,记录在影片上的事件,不管影片顺放还是倒放,看上去都行得通。单向的时间,反而像是我们脑中产生的幻觉。研究这个问题的科学家们,带着几分嘲笑的口气,把我们日常时间流逝的感觉,称为'心理时间'或者'主观时间'。"①

这意思就是说,大量气体分子组成的系统,其宏观过程是不可逆的,不具有时间反演的对称性,即用 $-t$ 代替 t,过程不能重合。但是,构成体系的每一个分子却服从可逆的牛顿方程、拉格朗日方程或哈密顿方程。在这些方程中,以 $-t$ 代替 t,方程是不变的,即它们对时间反演是对称的。这就是说,分子的微观运动是可逆的,而由微观运动构成的宏观运动又不可逆。这里似乎存在一种矛盾。宏观不可逆的存在似乎说明时间总是沿着确定方向流逝,从过去到未来;但对牛顿运动定律来说,时间向前流逝还是向后倒流无关紧要。

开尔文曾形象地描述过"可逆佯谬":

> 假如宇宙中物质的每一个粒子的运动在任意瞬间全部确实倒过来,那么自然过程以后将永远地反过来进行。在瀑布下面飞溅的泡沫应该重新合并起来降入水中;热运动应该重新聚集它们的能量,并把水一滴一滴地抛上瀑布,形成一个上升的闭合水柱。由于同固体摩擦而产生并且由于传导以及辐射而耗散了的热量,应该再次回到接触的地方,并且使运动物体反过来对抗它曾服从过的那个力。泥土将会重新变为石头,而石头一定会重新聚集为山峰(这些石头本来就是从这个山峰裂下来的)。假如生命的唯物论假设是正确的,活着的动物应该倒过来生长,已经知道未来,但没有对过去的记忆,并重新变为胎儿。但是生命的实际现象远远超过了人类的知识水平,因此,把生命现象想象为可逆的,并且推测由此而产生的后果是完全无益的。

① 《时间之箭》,柯文尼,海菲尔德著,湖南科学技术出版社,2007,2 页。

开尔文和洛喜密特虽然提出了可逆佯谬，但他们两人并不认为可逆性佯谬是分子运动论的严重缺陷。开尔文甚至和玻尔兹曼一样，试图用统计几率概念来说明为什么在宏观上观察不到上述的可逆过程。这大约与开尔文和洛喜密特两人都是原子论的支持者不无关系。但他们二人大约都没料到，要解决他们提出的佯谬，竟是那么艰难。

一百多年来，人们对“可逆佯谬”的理解进行了许许多多的探讨。例如，牛顿方程描述的质点运动是可逆的，为什么由这些质点构成的统计体系的热力学过程却又不可逆？不可逆性到底是怎样进入由质点构成的统计体系？宏观体系演化中的时间箭头到底从哪儿来的……这些问题，可说至今仍是众说纷纭，莫衷一是。1970 年在英国加的夫举行的一次国际热力学会议上，就曾专门讨论过时间箭头，即不可逆性的起源问题。主持人戴维斯开了一个玩笑，这个玩笑生动地说明了不可逆起源研究的现状。他说：

▲ 奥地利物理学和化学家洛喜密特，他是维也纳大学著名教授。

“判断一个题材重要与否，一个大致而现成的办法是看关于这个题材所写下的胡说八道的数量如何（笑声）。把这一条准则用到时间的不对称性上时，它的重要性就显得比不上宗教，但是超过了信息论（笑声）。”

5. 玻尔兹曼将概率引入到热力学第二定律

当洛喜密特一提出可逆佯谬时，玻尔兹曼立即认识到洛喜密特批评的重要性，于是在 1877 年 1 月 11 日的论文中，对可逆佯谬作了初步的回答，他认为：

“洛喜密特命题仅表示存在由导致似乎决不会存在状态的初始条件，而并不排除大量初始条件都会导致的均匀分布。”

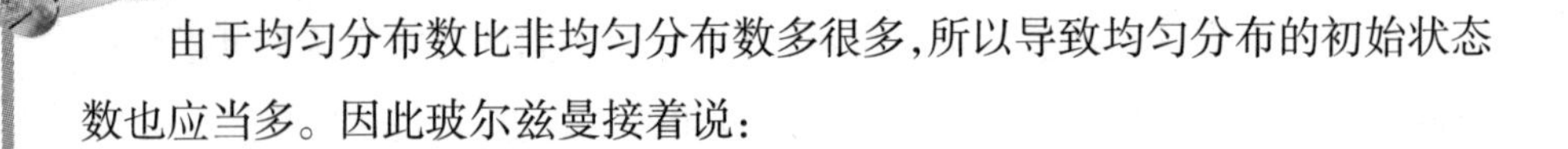

由于均匀分布数比非均匀分布数多很多,所以导致均匀分布的初始状态数也应当多。因此玻尔兹曼接着说:

> 很清楚,从某种初始状态开始,经过一定时间以后,发生的任何个别均匀状态是与发生特定的非均匀状态一样,几乎是不可能的。这正如接龙游戏一样,出现每一个别的号码牌是和刚好出现1、2、3、4、5的号码牌一样,几乎是不可能的。只是因为均匀状态比非均匀状态多得多,所以几率较大,从而在时间的进程中变得均匀了。我们甚至可能从不同状态数目的关系中计算出它们的几率,从而可能导出一种计算热平衡的有趣的方法。

玻尔兹曼在这篇文章中,首次表述了这样一个重要的思想:每个微观态,不管它是不是处于均匀的宏观分布中,都具有相同的概率,但重要的是相对某一宏观状态的分布数。

1877年10月,玻尔兹曼又提交了第二篇论文:《关于热力学第二定律与几率的关系,或热平衡定律》。在这篇文章中,玻尔兹曼将第一篇文章中提出的几率的思想作了更深入的阐述。他提出:

> 我们深信,我们能从研究系统中各种可能状态的几率中去计算热平衡状态。在大部分情况下,初始状态是可几性很少的状态。但从初始状态开始,这体系将逐渐走向可几性较多的状态,直到最后进入最可几的状态,那就是热的平衡。如果我们把这种计算应用于第二定律,我们就能将普遍所谓熵的那种量等同于实际状态的几率。

接着,玻尔兹曼开始了推算。如果我们运用概率进行计算,分子的速度显然只能取一些分立的数值,而不能取无限多的数值。这对于彻底的原子论的信奉者玻尔兹曼来说,用这种方式处理实在是极其自然的事情,丝毫也不会引起困难。推算的结果,玻尔兹曼得到了熵与分子构成形态数的关系式。

即把熵和热力学状态的概率 W 联系起来了：

$$S = k\ln W$$

式中 k 是自然界中的普适常数之一，后来被称之为玻尔兹曼常数。但这儿应指出的是，这个著名公式在玻尔兹曼 1877 年的论文中，并未给出如此简明的形式，原式复杂得多。但物理思想在原式中已经具备，即：在孤立系统中，熵增加对应于向最可几状态的过渡。熵减小的过程并非不可能，只是概率太小。上面给出的简明对数公式，是普朗克于 1900 年给出的。普朗克在文中还指出：

"从方程 $S = k\ln W$，我们当然就可以通过熵而在绝对意义上决定概率 W。我们把这样决定的量 W 称之为'热力学概率'，以便与'数学概率'相区别，它们两者可以成比例，但不相等。因为数学概率是一个分数，而热力学概率正如我们已经看到的，总是一个整数。"

▲ 玻尔兹曼的漫画。上方英文是美国加利福尼亚大学。玻尔兹曼曾经访问加州大学。后来写了一篇《我的美洲之行》。

这样，热力学第二定律的微观解释以及联系宏观和微观的方程 $S = k\ln W$ 就基本定型。这种解释所赖以建立的物理思想（即偶然性进入了物理学，概率可以用来解释物理现象），是物理思想发展史中具有突破性的重要意义。因为正是这一崭新的物理学思想，终于在 20 世纪使统治物理思想近三个世纪之久的机械决定论全面崩溃。

但毕竟机械决定论是一种根深蒂固的先入之见，所以仍有不少人怀疑。针对种种疑虑，玻尔兹曼在他的名著《气体理论讲义》一书中指出："尽管气体理论中使用概率论这一点并不能直接从运动方程中推导出来，但是采用概率之后得出的结果和实验事实一致。这样，我们就应当承认它的价值。"

玻尔兹曼将概率引入到热力学第二定律，是物理思想史上最伟大的成果

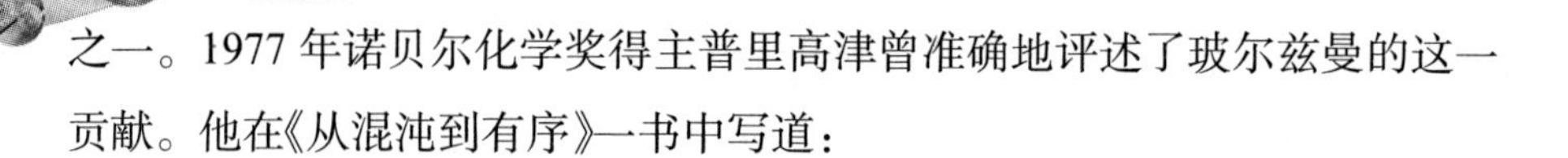

之一。1977年诺贝尔化学奖得主普里高津曾准确地评述了玻尔兹曼的这一贡献。他在《从混沌到有序》一书中写道：

> 但是，玻尔兹曼……不仅描述平衡态，而且描述达到平衡态（即达到麦克斯韦分布）的演变过程。他想发现与熵增大相对应的分子机制，即驱使系统从任意一种速度分布走向平衡态的机制。
>
> 玻尔兹曼独到地在分子群体的层次上而不是在个别轨道的层次上探讨物理演变的问题。他感到这实际上相当于在完成达尔文的宏伟事业，不过这一次是在物理学上：在生物进化背后的推动力——自然选择——不能对某个个体，而只能对一个大的群体来加以确定。所以这是一个统计的概念。
>
> ……
>
> 但是，我们认为玻尔兹曼的成就最伟大，是从纯概念的角度来看的：可逆现象与不可逆现象之间的差别（如我们已经看到的，它是第二定律的基础）现在已转到微观层次。速度分布的变化中由于自由运动而引起的那一部分与可逆部分相对应，由于碰撞而引起的那一部分则与不可逆部分相对应。对玻尔兹曼来说，这是熵的微观解释的关键。一个分子演变的原理产生了！很容易理解这个发明对跟在玻尔兹曼之后的物理学家们（包括普朗克、爱因斯坦和薛定谔）产生了多么大的吸引力。
>
> 玻尔兹曼的突破是通向过程物理学的决定性一步。在玻尔兹曼方程中决定时间演变的不再是与力的类型有关的哈密顿量；反之，现在与过程相联系的函数（例如散射截面）将产生运动。

的确，玻尔兹曼的物理思想及方法获得了惊人的成功，在物理学的历史上留下了最光辉的篇章。普朗克发现量子论就是玻尔兹曼物理思想的一个成果。薛定谔曾以令人感动的激情表示他对玻尔兹曼的崇敬，他在1929年曾经说过："他（指玻尔兹曼）的思想可称之为我在科学上的初恋，过去没有今后也不会再有别的东西能使我这样欣喜若狂。”

但不幸的是，由于玻尔兹曼的理论建立在分子原子理论基础上，而当时由于实证主义一时不可一世，反对分子原子理论的人不仅很多，而且势力很大，包括一大批19世纪思想界中的知名人士，其中有法国的杜恒（Pierre Duhem）、孔德（August Comte）和彭加勒（Henri Poincaré），德国的奥斯特瓦尔德（Wilhelm Ostwald）、荷耳姆（Georg Helm）和英国的兰金（William Rankine）等等。

他们极力反对玻尔兹曼的熵增大理论以及由此推出的时间的热力学之矢。这使得玻尔兹曼非常沮丧，加之他性格柔弱，工作过度，疾病缠身。1906年他62岁，双目差不多完全失明，剧烈的头痛使他坐卧不安。起伏的情绪曾一度把他带到绝望的边缘，使他在慕尼黑附近的一个疯人院里住过一段时期。一点不顺心的事也会使他大大伤心。9月5日那一天，他与家人正在海边度假，他趁家人外出之时，就在度假租住的屋子里，把一根短绳子系在窗框的横木上，围着自己的脖子打了一个死结——自杀了。他女儿艾勒萨回来，看见父亲已经死去。

玻耳兹曼的自杀，令人伤心地感受到时间是如何在捉弄想揭示时间秘密的人。让人迷惑不解的是，玻尔兹曼在自杀前不久，曾经到美国加利福尼亚大学访问，回国以后他写了一篇非常生动有趣、充满幽默和乐观的文章《我的美国加州之行》。[①]每一位读者看了这篇文章，一定会被玻尔兹曼的热爱生活和幽默弄得哈哈大笑。

例如在海轮上看到大洋美丽的景色时他写道：

> 从不来梅到纽约的远洋航行中，这种远洋汽轮真可谓人类的杰作之一。每次乘坐这样的轮船远航都会比前一次感受更佳。澎湃的海洋每天都能变出一副令人叹为观止的新模样。看，今天它剧烈地奔腾泛起白色的浪花；看，那一条条的船，一时船身好像被浪花吞食了，稍待片刻，船身又从浪花中吐了出来。

① 《我的美国加州之行》，玻尔兹曼著，杨建邺译，《世界科学》，2006，10—11期。

……在某些个特殊的日子里，海洋会披上盛装，它那蓝色衣装的色彩是如此之深，又如此之亮，还用奶白色的浪花镶着边。我曾嘲笑过那些画家居然会花费几天的时间去重现某种神奇的色彩。现在我明白了，那蓝蓝的大海的确能令人激动得热泪盈眶。仅仅一种色彩就能使人大声喊叫，以发泄他的激情。这是何等神秘啊！

如果说有什么比大自然的美丽更令我羡慕，那就是人类的智慧。早在腓尼基人以前，人类就征服了这茫茫无际的大海……诚然，自然界最奇异的东西莫过于人类丰富的思想。

假如我像梭伦(Solon)[①]一样被问及谁是人类最幸运的人，我会毫不犹豫地回答是哥伦布。这并不是说没有一个人的发现比得过他，我们只用提出德国的发明家古腾堡(J.Gutenberg)[②]，就明白这一点。但是，亲身感受到大海的冲击也可以引起幸福感。对哥伦布来说，这种幸福的感觉一定特别强烈。我在他踏上美洲大地时不由自主地嫉妒哥伦布，或者说得更恰当一些，我只是感受到了他当时一小部分的欢乐……

轮船驶入纽约港，真是令人心旷神怡。这儿有林立的高楼，以及最令人激动的手执火炬的自由神，掺和着来往船只不和谐的笛声、歌声。这边的船发出刺耳的笛声，那边的船立即回报以奇特的尖叫声，此起彼伏，连绵不断。这真是一种难以模仿的海妖茜林丝的歌声[③]。如果我是一位音乐家。

这么热爱生活的人，怎么会突然自杀？再例如他写他第一次对美国同行演讲时说：

现在我得承认，在作第一次演讲前我感到有点怯场——这里坐

① 梭伦(约公元前638—前558)，雅典政治家，希腊七贤之一。
② 古腾堡，德国活字印刷的发明人。
③ Sirenes，希腊神话中半人半鸟的女妖，她们用迷人的歌声诱惑航海者，使他们成为海妖们的牺牲品。

了那么多人,却要我用英语作演讲。途中很少有机会讲英语,这有点出乎意料。通常懂英语的德国人在讲了几句纯正的英语之后,马上又会回到其母语上;而真正说英语的人又根本不开口说话。

我得感谢维也纳我的英语教师梅·奥卡拉罕小姐,是她不厌其烦地为我纠正英语发音,才使我那天的演讲获得成功。当时我可以无虑用英语提我的要求,像“黑板”、“粉笔”之类的词。那时我是多么骄傲!我在“代数学”、“微积分”、“化学”和“自然哲学”这类词的发音是多么准确!我还得感谢我的语言天赋,记得菜谱上有道菜叫“龙虾沙拉”(lobster salad),在德语中“lobster”是幽默的意思,这真难于同那种讨人喜欢的甲壳动物相联系,但我却想起了有这个词的英语课文,所以我立即叫出了“龙虾”这个名字。真是妙不可言!

看了这段文字,读者绝不会想到这位幽默大师居然会不久后自杀!他的丧生深深地让他的朋友和论敌同时受到极大的心灵震撼。他的学生嘉菲(George Jaffe)写道:

“玻耳兹曼的死是科学史中的悲剧之一,就像拉瓦锡上断头台、迈耶进疯人院和皮埃尔·居里惨死在货车轮下一样。尤其可悲的是:这事就发生在他的思想将取得最后胜利的前夕。”

还有许多物理学家认为可逆佯谬仍然是一个应该继续探索的课题。1967年,P. G. 伯格曼就说过:“自然界中不可逆性的解释在我看来仍然有待解决。”[①]

但可逆性问题以及物理定律是否必须区别过去和未来,时间之矢到底存不存在,或者说时间之矢到底应该归结到什么物理现象上去,却是直到今天都一直还在争论不休的问题。除了上面已经详细讨论过的“时间热力学之矢”外,还有人指出:“时间的电磁学之矢”,即把时间的方向归结为电磁波辐射的不可逆性;“时间的宇宙学之矢”,即把时间的方向性归结为宇宙演化的历史等以及“时间的心理学之矢”等等。

① *Theo. And App. Che.*, 22(1970)539.

总地来看，时间箭头问题的研究虽有重大进展，但仍然是个没有解决的重大理论问题。比利时化学家普里高津曾经说：

> ……我们相信，该是把波尔兹曼的任务重新担当起来的时候了。正如我们已经说过的那样，20世纪已经看到了理论物理学中的重大的概念革命，这产生了把动力学和热力学统一起来的新希望。我们正在进入一个时间史中的新纪元，在这里，存在和演化可以归并到一个单一的不矛盾的观点中去。①

由于这个问题超出了热力学和统计力学的范围，牵涉到宇宙和基本粒子、无生命和生命现象这样一个极其广阔的领域，因而我们相信，时间箭头问题的最终解决，必定会为理论上带来新的突破。

▲ 美国物理学家大卫·古德斯坦

这是一个值得（或者说急待）我们探索的重要领域。但是前面的陷阱还很多，所以美国加州理工学院（Caltech）的物理学教授大卫·古德斯坦（David Goodstein, 1939—　）在他的《物质的状态》一书的开头以带有戏谑的口气写道：

> 一生中大部分时间花在研究统计力学的路德维格·玻尔兹曼，1906年自杀身亡。埃伦菲斯特②继续了这项工作，但也以类似的方式而死。现在轮到我们了……也许研究这项课题，还要谨慎为妙。

① 《从混沌到有序》，普里高津著，上海译文出版社，1987，308页。

② 埃伦菲斯特(Paul Ehrenfest, 1880—1933)，奥地利理论物理学家，与爱因斯坦交往甚密。1933年9月25日在家里开枪自杀。

十、紫外灾难

我喜欢相对论和量子理论
因为我并未真的弄懂它们
它们使我感到空间在不停地移动
就像一只无法降落的天鹅
不愿静止，无法被测定
好像原子是一个十分冲动的物体
总是不断地改变主意

——D. H. 劳伦斯①

普朗克辐射理论是现代物理学研究的最重要的指导原则，而且可以看出，普朗克的天才发现作为科学的财富将在以后很长的时间内发挥其作用。

——埃克斯特兰

1920年6月2日，普朗克在接受1918年度诺贝尔物理学奖的授奖大会上，讲了一段意义深远的话，很值得我们回味。他说：

当回顾二十年以前根据大量实验事实首次阐明物理作用量子这一概念及其大小，以及最终导致发现作用量子这一概念及其大小这一段漫长而曲折的道路时，我觉得整个的发展过程似乎是对歌德

① 大卫·赫伯特·劳伦斯(David Herbert Lawrence，通常写作D. H. Lawrence，1885—1930)，20世纪英国作家，是20世纪英语文学中最重要的人物之一，也是最具争议性的作家之一。主要成就包括小说、诗歌、戏剧、散文、游记和书信。主要著作有《儿子和情人》、《恋爱中的女人》等等。

很久以前的一句名言提供了一个新的证明。这句名言是："人要奋斗，就会有错误。"一个勤奋的研究工作者，如果不是通过一些明显的事实发现他走过的复杂道路确实是向真理靠近了一步，那么他的全部智力劳动最后将会归于徒劳。一个必不可少的假设，尽管远不是一个成功的保证，但它追寻着一个特定的目标。即使开始失败了，也不要轻易放弃设置的路标。[①]

▲德国物理学家普朗克

现在，当往事已经过去一个多世纪的时候，每当我们回忆当年新物理学临产的阵痛，以及令物理学家心力交瘁和他们当年奋力拼搏的景况，仍然会被当年那激动人心的事件深深吸引，心情也会久久难以平静。如果一个学过量子物理的人，竟然不知道这一段色彩斑斓、激烈动荡的历史，那真可以说是太令人遗憾了。

1. 19 世纪末物理学家们的心态

19 世纪末，物理学界普遍存在着一种大功告成、心满意足的心态，认为宏伟的经典物理大厦已完善到几乎无可挑剔的地步。据普朗克于 1924 年在慕尼黑作的一次演讲中回忆说：

> 当我开始研究物理学和我可敬的老师菲利浦·冯·约里对我讲述我学习的条件和前景时，他向我描绘了物理学是一门高度发展的、几乎是尽善尽美的科学。现在，在能量守恒定律的发现给物理学戴上桂冠之后，这门科学看来接近于采取最终稳定形式。也许，

① 《诺贝尔奖演讲全集》物理学卷Ⅰ，福建人民出版社，2003，383 页。

在某个角落还有一粒尘埃或一个小气泡，对它们可以进行研究和分类，但是，作为一个完整的体系，那是建立得足够牢固的；而理论物理学正在明显地接近于如几何学在数百年中所已具有的那样完善的程度。约里描绘的大约是1872年前后的情况，还可以举迈克尔逊、开尔文等人讲过的话证明这种“普遍的”盲目乐观情绪。迈克尔逊在1888年说：“无论如何，可以肯定，光学比较重要的事实和定律，以及光学应用比较有名的途径，现在已经了如指掌，光学未来研究和发展的动因已经荡然无存了。”开尔文也表示过：“未来的物理学真理将不得不在小数点第六位去寻找。”①

但也有人不同意这种对19世纪末物理学界景况的分析，美国物理学家费曼（Richard P. Feynman，1918—1988，1965年获得诺贝尔物理学奖）就说过：

“人们经常听说19世纪后期的物理学家认为，他们已经了解了所有有意义的物理规律，因而以后所能做的只是去计算更多的小数位。某个人可能这么说过一次，其他人就争相传抄。但是彻底阅读当时的文献表明，他们所有的人都是对某些问题忧虑重重的。”

费曼的话也是有道理的。我们由当时热辐射的研究引起了“紫外灾难”（ultra-violet catastrophe）以及这一灾难消除的全过程，多少可以看到这一点。

也许英国物理学家奥利弗·洛奇（Oliver J. Lodge，1851—1940）在1889年的讲话，正确地表达了物理学家当时的矛盾心情，他在讲话中说：

当前的物理学正处于一个令人惊异的活跃时期，每月、每周甚至每天都有进展。过去的发现犹如一长串彼此无关的涟漪，而今天它们似乎已经汇成一股巨浪，在巨浪的顶峰上，人们开始看到某种宏大的概括。日益炽烈的焦虑，有时简直令人痛苦。人们觉得自己像一个小孩，长时期在一个已成废物的风琴上胡乱弹奏着琴键。突

① 《原子时代的先驱者——世界著名物理学家传记》，F. 赫尔内克著，徐新民等译，科技文献出版社，1981，113页。

然，琴箱里一种看不见的力量，奏出了有生命的曲子。现在，他惊奇地发现，手指的触摸竟能诱发出与思想相呼应的音节。他犹豫了，一半是因为高兴，一半是因为害怕，他害怕现在几乎立即可以弹出的和声，会震聋自己的耳朵。①

2. 德国的热辐射研究

热辐射的正式研究工作应从德国物理学家、化学家基尔霍夫（G. R. Kirchhoff，1824—1887）的工作算起。19世纪末期，由于炼钢、电灯照明等生产的需要，热辐射的研究在当时是一个十分紧迫的课题，因而很多科学家都跻身于这项研究工作之中，尤其是正在迅速崛起的德国。为了从理论上研究热辐射，基尔霍夫提出了一种称为“绝对黑体”（absolute black-body）的理想物体。绝对黑体在任何温度下都能够吸收辐射给它的一切热辐射。这样一来，整个热辐射的研究就可以简化为黑体辐射的研究。

▲ 德国物理学家维恩，1911年获得诺贝尔物理学奖。

1895年，德国物理学家威尔海姆·维恩（Wilhelm Wien，1864—1928，1911年获得诺贝尔物理学奖）和奥托·卢梅尔（Otto Richard Lummer，1860—1925）联名发表了一篇题为《检验完全黑体辐射定律的方法》的论文，在论文里他们提供了一个可供实验测量的绝对黑体模型。这是一个带有小孔的空腔，小孔不影响空腔内部的辐射，它相当于一个能吸收辐射到它上面的全部辐射的绝对黑体。从此，物理学家们才有可能对黑体辐射进行定量的研究，而不只是此前仅仅在理论上的探讨。

① Jerry B. Marlon ed., *A Universe of Physics*, John Wiley & Sons (1970), p. 107.

当他们两人正准备用新方法对以前建立的一些经验辐射定律进行检验时，维恩离开了他们共同工作的国立物理技术研究所，到亚琛（Aachen）大学任教。卢梅尔则与费迪兰德·库尔鲍姆（Ferdinand Kurlbaum，1857—1927）和恩斯特·普林塞姆（Ernst Pringsheim，1859—1917）合作，继续黑体辐射实验。他们首先检验了 1879 年奥地利物理学家约瑟夫·斯忒藩（Josef Stefan，1835—1893）和 1884 年玻尔兹曼建立的"斯忒藩—玻尔兹曼定律"，1893 年维恩建立的"维恩位移定律"和 1896 年维恩建立的"辐射分布律"。结果他们发现，实验值与"维恩辐射分布律"有些不相符合。为了消除实验上可能出现的误差，卢梅尔和普林塞姆继续改善实验方法，以求作出更准确的判断。1899 年 11 月 3 日，卢梅尔在德国物理学会上正式报告了他们的实验结果，肯定地宣称维恩辐射定律在长波部分，即光谱的红外区域，理论值系统地低于实验值，存在着明显的差异；只是在短波、低温时，理论值才与实验值相符合。①

卢梅尔和普林塞姆的实验结果，立即引起了德国物理学界极大的兴趣。1900 年 10 月，鲁本斯（Heinrich Rubens，1865—1922）和库尔鲍姆所作的测量进一步证实，当波长很长和温度很高时，维恩辐射分布规律的计算值与实验值显著不同。

1900 年 6 月，英国物理学家瑞利批评了维恩辐射分布律的思想基础，认为它"只不过是猜测而已"，"相当难以接受"。瑞利的批评并不令人奇怪，因为维恩在推导他的辐射分布律的时候，曾设想黑体腔里的热辐射（即电磁波或光）和气体分布相类似，服从麦克斯韦（气体分子）速度分布律，而且每一分子所发射的辐射波长仅是它的运动函数。这种在当时是惊人的设想，他才得到他的分布公式。为什么说是"惊人的"呢？因为维恩把分子运动规律用到光现象里，在当时未免有点离经叛道，似乎又把光视为与分子一样的粒子。那时正是麦克斯韦电磁波理论被最终确定，光的波动说因而大获全胜的时候，不少物理学家认为维恩的做法是开倒车。而我们都知道，后来用粒子说的构

① *Verh. d. Deutsch. Phys. Ges.*，(2) 1，215—235 (1899).

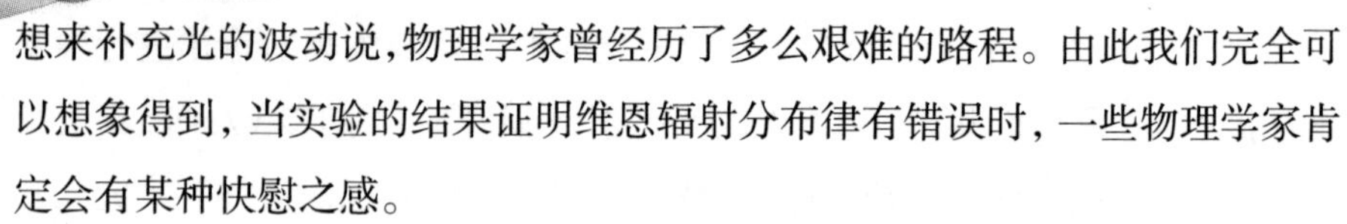

想来补充光的波动说，物理学家曾经历了多么艰难的路程。由此我们完全可以想象得到，当实验的结果证明维恩辐射分布律有错误时，一些物理学家肯定会有某种快慰之感。

3. 紫外灾难

瑞利在批评维恩定律的同时，提出了一个新的辐射分布律。他假定辐射空腔里的电磁辐射形成一切可能的驻波，再根据经典的能均分定理，每一驻波平均具有能量 kT（k 为玻尔兹曼常数），就导出了一个分布律。后来，另一位英国物理学家詹姆斯·金斯于 1905 年，沿着瑞利的思路，严格导出了与瑞利分布公式类似的公式。这个公式后来被人称为"瑞利—金斯公式"（Rayleigh-Jeans formula）。

从经典理论来看，这个公式有无懈可击的逻辑严密性，而且在维恩辐射分布律所不适应的低频（长波）部分，瑞利—金斯公式的计算值与实验一致。但这个公式有一个致命的缺点，就是在高频（短波）部分与实验结果发生了很大分歧，辐射能量密度趋向无限大，公式是发散的（如图）。后来，埃伦菲斯特将这一代表经典物理严重的失败称为"紫外灾难"。

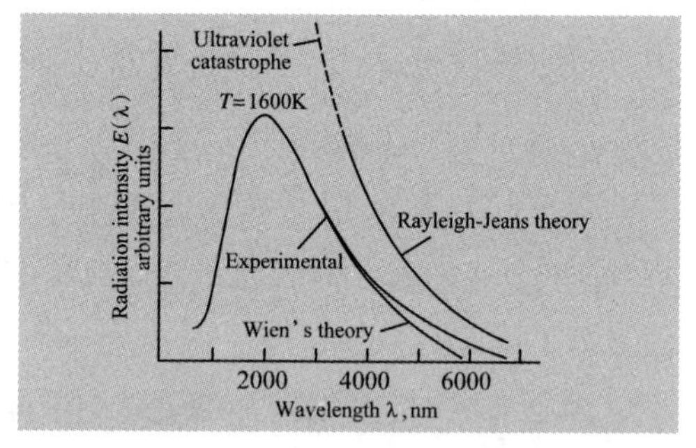

▲ 纵坐标是辐射强度（Eλ），任意单位均可；横坐标是波长λ，单位纳米。Experimental 指（卢梅尔—普林塞姆的）实验值；Wien's theory 指维恩理论值；Rayleigh-Jeans theory，指瑞利—金斯理论值；Ultraviolet catastrophe 是紫外灾难。

紫外灾难还可以用一个非常有趣的佯谬生动地表现出来，这一佯谬又称为"金斯立方体佯谬"。

"金斯立方体"是一个用"理想镜面"做成的匣子（理想镜面是可以 100% 反射光的镜面）。在匣子的一个面上安装一个小窗口，我们可以打开小窗让光向匣子里照射一下，然后关紧小窗。过一两个小时我们打开小窗，将会出现什么样的情况呢？根据麦克斯韦电磁理论和经典能均分定律（注意：瑞利—金斯公式是由它们推出的），将会得出一个可怕的结论：你千万不能打开小窗，否则你将会被致命的短波辐射击倒，并立刻死去！这显然是荒谬之极，如果真是这样的话，那我们的家庭主妇就不能打开做饭用的炉子的炉门、火车司炉也不能为锅炉加煤了。

结果虽然荒谬，但推导却在逻辑上无懈可击。我们这里引用伽莫夫的一段推导：

> 统计物理中有一个基本法则，称为“能量均分定律”。这个定律说，如有大量系统（例如单个气体分子）彼此之间处于统计性质的相互作用中，则有效能量在它们全体之间将是平均分配的。因此，如果容器中共有 N 个气体分子数，总的有效能量是 E，每个分子的平均能量便是
>
> $$\varepsilon=\frac{E}{N}$$
>
> 这个简单的定律对于金斯立方体中所能存在的大量的波也一定适用。但是，立方体中可能有多少个波呢？……电磁振动可能有的波长没有下限，如果把这一序列继续下去，我们就会得到可见光、紫外线、X 射线、γ 射线等。这样，可能的振动数便是无限

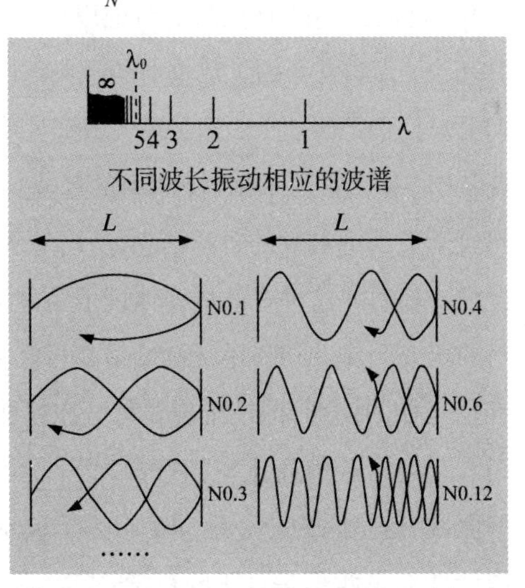

▲ 表示金斯立方体中各种不同波长的振动

> 大……如果我们把图中所表示的一切可能的波长分成两群，中间用一条垂线分开，以 λ_0 为标志，那么，在 λ_0 右边可能的振动总是有限多

> 个，而在λ_0和零点之间则是无限多个。能量均分原理要求，不管λ_0大小，有效的能量都得分给比λ_0短的振动。因此，如果金斯立方体中充满红光，这种光就要开始改变为……紫外线、X射线，γ射线等等。对于假想的金斯立方体正确的东西，也一定是普遍正确的。[①]

于是，就出现了前面提到的荒谬的结果。（见上页图）

埃伦菲斯特称这一佯谬为紫外灾难的确言之不虚，因为这一灾难标志着经典物理在处理黑体辐射问题上彻底失败。无论是瑞利、金斯，还是别的物理学家，都被这一佯谬弄得不知所措，无法解释这一不合理的结果。

4. 普朗克公式

现在轮到普朗克上场了。普朗克21岁时，以《论热力学的第二定律》的论文通过答辩，获得哲学博士学位。在他的博士论文中，他研究了导热过程不可逆性的问题，并提出了表达熵定律的最初的一般公式。他一开始就把熵的问题作为自己研究的重点，这对他以后创立量子论起了决定性的作用。

1896年，普朗克开始了热辐射的经典性研究。他十分重视基尔霍夫定律的普遍特征。前面已经提到，基尔霍夫曾经证明，在一个空腔中如果腔壁保持某一恒温状态，那么在热平衡时，辐射的规律与腔壁的材料性质无关。普朗克一生都热衷于追求绝对性的哲学信念，所以基尔霍夫定律的普遍特征吸引了他。他曾经说，"辐射的这种普遍规律体现了某种绝对的东西，并且由于我总是把对于绝对的研究当作一切科学活动的最高目标，所以我热衷于进行这项工作。"

在他工作的初期，他把维恩辐射分布律作为他研究的出发点，这个分布律在那时看来与实验值还比较相符合。但他不满意维恩在论证中引入了分子运动论的假说，这是因为分子运动论引入了玻尔兹曼的统计概念，而普朗克认为这种统计性的东西不是真正的科学规律。所以，他想用电动力学和热力学严密结合的方法，重新推出维恩辐射分布律。为了避免涉及当时还不了解的原

① G.伽莫夫:《物理学发展史》，商务印书馆，1981，216—218页。

子结构理论，他把黑体的腔壁看成是其行为可以定量计算的"赫兹振子"组成，并且只根据电动力学提出了一个熵表达式，再由它能推出维恩公式。他还试图由此证明熵的定义不需要分子运动论的假说，遵从热力学规律是唯一正确的。

1897年4月4日，普朗克在一篇文章①中阐明了以上观点。玻尔兹曼读了这篇文章后，立即对普朗克进行了反击，证明他的推导是错误的。玻尔兹曼指出，所有普朗克据以推导的过程统统是可逆的；可惜的是普朗克没有深刻理解玻尔兹曼正确的观点，还以为玻尔兹曼的批评是出于误会。于是，"一场生气勃勃的公开争论发生了"。尽管玻尔兹曼措词尖刻，但这并不妨碍普朗克最终不得不承认玻尔兹曼是正确的。到1898年7月，普朗克承认不用统计假说就不可能证明过程的不可逆性。这一转变，是他两年后得出量子概念的不可或缺的一步。正如德国学者赫尔内克所说：

> 普朗克现在既然无条件地接受了波尔兹曼所坚持的原子论观点和热统计理论，于是便可以从原子论的观点去论证自己的辐射定律了。②

1899年5月18日，在普鲁士科学院会议上，普朗克公布了他根据热力学定律推出的与维恩公式类似的公式。在新公式里出现了一个常数 b，其值为 6.885×10^{-27} 尔格·秒，这就是后来的普朗克常数 h。普朗克当时已经认识到，b 可能是一个普适常数（universal constant），但他本人也不清楚 b 的物理意义，因而这个常数并没有引起物理学家们的重视。正在这时发生了一件意义重大的事情，终于导致普朗克作出了

▲ 德国实验物理学家鲁本斯

① *Physikalische Abhandlungen und Vorträge*, Ⅰ, pp.493—504。

② 《原子时代的先驱者——世纪著名物理学家传记》，F. 赫尔内克著，徐新民等译，科技文献出版社，1981，123页。

不亚于牛顿的伟大贡献。

据普朗克的学生赫特勒(Gerhard Hetter)后来的回忆,事情的经过是这样的:

“1900 年 10 月 7 日,这是一个星期天,鲁本斯和他的妻子拜访普朗克。在谈话中谈到了鲁本斯实验中得到的测定值。鲁本斯说,在他当前能测定的最长波长范围内,测定值与瑞利勋爵最近提出的定律是一致的。”①

普朗克得知这一信息后,立即对这一新情况进行研究。既然在长波方面(严格说是λT很大)瑞利公式符合实验测定,在短波方面(λT很小)维恩公式仍然正确,于是普朗克就根据这两个公式和平衡态熵理论,用内插法得到了一个新的黑体辐射公式:在温度为 T、体积为 V 的空腔中,频率区间为$\nu \rightarrow \nu + d\nu$内平衡热辐射能为

$$dE(\nu,T)=\frac{8\pi\nu^3}{C^3}V\frac{h\nu}{e^{h\nu/kT}-1}d\nu$$

这就是著名的普朗克公式,式中 C、h 均为常数。

5. 惊人的结论——能量是不连续的

1900 年 10 月 19 日,库尔鲍姆在德国物理学会议上报告了他和鲁本斯的实验结果后,普朗克在以题为《论维恩光谱定律的改善》的论文中,公布了他的新公式。鲁本斯在会议的当天晚上,立即将普朗克公式与他拥有的测量数据进行了仔细的核对。结果他发现,普朗克的公式的理论值与实验数据完全符合。第二天是星期六,一清早鲁本斯就迫不及待地到普朗克家把这个令人振奋的结果告诉了普朗克。在鲁本斯之后,又有一些物理学家做过实验,结果证明在当时可测量到的任何情况下,普朗克公式都是正确的。

普朗克为此大受鼓舞。他明白,现在他必须从理论上来论证这个公式了。这正如普朗克 20 年之后,在诺贝尔获奖演说中所说:

> 即使证明了这个公式是绝对精确的,但对一个适当选择的内插公式来说,其价值仍然很有限。由于这个缘故,从那天起,也就是从

① *Naturwis*, 10, 1033—1038 (1922).

> 公式建立那天起，我一直忙于阐明公式的真正物理特性，而这个问题自然就使我去考虑熵与几率的联系，这正是玻尔兹曼的思想倾向。经过一生中最紧张的几周工作之后，我从黑暗中见到了光明，一个意想不到的崭新前景展现在我的眼前。①

普朗克提到的“熵与几率的联系”就是玻尔兹曼建立的熵 S 关系式：

$$S = k \ln W$$

式中 W 是热力学几率，k 是玻尔兹曼常数。所谓“黑暗中”的“光明”是指他发现，为了与维恩公式一致，黑体腔壁的赫兹振子的能量ε只能是不连续的、分立的，并正比于振子的频率，即

$$\varepsilon = h\nu$$

这里 h 是一个新的普适常数，后来被恰如其分地称为普朗克常数。

这是一个具有革命性的结论，一个使物理学界为之震动的结论。我们知道，从 17 世纪牛顿力学建立以来，一切自然过程都已被理所当然地看成是连续的运动（continuous motion）。微积分成功地应用，更使人们对连续的自然观深信不疑。德国大数学家、哲学家莱布尼茨曾经说过：

> 如果对于这一点要提出疑问，那么，世界将会呈现许多间隙，而这些间隙就会将这条具有充分理由的普遍原理推翻，结果迫使我们不得不去乞灵于奇迹或纯粹的机遇来解释自然现象了。

▲ 德国哲学家莱布尼茨

所以莱布尼茨明确宣称：“自然界无跳跃（Natura non facit saltus）。”

19 世纪末，电磁理论的光辉胜利，更使

① 《诺贝尔奖演讲全集》物理学卷Ⅰ，福建人民出版社，2003，386 页。

连续性思想根深蒂固。由此可以想象，普朗克需要有多么巨大的勇气、明智的判断和大胆的猜测，才敢于提出不连续的能量子$h\nu$的概念！难怪普朗克把自己的行动称为“孤注一掷的行动”。在一封写给罗伯特·伍德(Robert Wood)的信里，他极其生动地描述了他当时激烈的思想斗争：

> 我生性喜欢平和，不愿进行任何吉凶未卜的冒险。然而到那时为止，我已经为辐射和物质之间的平衡问题徒劳地奋斗了六年(从1894年算起)。我知道这个问题对于物理学是至关紧要的，我也知道能量在正常光谱中的分布的那个表达式。因此，一个理论上的解释必须以任何代价非把它找出来不可，不管这代价有多高。我非常清楚，经典物理是不能解决这个问题的……摆在我面前的……是维持热力学的两条定律。我认为，这两条定律必须在任何情况下都保持成立。至于别的一些，我就准备牺牲我以前对物理定律所抱的任何一个信念。

在这封信里，普朗克还给自己留下一个余地：“这纯粹是一个形式上的假设，我实际上并没有对它想得太多，而只是想到，要不惜任何代价得出一个积极的成果来。”[①]一旦成果出来以后，正像前面我们提到的奥利弗·洛奇说的那样：“他犹豫了，一半是因为高兴，一半是因为害怕，他害怕现在几乎立即可以弹出的和声，会震聋自己的耳朵。”海森伯在他写的《物理学和哲学》一书里写道：

“就在这个时候，普朗克开始了艰巨的理论工作。什么是新公式的正确的物理解释呢？既然普朗克能根据他以往的工作把他的公式毫不费力地翻译成关于辐射原子(所谓振子)的陈述，那么他一定很快就发现了，他的公式似乎表明振子只能包含分立的能量子——这个结果与经典物理学中任何已知的东西是那么不同，以致他在开始的时候一定会觉得难以相信。但是，在

① 《量子论初期史(1899—1913)》，(德)阿尔明·赫尔曼著，周昌忠译，商务印书馆，1980，26页。

1900年夏天最紧张的工作时期中，他终于确信无法避免这个结论。普朗克的儿子曾说，他的父亲曾在通过柏林近郊的森林——绿林的漫长的散步中谈到了他的新观念。在这次散步中，他解释说，他感到他可能已经完成了一个第一流的发现，或许只有牛顿的发现才能和它相比。所以，这个时候普朗克一定认识到了，他的公式已经触动我们描述自然的基础，并且有朝一日，这些基础将从它们现有的传统位置向一个新的、现在还不知道的稳定位置转移。普朗克由于在整个世界观上是保守的，他根本不喜欢这个后果，但他还是在1900年12月发表了他的量子假说。"[①]

▲ 德国物理学家海森伯，1932年获得诺贝尔物理学奖。

▲ 普朗克正在书架上寻找自己需要的文献。

1900年12月14日，普朗克以《正常光谱中能量分布的理论》为题，在德国物理学会上宣布了自己大胆的假设和由此推导公式的简便方法。"自然界无跳跃"的古老观念，终于被冲破，人们迎来了物理学的又一个新时代——量子论时代。所以这一天被物理学界视为整个原子物理学诞生的一天，也是自然科学新纪元的开端。

一贯谦虚和低调的普朗克在1918年4月，在德国物理学会庆贺他六十寿辰会上的致辞中，把自己和一个老矿工打比方：试想有一位矿工，他竭尽全力地进行贵重矿石的勘探，有一次他找到了

① 《物理学和哲学》，海森伯著，范岱年译，商务印书馆，1984，3—4页。

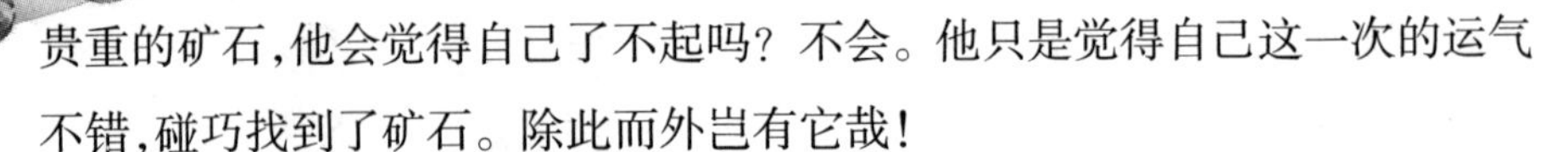

贵重的矿石，他会觉得自己了不起吗？不会。他只是觉得自己这一次的运气不错，碰巧找到了矿石。除此而外岂有它哉！

好一个老矿工！

最后还有一件事值得注意，当普朗克的量子理论受到人们的重视和赞扬时，他对自己的发现仍然缺乏信心。以至于他花了多年的时间试图用经典物理学理论来解释他的发现。所以在物理学史上人们常常说，普朗克是一位保守的革命者。对他的“倒退”行为多有指责。晚年的普朗克对自己的“倒退”作了这样的评价：

> 我徒劳无益地使基本的量子论和经典理论一致的企图继续了许多年，花费了我极大的精力。我的同行中的许多人几乎把这看作悲剧，但我对此看法不同。因为我从这“无益”工作中得到的收益，深刻地澄清了我以前模糊不清的思想，这对我有极大的价值。现在我的确知道，作用量子的基本意义比我原来所想象的要大得多。[①]

十一、波粒二象性佯谬

> 把传统的物理属性强加给原子客体就导致了一个本质上的含糊性要素。这点在关于电子和光子的粒子性质和波性质的两难局面上是十分明显的。在那里我们必须和两个彼此对立的图景打交道，每个图景都指到经验证据的一个本质方面。
>
> ——尼尔斯·玻尔

① 《从 X 射线到夸克——近代物理学家和他们的发现》，埃米利奥·塞格雷著，夏孝勇等译，上海科学技术文献出版社，1984，82 页。

英国著名作家刘易斯·卡罗尔(Lewis Carroll,1832—1898)在他的名著《爱丽丝漫游奇境》(*Alice Adventures in Wonderland*)第七节“疯狂茶会”(A Mad Tea-Party)里写道:

> 房前的一棵大树下,放着一张桌子,三月兔和帽匠坐在旁边喝着茶,一只睡鼠在他们中间酣睡,那两个家伙把它当做垫子,把胳膊支在睡鼠身上,而且就在它的头上谈话。爱丽丝想道:“这睡鼠太不舒服了,不过它已睡着,可能就不在乎了。”①

美国斯坦福大学萨斯坎德(Leonard Susskind)教授在他写的《黑洞战争》(*The Black Hole War*)一书里,在卡罗尔这段话后面加了一段他自己的话:

> 自从爱丽丝上了最后一次科学课之后,她就深深地被某种东西所困惑,她希望她的这位新朋友可能会澄清这些混乱。她放下杯子,胆怯地问道:“光是由波,还是由粒子组成的呢?”“是的,完全是这样。”帽匠回答道。爱丽丝有些恼火,提高声音问道:“我重复一下我的问题:光是粒子还是波?答案是什么呢?”“是这样的。”帽匠回答。②

▲ 爱丽丝放下杯子胆怯地问:“光是由波还是由粒子组成呢?”

困惑爱丽丝的问题被她提出来以后,帽匠含含糊糊地回答“是的,完全是这样”、“是这样的”,到底是什么样的呢?帽匠根本没有说!所以爱丽丝“有

① 《爱丽丝漫游奇境》,卡罗尔著,黄建人译,中国书籍出版社,2005,37页。
② 《黑洞战争》,伦纳德·萨斯坎德著,李新洲等译,湖南科学技术出版社,2010,59页。

些恼火”。实际上帽匠只能这样回答，因为这个问题至今仍然在困惑着许许多多科学家呢。

1. 波粒二象性

量子力学中一个最基本、最重要的概念就是基本粒子具有波粒二象性(Wave-particle dualism)。怎样理解这种波粒二象性,或者说如何消除波粒二象性带来的佯谬,曾经折磨了几乎整整一代物理学家,使他们长期无所适从。围绕着这一佯谬,激烈的争论已经进行了近一个世纪,但时至今日,虽然不少物理学家认为这一佯谬已经完全被消除了,但也有不少著名物理学家一直不承认这一点。

物质具有波动性和粒子性这种概念在经典物理学中就早已形成,只是它们分别与完全不同的物理客体相联系。

所谓粒子性,是指物质具有间断性的表现,是属于粒子固有的属性。粒子概念可溯源于希腊哲学家留基伯(Leucipus,公元前500—前440,原子论的创立者)和德谟克利特创始的物质的原子论概念。到经典物理建立后,它已有了准确的含义:粒子被认为是物质的质量、能量和动量在空间的高度集中。它的重要特征是:有准确的空间定位,有明确的界面而与其他客体分隔开;具有不可入性;运动时有一定的轨道。

而所谓波,则是指在某种物质介质中振动状态和振动能量的传播。物质的波动性最重要的特征是:(1)能量在空间可以连续分布并可以传播扩散;(2)两个波在空间相遇遵循的是迭加原理,在一定的条件下它们能产生干涉现象,可以完全互相抵消,或者互相加强;(3)没有不可入性。总之,波动性是物质具有连续性的反映。

在经典物理学中,粒子和波是两种完全不同的物质形态,它们由完全不同的物质构成。波动性属于光和场(field),可以散布于广阔的空间;粒子性属于被定域于有限空间的实物。从经典物理观点看,下面的事实是很明显的:物质形态要么是粒子,要么是波,物质绝不可能同时又是粒子,又是波。正如日本物理学家、诺贝尔物理学奖获得者汤川秀树（Hideki Yukawa，1907—1981）所说："在整个物理学史中存在着两种互相对立的物质概念……按照直觉思维，波是某种在空间中连续扩展开来的东西，而颗粒则是占据着有限小区域的某种东西。"①

任何一种客体"可以是波或者是粒子，但不能同时是两者"。"因为当一个粒子在某地时，按定义它就不能同时在另一地，但是一个波事件同样按定义在一个广延的空间范围中却同时发生。"②

的确，按照"直觉思维"以及大部分实验结果，物理学家们对上述有关粒子和波的定义可以完全放心。但非常有意思的是，每当物理学家们觉得他们已经建立了完善的理论，从此只需安心地做点修补、精化工作的时候，大自然就会愤怒地提出抗议：你们错了！你们太自信了！结果物理学家们一次又一次地惊慌失措。光的波粒二象性佯谬，很早就开始向物理学家们发难。

2. 光的波粒二象性佯谬

光是什么？当经典物理还处在萌芽时期，这个问题就已经被人们提出，以后为它所引起的争论，其激烈之程度以及延续时间之长，在物理发展史上都属罕见。在 17 世纪，几乎同时出现关于光本质的两种观点。牛顿提出了光的微粒说，认为物体发光是因为它射出了光粒子流；与牛顿同时的荷兰物理学家惠更斯（Christian Huygens，1629—1695）则提出了波动说，认为物体之所以发光，是因为发光体在脉动并在其周围的以太之中形成波。由于光的微粒说能够很方便地解释光的直线前进及反射、折射，而且微粒说与当时的经典力学体系可以形成一个统一的整体，所以比较容易为人们接受，微粒说在很长一段时间里占了上风。

到了 19 世纪，由于托马斯·杨、菲涅耳和德国物理学家夫琅和费（Joseph von Fraunhofer，1787—1826）等人光干涉实验的成功，使波动说又取得了近乎

① 汤川秀树：《创造力和直觉》，复旦大学出版社，1987，79—80 页。

② C. F. Weizsäcker: *The World View of Physics*, Chicago University Press, 1952, p. 45.

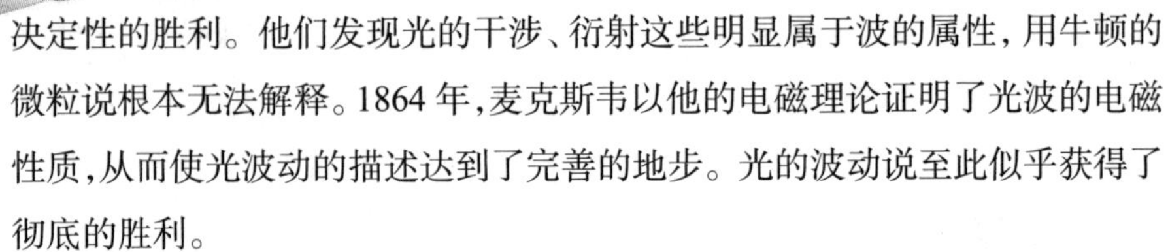

决定性的胜利。他们发现光的干涉、衍射这些明显属于波的属性，用牛顿的微粒说根本无法解释。1864年，麦克斯韦以他的电磁理论证明了光波的电磁性质，从而使光波动的描述达到了完善的地步。光的波动说至此似乎获得了彻底的胜利。

可是好景不长，1872年莫斯科大学教授斯托列托夫（А. Г. Столетов，1839—1896）首先发现了光电效应（photoelectric effect）；1887年，赫兹也发现了这一效应。1902年，德国物理学家菲利普·勒纳（Philip Lenard，1862—1947）宣布了光电效应的惊人的规律，这些由实验获得的规律有无可争议的实验事实作为佐证，人们是无法怀疑的。但这一效应与经典电磁场理论发生了尖锐的矛盾：波动说解释不了光电效应！由于这一矛盾引起的困难十分严重，以致大部分物理学家感到无所适从。于是，光的微粒说和波动说的争论又一次重新点燃。

▲ 爱因斯坦在1905年，他根据光电效应提出光量子学说。

1905年春，爱因斯坦在德国《物理学杂志》第4编17卷上，发表了一篇题为《关于光的产生和转化的一个启发性观点》的论文。在这篇论文里，他为了解决光电效应给物理学家带来的困难，提出了一个连他自己也认为是“非常革命的”观点。爱因斯坦认为光不仅在发射和吸收时，按普朗克的能量子不连续地进行，而且在空间传播时也是不连续的，也是量子化的。他指出，麦克斯韦的电磁场理论仅仅对时间的平均值有效，而对瞬时的涨落现象，则必须引用粒子观点。他在论文中写道：

确实，现在在我看来，关于黑体辐射、光致发光、紫外光产生阴极射线，以及其他一些有关光的产生和转化的现象的观察，如果用光的能量在空间中不是连续分布的这种假说来解释，似乎就更好理

> 解。按照这里所设想的假设，从点光源发射出来的光束的能量在传播中不是连续分布在越来越大的空间之中，而是由个数有限的、局限在空间各点的能量子所组成，这些能量子能够运动，但不能再分割，而只能整个地被吸收或产生出来。[①]

爱因斯坦还把这些不连续的“能量子”取名为“光量子”(light quantum)。但他本人也万万没料到，后来从他的新观点发展而建立的新理论，给物理学家带来了更加神秘费解的新的佯谬。

1926年，美国伯克利大学的物理化学家刘易斯(G. Lewis，1875—1964)在题为《光子守恒》一文中，猜测光是由“一种新的原子”组成，并且“不可创生，不可消灭……我建议给它取名为光子。”于是光子(photon)这一名称，沿用至今。

光子理论虽然能够完美地解释所有光电效应的实验事实，但是光的波粒二象性却使当时大部分物理学家无法解释：光怎么可能一会儿是波，一会儿又是微粒呢？连提出量子概念的普朗克，对于爱因斯坦这种舍弃经典辐射理论的做法都深感不快。他坚持认为，建立在麦克斯韦和赫兹的比较精确的场概念之上的经典辐射理论，得到了大量关于干涉、衍射现象的实验证据的支持，而这些现象是以迭加原理为基础的，因此绝不可能纳入光传播的粒子描述。普朗克毫不隐讳自己的立场，他说：

“当在物理学中标新立异的时候，人们必须保守从事。”1907年，他写信给爱因斯坦说：

> 您(在1907年《年报》23期第372页)认为，空间中某个(有限的)空间部分中的电磁状态是受某一有限的量值限定的，由此看来，您似乎对这个问题作了肯定的回答，而我对它的回答，至少按照我目前的观点，是否定的。因为我要寻求的并不是真空中作用量子(光量子)的意义，而是想发现吸收和放射处的作用量子的意义，并

① 《爱因斯坦文集》第二卷，许良英等编译，商务印书馆，1977，38页。

假定,真空中的这一过程恰好可以用 Maxwell 方程来描述。至少我还没有看到有什么令人信服的可以放弃这个假说的理由,就目前而言,我认为这个假设是最简明的,而且它也以某种特别的方式说明了以太与物质的鲜明对照。[①]

虽然受到包括普朗克在内的很多物理学家的反对,但爱因斯坦坚持为光的粒子结构这一激进的假说辩护。他提出了一个新颖的见解,认为光子(即当时所称的光量子)是在一个辐射场里面的某种集中着能量和动量的奇点。可以认为是辐射场引导光子去产生干涉和衍射现象。普朗克立即指出,这种观点只不过是电磁辐射理论的再现。这两种对立的态度,在当时都无法令人满意。正如比利时物理学家罗森菲尔德(L. Rosenfeld,1904—1974)所说:"普朗克也许保守过分而爱因斯坦则可能激进有余(Planck was perhaps too conservative and Einstein too radical)。"

3. 德布罗意的物质波理论

一波未平,一波又起。光的波粒二象性佯谬还没有解决,更大的困难又接着来了。1923 年 9 月,法国博士生德布罗意(Louis Victor de Broglie,1892—1987)在法国科学院的《会议通报》第 177 卷上,发表了题为《波动粒子》的文章。在这篇以及相继发表的文章里,德布罗意提出了一个令整个物理学界都大吃一惊的新观点,这是一个爱因斯坦想过却不敢贸然提出的观点。德布罗意坚信,任何物体大至一个行星,小至一个电子,都会产

▲ 法国物理学家德布罗意,1929 年获得诺贝尔物理学奖。

① 《爱因斯坦全集》,"普朗克 1907 年 7 月 6 日给爱因斯坦的信",范岱年等译,湖南科学技术出版社,2002,47 页。

生一种波，这种波既不是机械波（因为它可以在绝对的真空中传播），也不是电磁波（因为不带电的物体也可以产生这种波）。这种波后来由薛定谔称之为“物质波”（matter wave）。

物质波的概念提出来以后，许多年老的物理学家都不禁嗤之以鼻。他们确信所有可能存在的波都已经被发现了，可是这位名不见经传的德布罗意却大谈什么物质波！物理学界对德布罗意理论的冷淡可由普朗克1934年的回忆看得十分清楚。他在回忆中说：

> 早在1924年，路易·德布罗意先生就阐述了他的新思想，即认为在一定能量的、运动着的物质粒子和一定频率的波之间有相似之处。当时这思想是如此之新颖，以至于没有一个人相信它的正确性……这个思想是如此的大胆，以至于我本人，说真的，只能摇头兴叹。我至今记忆犹新，当时洛伦兹先生……对我说：“这些年轻人认为抛弃物理学中老的概念简直易如反掌！”①

但非常幸运的是，物质波很快就被美国实验物理学家戴维逊（G. J. Davisson，1881—1958）和他的助手革末（L. H. Germer）、英国物理学家G. P. 汤姆逊（G. P. Thomson，1892—1975）先后于1927年和1928年发现。他们的实验证实：电子在射向晶体时，的确能够像波一样产生衍射现象。这样，由于德布罗意物质波的理论以及实验发现，光的波粒二象性佯谬扩展到了小至电子大至巨大星体的一切物体的波粒二象性佯谬。

▲ 美国物理学家戴维逊和革末

要想解释这一佯谬，的确是使人望而生畏。就连提出物质波理论的德布

① F. 赫尔内克：《原子时代的先驱者》，科学技术文献出版社，1981，278页。

罗意都不知道如何解决这一佯谬。德布罗意是如何理解波粒二象性的呢？开始德布罗意试图用“导波”(guide wave)来综合波动和粒子这两种对立的物质属性。他认为，就像冲浪运动中冲浪人站在巨浪的浪头上，让巨浪将他带到岸边一样，粒子乘在一种波上，随波奔驰。这种波的波长随速度而变，当粒子运动速度很小时，波长比粒子线度大好几千倍；当速度增加时，粒子仿佛要将波收进它自身之中，波长就变短了。但即使速度极大，其波长也仍然大于粒子的线度。

德布罗意的模型看来生动具体，但是，当爱因斯坦问：“究竟是什么在波动呢？”德布罗意作不出任何解释。后来，德布罗意又尝试用完全抛掉粒子的办法寻找出路。为此他又提出了“波包”(wave packet)说，把粒子想象成波的一种“紧凑”结构。当这些波包相碰时，它们的行为如同粒子一样，可以发生康普顿效应等；但另一方面，这些波包不论多么紧凑，不论多么酷似粒子，由于毕竟是波构成的，因而在适当场合总会将自己基本的波性质显示出来。当时一些物理学家曾讽刺“波包说”是一个“半人半马的怪物”。结果这个“怪物”，在1927年10月举行的第五届索尔维会议上，遭到了与会人员的一致否定。

对波粒二象性佯谬，除了德布罗意的解释以外，还有许多后来被证实是错误的解释。它们共同的特征都是试图返回或部分返回到经典物理中去。例如，为物质波建立了一个波动方程的薛定谔(Erwin Schrödinger，1897—1961，1933年获得诺贝尔物理学奖)，试图片面强调波动性，完全否定了微观粒子的波粒二象性。他坚持将粒子性归结为波包，但与德布罗意一样，他无法解释波包的不稳定性：为什么时而收缩，又时而散开？后来他又把希望寄托于“二次量子化”的方法上，但也没有成功。而德国理论物理学家兰德(A. Lande，1888—1975)则与薛定谔相反，试图从另一个方向返回经典物理。他认为客观存在的仅仅是经典观点的粒子性，而波动性只不过是一种表面现象。他说：“谈论物质的二重性质，完全和谈论汽车的二重性质一样，汽车一方面是个体，而另一方面，当它在丘陵地带行驶时，又采取波浪形的路线。”他明确宣称："波和粒子的二重性是不存在的。"①

像薛定谔、兰德这种只强调波动性或粒子性的一个方面，而对另一方面采取不承认的做法，后来都被证明是鸵鸟把头埋在沙里的做法，完全不可取。首先，实验结果不支持他们的观点，正如海森伯所说：

> 从这些实验（云雾室照相，电子波衍射，X射线衍射，康普顿效应，弗兰克—赫兹实验）可以看出，物质和辐射都有稀奇的二重性特征，因为它们有时呈现波性质，有时又呈现粒子性质。可是显然一个东西不能同时是一种波动形式又是由粒子组成，这两种概念是太不同了。当然可以假设有两个实物，一个具有粒子的一切性质，另一个具有波动的一切性质，这两个实体以某种方式联合在一起形成"光"。但是这种理论就不能导致实验证据似乎要求的这两者之间的密切关系。事实上，实验肯定的只是，光有时好像具有粒子的某些属性，但没有实验证明它具有粒子的一切性质；类似的说明对物质和波动也成立。②

那么，到底怎样才能解释微观世界出现的这种令人迷惘的波粒二象性呢？

4. 哥本哈根学派试图解释这一佯谬

以丹麦物理学家尼尔斯·玻尔（Niels Bohr，1885—1962，1922年获得诺贝尔物理学奖）为首的哥本哈根学派认为，表观上的二重性佯谬纯属我们语言受到限制所引起。海森伯对这一点说得十分坦率：

> 我们的语言不能够描写原子内部发生的过程，这一点并不奇怪，因为语言本来就是为描写日常生活经验而发明出来的，而这些

① 转引自萨契珂夫：《论量子力学的唯物主义解释》，上海人民出版社，1962，61页。

② W. Heisenberg, *The Principles of Quantum Theory*, Universe Chicago Press, 1930, p10.

经验只是涉及到极其多的原子过程组成。再者，修改我们的语言，使其能描写这些原子过程是很困难的，因为字句只能描写我们能形成思维图景的东西，而这个本能也是个日常经验的结果……可是为了想象（使它看得出），我们必须只满足于两个不完备的类似——波图景和粒子图景。①

海森伯认为这两种图景“都只有作为‘类似’的有效性，只在极限的情况下准确。一句老话：‘类似不能任意外推’，可是这些类似可以有依据地用来描写我们的语言还无法表达的那些事物（东西）。”“不加批判地从这两种图景推导出来的结果势必导致矛盾。”

实验以及海森伯 1927 年提出的“不确定性原理”（uncertainty principle）都告诉我们，每当一个“类似”（例如粒子特征：位置、动量、能量）明显表现出来时，另一个“类似”（波的特征：波长、位相、振幅）就隐藏起来，显得模糊了。德国物理学家和天文学家魏扎克（Carl Friedrich von Weizsäcker，1912—2007）谈到原子实验结果时说：

▲ 哥本哈根学派两位主要物理学家玻尔（右）和海森伯

“事实上可能预言的只是几率的预言……我们切不可天真地将我们的数值测量结果作为性质赋予原子。同样指出这一局限性的还有下一事实：这些测量出来的结果，作为同一客体的性质在逻辑上部分不相容。例如，在某些实验中原子的行为像粒子，在空间集中于一地，而在其他实验中，这同一粒子的行为又像一个波，充满于整个空间。显然，原子不能同时是粒子又是波。这个逻辑上的佯谬可依靠下面的一个事实来避免：我们永远不能同时做出一些

① W. Heisenberg, *The Principles of Quantum Theory*, Universe Chicago Press, 1930, p10.

实验，在其中这个原子表现出这两种不同的性质。如果说我在某地发现原子是作为粒子而存在的，立刻重复这一实验，我们会在同一地方发现它，于是我们就可以公正地说原子在什么地方。在这种情况下……我们对照原子的其他作为波的特征，如波长、位相，就只能作出几率的预言。另一方面，如果我测出了波的一些数值，则我们对粒子的性质就只能作几率的预言。因此，我不能够说'原子是个粒子'或'原子是个波'，我只能说'原子或者是粒子，或者是波，并且由我的实验仪器决定它在这两种方式中表现它自己。'那么，这岂不等于说实在决定于我们的任意选择？不，不是实在，而是我们用以理解实在的图景决定于我们的任意选择。除了通过实验，我们就不会有关于原子的任何经验，而实验是对自然界的一种侵犯。好像我们迫使原子用一种不恰当的语言说出它的性质……所以，严格说来，电子既不是粒子，也不是波。但是，为了得到电子的任何知识，我们必须使它和某种测量仪器接触，最简便的情况是显微镜或者衍射栅，原子对测量仪器的反应就迫使我们用我们的知觉概念作出解释说：'一个粒子在这里或那里被看到了'，或者'一个（波长）多长多短的波被衍射了'。所以，'粒子'和'波'的概念，或者更确切地说，'在空间上不连续的事件'或'在空间上连续的事件'，对不再能直接觉察的过程呈现为我们知觉形式所要求的解释。"①

5. 互补原理

为了解释微观过程能用波或粒子两种图景同样等效的进行想象，哥本哈根学派提出了"互补原理"（Complementary principle）。上面魏扎克讲的话就是互补原理的通俗解释。

互补原理是玻尔首先提出并终生坚持的一种哲学思想。1927 年 9 月，为纪念意大利物理学家伏特（A. Volta，1745—1827）逝世一百周年，在意大利的科摩市（伏特出生和逝世之地）召开了国际物理学会议，各国一些最杰出的物理学家参加了会议。9 月 16 日，玻尔发表了题为《量子公设和原子论的最近

① C. F. Weizsacker: *The World View of Physics*, University Chicago Press, 1952, p. 32—45.

发展的演讲》,即所谓《科摩演讲》。在这篇演讲中他明确提出了“互补性”这一基本观点。他说:

“在原子现象的描述中,量子公设给我们提出了这样一个任务:要发展一种‘互补性’理论,该理论的无矛盾性只能通过权衡定义和观察的可能性来加以判断。”“我们所要处理的,不是现象的一些矛盾图景,而是一些互补图景;只有所有这些互补图景的全部,才能提供经典描述方式的一种自然推广。”“我希望,这种观点将有助于调和不同科学家们所持的那些外观上相互矛盾的观点。”①

但这次演讲并没有受到与会者的重视,正如维格纳(Eugene Paul Wigner, 1902—1995, 1963 年获得诺贝尔物理学奖)所说:“这个演讲不会使我们当中任何一位改变自己对量子力学的看法。”一个月以后,在布鲁塞尔的第五届索尔维会议上,玻尔又一次重复了自己的互补性观点,并与爱因斯坦等人进行了第一次面对面的交锋。与科摩会议对互补性观点冷淡气氛相反,这一次,玻尔以及其他人,诸如海森伯和泡利(Wolfgang E. Pauli, 1900—1958, 1945 年获得诺贝尔物理学奖)所做的令人难忘的辩护,足以说服与会的大多数物理学家相信,量子理论以及哥本哈根学派对它的诠释是站得住脚的。

▲ 1945 年,泡利和他的妻子在斯德哥尔摩,这年泡利获得诺贝尔物理学奖。

1929 年,玻尔更明确地解释说,互补一词的意义是“一些经典概念的任何确定应用,将排除另一些经典概念的同时应用,而这另一些经典概念在另一种条件下却是阐明现象所同样不可缺少的”。

① 《尼尔斯·玻尔:他的生平、学术和思想》,戈革著,上海人民出版社,1985,307—308 页。

1958年,海森伯对玻尔的互补原理作了进一步解释。他指出:

> ……人们能够谈论一个电子的位置和速度,并能够观察和测量这些量。但是,人们不能以任意高的准确度同时测定这两个量。实际上已经发现,这样两个不准确度的乘积不应当小于普朗克常数除以粒子的质量。从其他实验状况也能推出类似的关系。它们通常称为测不准关系,或测不准原理。人们已经知道,老概念只是不准确地吻合自然……玻尔把两种图像——粒子图像和波动图像都看作是同一个实在的两个互补的描述。这两个描述中的任一个都只能是部分正确的,使用粒子概念以及波动概念都必须有所限制,否则就不能避免矛盾。如果考虑到能够以测不准关系表示的那些限制,矛盾就消失了。①

1933年,玻尔和L.罗森菲在互补原理的精神指导下,全面解决了电场磁场强度不确定关系的解释。至此,哥本哈根学派认为互补原理终于取得了决定性胜利,波粒二象性佯谬已被彻底消除。大部分物理学家也都默认或满足于哥本哈根学派的观点。但是,反对这一观点的人也不少。其中最坚决的反对者就是对量子论发展作出过重大贡献的爱因斯坦。他在互补原理刚一提出来的时候,就不无嘲讽地称它为"海森伯—玻尔的绥靖哲学——或绥靖宗教",并说互补原理"是如此精心策划的,使它得以向那些信徒暂时提供了一个舒适的软枕。"②其他反对意见,也此起彼伏,几乎没有中断过。

究竟如何全面准确地解释波粒二象性佯谬,则正如我国著名物理学家卢鹤绂教授所说:"问题还远未结束,不同见解时有兴起,因而不能算是定局。"并指出:"不无可能,温习哥派观点的来龙去脉才有希望找到办法,对量子论作出含有实质性变革的推广(正像量子力学是经典力学的推广那样),对微观世界作出更为深入的理解,亦能温故而知新。例如,近来人们提出创用量子

① 《物理学和哲学》,W.海森伯著,商务印书馆,1984,13页。

② 《爱因斯坦文集》第二卷,许良英等译,商务印书馆,1976,241页。

几何中的‘弦’概念来代替点状粒子概念，有可能铺出走向畅通的新道路。”①

6. 玻恩的几率解释

互补原理对当时理解量子力学理论起了很大的作用，一时缓解了波粒二象性佯谬的压力，为大部分物理学家接受。但是，这种解释在薛定谔方程被提出来以后，就处于力不从心、鞭长莫及、顾此失彼的状态。

1926 年上半年，薛定谔使用非相对论方法，得到了一个微观粒子的波动方程，这个方程今天称为薛定谔方程(Schrödinger equation)，是量子力学的基本方程，和经典力学中的牛顿方程相当。薛定谔用它不仅自然而然地解决了氢原子光谱中玻尔提出的假设，还算出了能级，导出了塞曼效应和斯塔克效应。长期以来，物质怎样由原子组合起来，化学键的本质是什么，原子为什么稳定地存在……这一系列问题一直都是一个谜。现在好了，有了薛定谔方程，微观世界物质运动的规律才终于被揭示出来。薛定谔本人也因此名垂青史，并于 1933 年获得诺贝尔物理学奖。

薛定谔波动方程如下：

$$\nabla^2\Psi + \frac{8\pi^2 m}{h^2}(E - V)\Psi = 0$$

式中Ψ是波函数(wave function)，m 是电子的质量，E 和 V 分别表示电子的能量和势能，h 是普朗克常数，∇^2 是拉普拉斯算符(Laplacian)。这个方程式读者如果看不明白也没有关系，不会影响阅读这本书。

薛定谔方程提出来以后，出现了一件有趣的事情：如何解释方程中的波函数Ψ 呢？结果出现了“薛定谔方程比薛定谔聪明”的笑话。薛定谔本人想不到的问题，方程竟能奇迹般地提出并加以解决。还有，薛定谔提出方程以后，首要的任务就是要解释方程式的波函数到底指的是什么在波动？如果是一个水波的方程式，那么方程式中的波函数就一定指的是水分子上下波动与时间的关系。但是薛定谔实在弄不清楚是什么在波动。他提出过一种解释，

① 《哥本哈根学派量子论考泽》，卢鹤绂著，复旦大学出版社，1998，4 页。

但是立即受到物理学家们群起反对。结果正如一位德国理论物理学家赫克尔(Erich Hückel, 1896—1980)写了一首打油诗：

薛定谔用他的普塞(Ψ)，
能做许多好的计算；
但有一事实在不懂，
普塞到底意思何在？

薛定谔遇到的困难，还是因为波粒二象性佯谬引起的。他试图抛弃波粒二象性，片面强调了方程的波动性。

后来德国物理学家海森伯、玻恩(Max Born, 1882—1970)等人提出量子力学中的另一个“矩阵力学方程”(matrix mechanics equation)，这时海森伯又走向另一个极端，试图抛弃波粒二象性，片面强调佯谬中的粒子性。结果他也没有成功。说明波粒二象性是不可以随便忽视的。

▲ 德国物理学家玻恩，1954 年因为几率解释获得诺贝尔物理学奖。

玻恩不赞成薛定谔对波函数的解释。薛定谔认为波函数是一种在空间真实存在的波，而粒子则只是波的聚集——波包。玻恩则确信粒子的图像不能这样简单地就抛弃了，他的办公室隔壁，弗兰克(James Franck, 1882—1964, 1925 年获诺贝尔物理学奖)的实验室天天进行的粒子碰撞实验，使他相信薛定谔对波函数的解释肯定错了！他的任务是必须找到使粒子和波相调和的方法。玻恩曾经解释过他为什么不能同意薛定谔的诠释：

“在这一点上，我不能追随他。这是和一件事实有关系的，那就是，我的研究所和弗兰克的研究所设在哥廷根大学的同一座楼上。弗兰克及其助手们关于(第一类和第二类)电子碰撞的每一个实验，在我看来都是电子的粒子本性的一个新证明。”①

▲ 莫奈的名画《印象 · 日出》。日出时港口在一片朦胧之中。

1926 年 6 月，玻恩在他的《论碰撞过程的量子力学》一文中，首次提出了量子力学的“几率诠释”(probability interpretation)。这样，粒子的波动性和粒子性就得到了统一的解释。所谓几率诠释说明白一点就是：量子力学只给出几率的陈述。它不回答某一个粒子在某个瞬间在哪里的问题，而只回答粒子在某时某地出现的可能性有多大(即几率)。由此可见，量子力学给出的回答有一些类似法国印象派画家代表人物和创始人之一莫奈(Claude Monet，1840—1926)的画，模模糊糊，不大清晰。我们也许可以说在某种程度上，量子力学比经典理论更谨慎。以前我们画电子绕核运动时，就画一个像地球绕太阳运动的图一样，那运动轨道明确而又清晰，现在我们知道，电子有一系列运动轨道，某时某刻它只可以在其中某条轨

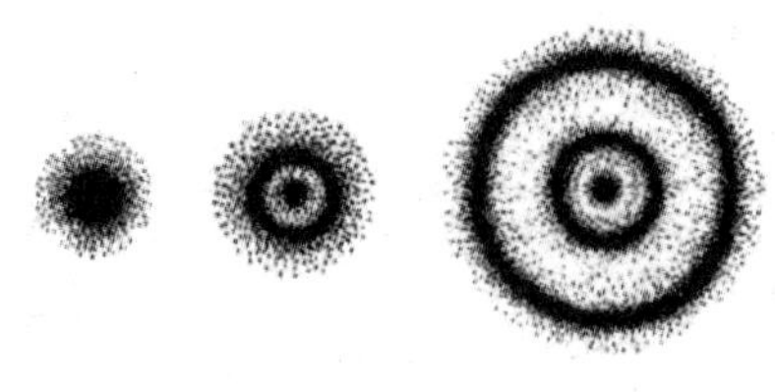

▲ 氢原子中电子的几率密度图。

① 《尼尔斯 · 玻尔：他的生平、学术和思想》，戈革著，上海人民出版社，1985，273—274 页。

道上运动，所以我们只能像上页图中那样画出电子的“几率密度”，越是黑点密集的地方，表示电子出现的可能性很大；越是黑点稀疏的地方，表示电子出现的可能性很小。是什么在波动？原来是几率在波动！有些地方电子出现的几率大，有一些地方出现的几率小，几率大小是按照波动理论来确定的。

7. 几率解释动摇因果关系的机械描述

量子力学的建立从根本上动摇了人们对因果关系机械描述的信念，正如玻尔所说，它迫使人们认识到：

> 量子定律的发现宣告了严格决定论的结束……这个结果本身具有重大的哲学意义。相对论改变了空间和时间的观念，现在量子论又必须修改康德的另一个范畴——因果性。这些范畴的先验性已经保不住了……对于因果性，有了一个更普遍的概念，这就是几率的概念。必然性是几率的特殊情况，它的几率是百分之一百。物理学正在变成一门从基础上说是统计性的科学。①

量子力学之所以使因果观念发生如此巨大的变化，是因为微观粒子本身的属性（即波粒二象性），使得人们不可能知道单个粒子的瞬时状态。而且，由海森伯的不确定性原理我们知道，在量子力学里任何一个可观测量的集合中，总有某个可观测量无法确定其数值。这样，我们当然就无法像经典物理学所期望的那样，由初始条件去精确地预言此后的情形了。“原则上的不可预测性”以及“本质上的不确定性”，赋予了偶然性、几率与以往极为不同的物理内涵，并最终导致了因果关系的几率描述。

波粒二象性佯谬到此应该说基本结束。当然，由于几率解释对科学、哲学以及文化层面带来的巨大冲击，此后还有许许多多很大的争论。但是这已经超越本书的范围。只能在这儿打住。

① 《原子物理学和人类知识论文续编》，N. 玻尔著，戈革译，商务印书馆，1978，110—111页。

十二、双生子佯谬

曾经有位俏女郎，

名字就叫俏又靓，

跑起路来赛过光。

忽有一日出门走，

婀娜多姿“相对”状。

时光荏苒回家返，

到家却是昨晚上。

——《笨拙》杂志

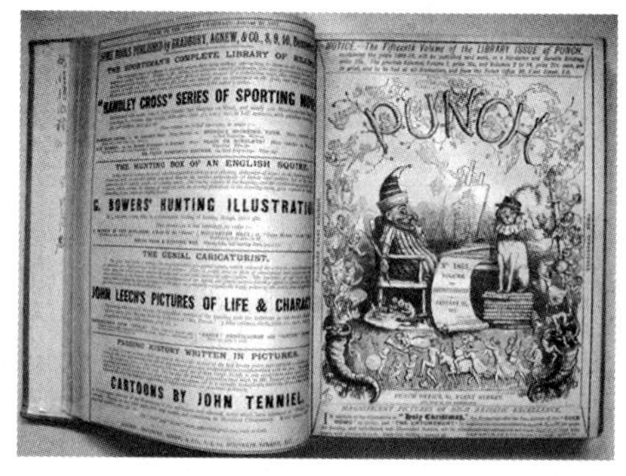

▲ 1855 期的《笨拙》杂志扉页

爱因斯坦的狭义相对论里，有两个相对论效应，一个是“时间膨胀(time dilation)”效应，另一个是“长度收缩(length contraction)”效应。“时间膨胀效应”指的是在一个运动的参照系里的时间，在另一个静止的参照系看来好像拉长、膨胀了一样。“长度收缩效应” 指的是在一个运动的参照系里，一根沿运动方向放置的棒，其长度在另一个静止参照系看来要短一些，好像缩短了。这两种效应和这两个参照系之间的相对速度有关，速度相差越大，效应也越大。

这两个相对论效应与日常生活中的感受几乎完全不一样。在日常生活里时间是不变的，物体长度也不会改变。在飞机上的时间与在任何一个城市办公室坐着不动的人的时间，都是一样的，没有任何人会设想两者的时间会有不同；长度也是如此，不会有任何变化。但是相对论却改变了这些日常生活中的这些“明显的事实”，因此一般人难以接受，于是在英国漫画期刊《笨拙》(Punch)上出现了引文中的打油诗。

不仅一般人对时空的相对性感到大惑不解，就是科学家在初次接触到相对论的时候，也常常在理论逻辑中发现许多佯谬。其中“双生子佯谬”(the twin paradox)是出现的最早的一个。

1. 狭义相对论的两个公式

1905年6月，爱因斯坦发表的论文《论动体的电动力学》，为狭义相对论奠定了基础；9月的论文《物体的惯性同它所含的能量有关系吗？》，进一步发展了狭义相对论引起的基本观念的改变。

▲ 发现相对论的爱因斯坦

我们这儿不能详细叙述狭义相对论的方方面面，只能把爱因斯坦有关时间和空间的两个基本公式拿出来，稍作解释。

先讲时间变慢的公式——正式的术语为“时间膨胀”的公式。

在火车上一位旅客将打火机从打着到熄灭，车内的人测量它开始(打着火)于 t_1'，结束(熄灭打火机)于 t_2'，因此在火车上“打火机从打着到熄灭”这一事件经历的时间是 $\Delta t' = t_2' - t_1'$。在站台上的一个人测量旅客打着打火机到熄灭这同一事件，其开始时间为 t_1，结束于 t_2，则经历的时间 $\Delta t = t_2 - t_1$。在经典物理学中，$\Delta t' = \Delta t$，即所有参照系中事件经历的时间都绝对相等。但是，在狭义相对论中 $\Delta t' \neq \Delta t$，而是由下面公式确定：

$$\Delta t' = \Delta t\sqrt{1-\frac{v^2}{c^2}}$$

式中 c 为光在真空中光的速度 3×10^8 米/秒，v 为火车的速度。因为 $c > v$，所以 $1 > \frac{v^2}{c^2} > 0$，$1 > (1-\frac{v^2}{c^2}) > 0$，因此 $\Delta t' < \Delta t$。这也就是说同一事件

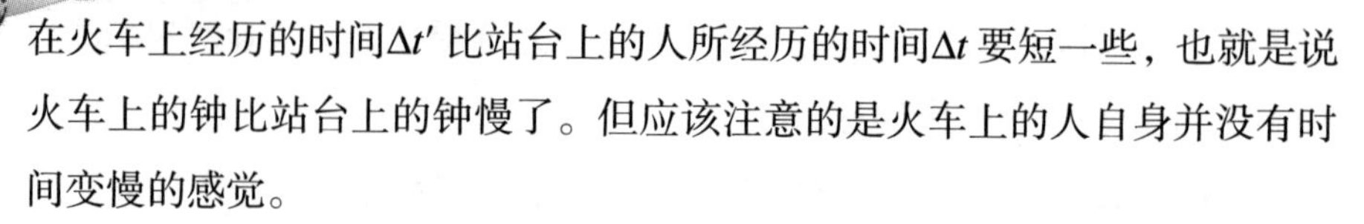

在火车上经历的时间$\Delta t'$比站台上的人所经历的时间Δt要短一些，也就是说火车上的钟比站台上的钟慢了。但应该注意的是火车上的人自身并没有时间变慢的感觉。

上述变慢公式已有不少实验证明。1941年美国康奈尔大学的物理学家罗西(B. B. Rossi)和霍尔(D. Hall)测出，高速运动的π粒子的寿命会增长，其原因就在于在高速运动时，π粒子的时间变慢了。1966年及1971年，在瑞士日内瓦欧洲核子研究中心（CERN）的欧洲粒子加速器实验室（European Particle Accelerator Laboratory)中，将π粒子加速到0.997 c，结果π粒子的寿命增加了12倍，与上述时间变慢公式完全相符。1976年，维索特(R. Vessot)和莱文(M. Levine)把原子时钟装在火箭上射向太空然后返回，结果也证明了上述公式。

不过，当v很小时(即$v \ll c$)，$\frac{v^2}{c^2} \to 0$，所以$\Delta t' \to \Delta t$。即，在日常生活中，与c相比较v很小，相对论的时钟变慢效应很小，$\Delta t'$与Δt的差别小到可以忽略不计。

除了时间变慢以外，还有空间的改变，即在运动方向上长度会缩短。依然以火车为例，火车在x轴上运动，在火车上的观察者测量一根米尺在x上的长度：$\Delta l' = x_2' - x_1'$；但在站台上的人测量同一根米尺，其长度则为：$\Delta l = x_2 - x_1$。根据相对论的数学推算：

$$\Delta l' = \Delta l\sqrt{1 - \frac{v^2}{c^2}}$$

当火车以速度v运动时，$c > v$，所以$v^2/c^2 > 0$，因而$\Delta l' < l$。这就是说，站台上的人看见火车上米尺(及所有物体长度在x轴方向上)缩短了。但火车上的人并不知道也不认为他的米尺变短了。

这种长度上的变化，后来美国物理学家和科普作家伽莫夫写了一本非常有趣的书：《物理世界奇遇记》(*Mr. Tomkins in Paperback*)。在书里，有一位汤普金斯先生在听相对论讲座的时候，因为听得不大懂，就晕晕沉沉地进入了梦乡。在梦中他来到“相对论世界”，他发现……

一辆孤零零的自行车从前面缓慢地驶来，当它来到近前的时候，汤普金斯先生的眼睛突然由于吃惊而瞪得滚圆。原来，自行车和车上的年轻人在运动方向上都难以置信地缩扁了，就像是通过一个柱形透镜看到的那样。钟楼上的时钟敲完了五下，那个骑自行车的人显然有点着急了，更加使劲地蹬着踏板。汤普金斯先生发现骑车人的速度并没有增大多少，然而，由于他这样努力的结果，他变得更扁了，好像是用硬纸板剪成的扁人那样向前驶去。[①]

▲ 汤普金斯先生在相对论世界里发现骑车的人变扁了！

梦中的汤普金斯先生忽然想起刚刚听到的一点点相对论，恍然大悟他一定是来到了相对论世界！于是他自豪地想：幸亏他懂得一点相对论。瞧，他骄傲而且感叹地说：

"我现在看出点诀窍来了。这正是用得上相对性这个词的地方。每一件相对于我运动的物体，在我看来都缩扁了，不管蹬自行车的是我自己还是别人！"

相对论不仅引起了时空观的巨大变革，而且还使一些传统的物理思想发生了重大突破性进展。在这些变革面前，不仅仅一般人都非常不适应，就是物理学家们也都茫然不知所措，被时空的变化弄得进退失据、左右为难。因此当时出现了许多佯谬，其中最著名的就是双生子佯谬。

---

① 《物理世界奇遇记》，G. 伽莫夫著，吴伯泽译，科学出版社，1978，3页。

2. 双生子佯谬

双生子佯谬又称为"时钟佯谬"(clock paradox)。时钟佯谬是这样的:

假设我们有两个钟 A 和 B,它们彼此在做相对运动。在 A 这个参照系中的人看来是 B 钟在运动,并且因时间膨胀而减慢了速度。但是,在 B 这个参照系中的人看来,是 A 钟在运动,并且因此而慢了下来。因此,每个观察者都看见另一个钟慢下来了。怎么会这样呢?如果 A 钟慢了,那它肯定会落后于 B。但是,如果 B 钟慢了,那么相对于 B,A 肯定会在 B 的前面。A 怎么能够同时既比 B 慢又比 B 快呢?

这就是英国物理学家丁格尔(Herbert Dingle ,1890—1978)教授所遇到的难题,所以这一难题又称为"丁格尔时钟佯谬"(Dingle's Clock Paradox)。他对这一佯谬说:"根本不需超常智慧就知道,这是绝不可能的。"

丁格尔时钟佯谬实际上就是"双生子佯谬"的另一种说法。下面我们比较详细地讨论双生子佯谬。这一佯谬的表述如下:

我们设想甲、乙是一对年满 20 岁的孪生子。他们准备做一次高速飞船旅行,以检验狭义相对论时间膨胀的结论。甲留在地球上,乙则乘高速宇宙飞船以相对于地球为 $0.99c$(c 为光速)的速度做星际旅行。十年后(注意,这个 10 年我们用$\Delta t'$ 表示,即$\Delta t' = 10$ 年,它是乙感到的时间的流逝),乙返回地球与甲相会。由狭义相对论可以推算,对留在地球上的甲看来,乙在星际旅行期间所经历的时间为:

$$\Delta t = \frac{\Delta t'}{\sqrt{1-\frac{v^2}{c^2}}} = \frac{10}{\sqrt{1-\frac{(0.99c)^2}{c^2}}} \approx 70(\text{年})$$

这就是说,当乙乘宇宙飞船返回地球时他认为自己是 30 岁,而他的孪生兄弟甲却已是耄耄然 90 岁的老人了!

然而,运动是相对的,坐在飞船上的乙可以认为自己是静止的,而地球上的甲却以 $0.99c$ 的速度做星际旅行。这样,乙得到的结论与甲的恰好相反:

当他们相会时，甲认为自己是 30 岁，而乙应该是 90 岁的老人。这两方面的看法似乎都言之有据、无懈可击。那么，到底是谁年轻呢？这就是有名的疑难“双生子佯谬”。

▲ 图解双生子子佯谬

1911 年 1 月 16 日，在苏黎世自然科学协会的报告里，爱因斯坦率先讨论过这个佯谬。①几个月以后的 4 月，在波隆那哲学会议上，法国物理学家郎之万（Paul Langevin，1872—1946）对这一佯谬作了引人瞩目的论述，并且引起了很大的震动。②再过几个月，10 月 30 日—11 月 3 日，在布鲁塞尔召开第一届索尔维会议时，会议上所讨论的问题就包括著名的“双生子佯谬”。爱因斯坦在会议上就讨论过时间变慢所产生的一些奇怪的佯谬。③

下面我们来分析这一佯谬产生的原因。

3. 佯谬分析

首先，我们从物理概念上进行分析。双生子佯谬的关键是，乘宇宙飞船遨游星际的乙还要回到出发点地球。显然，乙的飞船如果仅仅做匀速直线运动，是不可能回到地球上来的。乙的飞行路线一定要有去有来。因此，在地

① *Albert Einstein*, *A Biography*, by Albrecht Folsing, Penguin Books, 1998, p. 191.

② Ibid, p. 192.

③ 《爱因斯坦的宇宙》，加来道雄著，徐彬译，湖南科学技术出版社，2006，49 页。

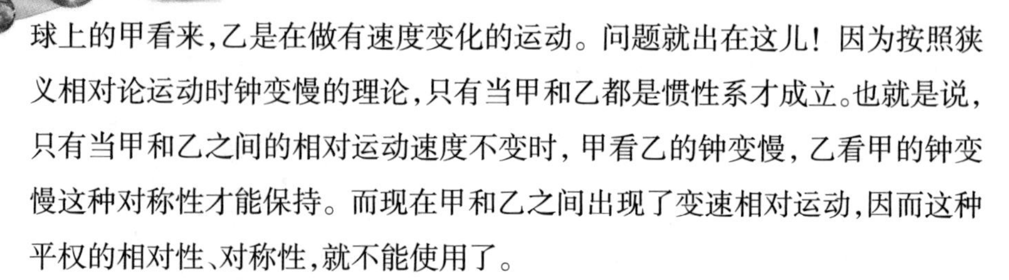

球上的甲看来,乙是在做有速度变化的运动。问题就出在这儿!因为按照狭义相对论运动时钟变慢的理论,只有当甲和乙都是惯性系才成立。也就是说,只有当甲和乙之间的相对运动速度不变时,甲看乙的钟变慢,乙看甲的钟变慢这种对称性才能保持。而现在甲和乙之间出现了变速相对运动,因而这种平权的相对性、对称性,就不能使用了。

日裔美国物理学家加来道雄对此写道:

> 爱因斯坦指出,这一问题的答案是火箭上的双生子更年轻,因为是他加速了。火箭必须减速、停下、转弯才能回来,这会给乘坐在上面的双生子带来很大的应力。换言之,两个人的情形并不对称。因为加速度只作用于火箭上的双生子,他会更年轻。这一因素狭义相对论没有包含进去。①

广义相对论进一步告知我们,只有相对于惯性系做变速运动的物体才有慢效应。地球可视作惯性系,而飞船从地球出发又回到地球,做的是变速运动。因此飞船所经历的时间小于地球所经历的,反之则不成立。即是说,在有加速度的情况下,才有钟慢效应。关于双生子佯谬的争论在20世纪70年代就基本上停止了。

也许有人会提出:你说在甲看来,乙在做变速运动,那么在乙看来,甲相对于他不是也在做变速运动吗?二者不还是绝对平权、高度对称吗?

提这种问题的人,犯了一个错误,他忘了甲和乙不是孤立的,他们都生活

① 同上书,50页。在这一页里,加来道雄还加上一点有趣的延伸:如果火箭上的双生子永远不飞回来,这个问题会变得更加令人迷惑。在这一情形下,两人中的任何一方通过望远镜看对方,都觉得对方的时间变慢。由于此时情形是完全对称的,因此任何一方都确信是对方更年轻。同样的,任何一方也确信对方收缩了。那么,到底是哪个双生子更年轻、更瘦小?这个问题看上去很矛盾,可是在相对论中,两个双生子各自都比对方年轻,而且各自都比对方瘦,这是成立的。判断到底哪个更瘦小、更年轻的最简单的办法是把两个双生子带到一起,这就要把其中一个召回来。这一来,就能确定到底哪个是“真正”在运动的。但是这样一来,还是涉及加速。

在具体的宇宙中，他们周围还有数不清的星体。因此，在双生子问题中我们应该考虑三个方面的因素：甲、乙和他们周围的整个宇宙。这样，上面的问题就有了另一种完全不同的景象了。如果甲留在地球上，他相对于他四周的天体并没有做上面提到的变速运动。在甲看来，只有乙在做变速运动，在乙看来，情况就大不一样了，他不仅仅看到甲在做变速运动，而且整个宇宙都在做变速运动。甲，只有一个飞船，乙，整个四周的宇宙，这显然不对称，也就是说在相对性上不平权，因而由相对性、对称性引起的佯谬实际上不存在。

再者，以地球为参照系，当太空飞船的火箭推进器发动以后，巨大的推进力使飞船加速飞行，飞船上的乙会感受到有很大的力在推动他前进，因此身体紧紧压到座椅的后背上，如同汽车开动的瞬间乘客会倒向椅背上一样。这种巨大的推动力，使乙的速度越来越快，因此乙的能量（动能）也越来越大。根据相对论的质能公式 $E = mc^2$，能量增加，质量也会相应地增加；同时，乙的生活及新陈代谢也会迟缓，时间变慢。但是，如果以太空船为参照系，船上的乙固然看见地球和甲在加速退去，但甲绝没有任何力在推动他的感觉，他也不会向座椅的后背上压去。因此，在太空飞船飞行时，这两个参照系并不完全等价。

4. 实验物理学家的努力

下面我们将这方面所完成的实验作一简单介绍。多年以来，许多实验物理学家在实验方面做了大量工作，试图通过实践来解决双生子佯谬这一争论不休的问题。

▲ 欧洲核子研究中心位于美丽的日内瓦湖畔，是世界上最大的高能物理实验室之一。图中虚线表示加速器在地下的管道。

1958 年，德国物理学家穆斯堡尔（R. L. Mossbauer，1929—　）利用核磁共振现象测定，当实验室的钟历时 1 秒时，原子内所经历的时间比 1 秒要慢 10^{-14} 秒。这虽

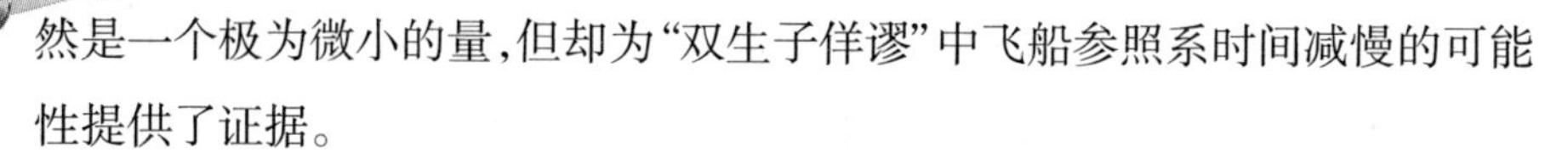

然是一个极为微小的量，但却为“双生子佯谬”中飞船参照系时间减慢的可能性提供了证据。

1966年，在西欧核子研究中心，物理学家又用μ子做过一次“双生子旅游实验”。他们使μ子绕圆轨道运动的速度达到$v = 0.996c$。结果确实证明，运动的μ子比相对静止的μ子显得“年轻”一些。μ子实验虽然是一个有力的证据，证明相对论的双生子佯谬可以认为被解决了，但这毕竟是一个间接的实验。人们可以认为μ子运动时内部发生了某种变化，从而延缓了它的衰变。因而，物理学家还需要进行直接观测运动时钟变慢的实验。

1971年，海弗尔（J. C. Hafele）和凯汀（R. E. Keating）把四只铯原子钟放在高速飞机上。然后飞机在赤道附近分别向东和向西绕地球飞行一周返回原地。把飞机上钟的读数和放在地面上铯原子钟的读数相比较，结果也证明了飞机上的钟比地球上的钟慢。

爱因斯坦的预言由此得到实验的证实。

十三、云山雾罩的电子之谜

他在无边的昏暗中行走，
穿过未来量子力学的迷雾，
跟随在流星的后面。
而当下一道帷幕，
突然拉向两边，
他将处于新的境界，
把一切重又弄乱。
——安托柯卡斯基

1897 年 4 月 30 日，英国最负盛名的大报《泰晤士报》发表一则专电：“剑桥大学物理学教授汤姆逊今晚在皇家学会上宣布：他发现了一种亚原子粒子，他称它为‘微粒子’。汤姆逊博士一直从事电子管的气体放电研究。会上其他一些物理学家对此持公开的怀疑态度。”

J. J. 汤姆逊（J. J. Thomson，1856—1940）发现的“微粒子”（corpuscle），就是现在广为人知的电子（electron）。这是人类第一次发现比原子还要小的粒子，因而这一发现在物理学发展史上有着极为重大的意义。这一重大意义，可以从瑞典皇家科学院院长克拉森为汤姆逊荣获 1906 年诺贝尔物理学奖致词中看出。克拉森院长说：

> 由电子的发现我们似乎感觉到，我们正处在这样一个有新的变革内容的重大时期……祝贺您为世界作出了重要的研究，这些工作使我们这个时代的自然哲学家们有可能在新的方向上进行新的研究。因此，您称得上是踏着你们伟大而著名的同胞法拉第和麦克斯韦的足迹前进，并为科学世界作出了光荣而崇高的典范的人。[①]

杨振宁教授在他写的《基本粒子发现简史》（*Elementary Particles: A Short History of Some Discovery in Atomic Physics*）一书中，开篇就写道：

> 1897 年……汤姆逊完成了他的有名的实验，测定了阴极射线的电荷和质量的比值 e/m……这里我不能不给你们看一位最先打开通向基本粒子物理学大门的伟人的庄严的半身雕像。

杨振宁教授所说的“伟人”，就是 J. J. 汤姆逊。另一位诺贝尔物理学奖获得者温伯格（S. Weinberg，1933—　）在《亚原子粒子的发现》一书中则写道：

> 电子是第一个被清楚识别出的基本粒子。迄今为止，它也是远比其他粒子轻得多的粒子（除了几种几乎没有质量的中性粒子以外），

① 《诺贝尔奖获得者演讲集》物理学（第一卷），科学出版社，I985，131 页。

并且是少数的几种不衰变为其他粒子的粒子之一。由于它质量小、带有电荷和稳定，因此它对物理学、化学和生物学具有独特的重要性。导线中的电流就是电子的流动，电子还参与使太阳发光发热的核反应。更重要的是，宇宙中每个正常原子（normal atom）都由一个致密的核心（原子核）和绕它转动的电子云（cloud of electrons）构成。不同化学元素性质上的差异，几乎完全取决于原子中所含电子的数量……人们通常认为，电子发现的功劳应归功于英国物理学家汤姆逊爵士，这是公正的。[①]

▲ 英国物理学家 J. J. 汤姆逊，1906 年获得诺贝尔物理学奖。

但也正是由于电子是人们认识的第一个基本粒子，所以从它尚未被发现之时起，就一直被迷雾所笼罩，以至于佯谬迭起、险象环生。

 1. 原子领域似乎是"黑暗"一片

虽然早在古希腊时代就有人猜想，一切物质都是由小得看不见，再也无法分割的微粒子构成。这些微粒子被称作原子（atom），atom 的本意就是"不可分割的"。但直到 19 世纪和 20 世纪之交，仍有不少著名的科学家公开否定物质的原子理论，其中有些反对者还是非常杰出的科学家。例如，英国牛津大学化学教授布罗苾（B. C. Brobie，1817—1880）爵士，德国化学家、1901 年诺贝尔化学奖获得者奥斯特瓦尔德，奥地利物理学家、心理学家、维也纳大学教授马赫都是反原子论的干将。甚至连普朗克都认为对原子的存在要持谨

① 《亚原子粒子的发现》，斯蒂芬·温伯格著，杨建邺等译，湖南科学技术出版社，2006，12—13 页。

慎态度。普朗克在《科学自传》中回忆说，他“对原子论不仅冷淡，而且在某种程度上甚至抱敌对态度”。

相信原子论的人虽然很多，但他们面对的原子领域似乎是“黑暗”一片。例如英国科学家索尔兹伯里勋爵（Salsibury）在1894年一次会议的发言中就说过：“每一种元素的原子究竟是什么呢？是一种运动还是一个物体？是一个涡旋还是一个具有惯性的点？其可分性是否有极限呢？如果有极限的话，那么如何定出这个极限？这个很长的元素表是否有终端？抑或其中的某些元素具有共同的起源？所有这些问题仍然像过去那样被深深地包围在黑暗之中。”

当时人们已经知道，每一种原子都发射出一种特征光谱，而光就是一种电磁波。于是，科学家们作出了合理的推断：原子里一定含有某种能够发光的电振子。1874年，英国物理学家斯通尼（G. J. Stoney，1826—1911）曾大约估计过电解中氢元素一个原子携带的电荷，其值$e=3\times10^{-19}$静电单位。1891年，他为这个电荷基本单位命名为“电子”。现在看来，当时有关原子的电结构的证据似乎已经十分明显，但在19世纪末，人们并不是十分明确这一点的。真正导致原子电结构的发现是在人们研究了电在稀薄气体中的传导现象之后。

2. 阴极射线的发现

1855年，德国的玻璃工人盖斯勒（J. H. W. Geissler，1815—1879）制出了一个“气体放电管”。他在一根玻璃管的两端各封上一根白金丝，再利用真空泵把玻璃管里的空气抽出去，只留下很稀薄的气体在管子里。然后，他在两根白金丝上接上鲁姆科夫线圈，利用这个线圈可以发出很高的电压。这时玻璃管里残留的气体就会发出美丽神奇的紫红色的光辉。当时这个玻璃管被称为“低压气体放电管”。

你可别小瞧了这根放电管，它不仅是现代城市夜晚少不了的霓虹灯、日光灯、电视显像管的活祖宗，而且在科学发现上立下了了不起的大功！为了纪念最先制出这种管子的玻璃工人盖斯勒，人们把它称为盖斯勒管（Geissler tube）。

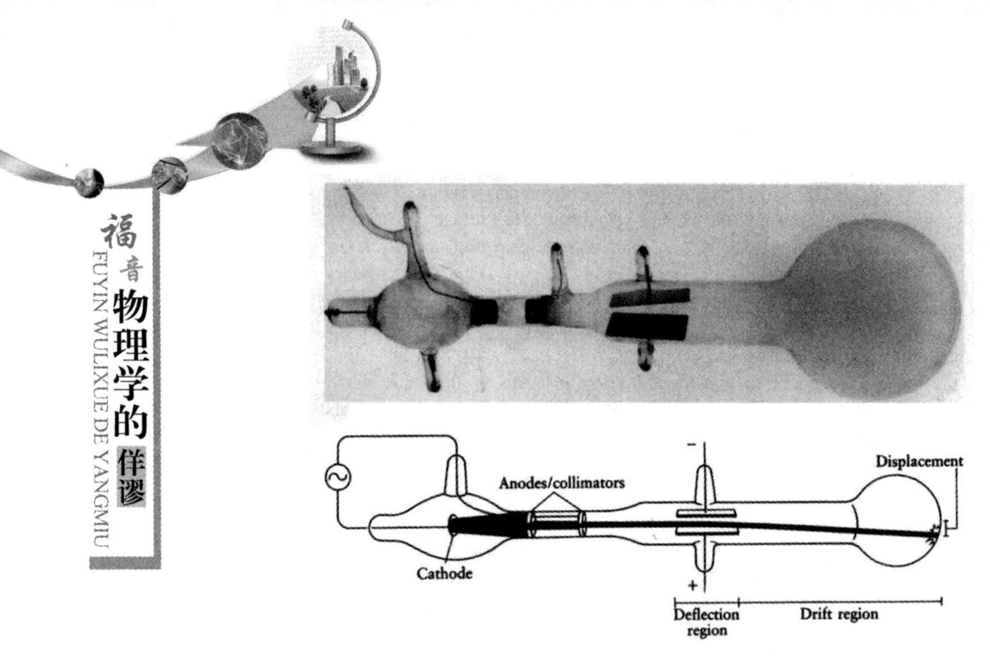

▲ 阴极射线管的照片。下图中的英文(从左到右)是：阴极、阳极/准直管、偏转区、漂移区和位移。

后来科学家们发现，当盖斯勒管里的气继续再往外抽的时候(也就是管内气压继续降低)，玻璃管里出现了一种新奇的景观：阴极附近出现了一段不发光的黑暗区域，原来的那条连续的光柱开始断裂，像鱼鳞一样闪烁不定。继续抽气、气压继续下降时，阴极附近的暗区逐渐向阳极延伸，发光区越来越短，最后暗区直抵阳极，光柱全部消失，但在阴极对面的玻璃壁上，有一块明显的荧光。显然，这时有一条看不见的射线从阴极直射到阳极。1876 年，德国物理学家戈德斯坦(E. Goldstein, 1850—1930)称这种射线为阴极射线(cathode rays)。

阴极射线的发现，立即引起了物理学家们高度的关注，正如莱德曼(Leon Lederman, 1922—　，1988 年获诺贝尔物理学奖)在他写的《上帝粒子》(*The Gold Particles: If the Universe is the Answer, What is the Question?*)一书中所说：

> (阴极射线)这些连我们现在都认为相当复杂的现象，曾使欧洲的一代物理学家都非常着迷。科学家们知道这种阴极射线有着一些极有争议的甚至自相矛盾的性质……但是不能解开其中之谜：这些射线究竟是什么东西？ 19 世纪末出现了两种猜测……

是呀,这种射线到底是什么东西啊?这时出现两种很不相同的意见。

3. 阴极射线之谜(一):阴极射线是什么?

德国物理学家普吕克尔(J. Plücker, 1801—1868)认为,这种射线和紫外线很类似,是一种电磁波。但英国物理学家瓦利(C. F. Varley, 1828—1883)发现,阴极射线在磁场中会偏转,这与带电粒子在磁场中飞行时会偏转的行为一样。因此,他不同意德国同行们的意见,认为阴极射线不是什么电磁波,而是由带负电的粒子组成的粒子流。因为电磁波绝不会在磁场中发生偏转。

▲ 英国物理学家克鲁克斯。那向上翘的胡须好漂亮和威风啊!

两种意见各有千秋,又各有实验为其辩解作为后盾,因此阴极射线之谜,大大地激发了欧洲科学家的兴趣,许多优秀的科学家加入到这场激烈的争论之中。其中英国的物理学家克鲁克斯和汤姆逊的实验,对解开这个谜起了重要的作用。

克鲁克斯是从 1879 年开始研究阴极射线的,由于这时真空技术和电学实验条件比以往进步多了,因此他可以在实验室里作各种仔细的观察。在观察过程中,克鲁克斯首先想弄清楚的是:阴极射线真是一种电磁波吗?还是像瓦利猜想的是一种带负电的粒子流?

▲ 克鲁克斯在阴极射线管里装一个可以转动的小风轮,当阴极射线投射到小风轮上时,风轮可以转动。

当克鲁克斯把磁铁放到阴极射线经过的玻璃管外面时,阴极射线真的如瓦利观察的一样,明显地发生偏转。如果是一种电磁波,就不会发生这种偏转。

更奇妙的是,克鲁克斯还把一个做得非

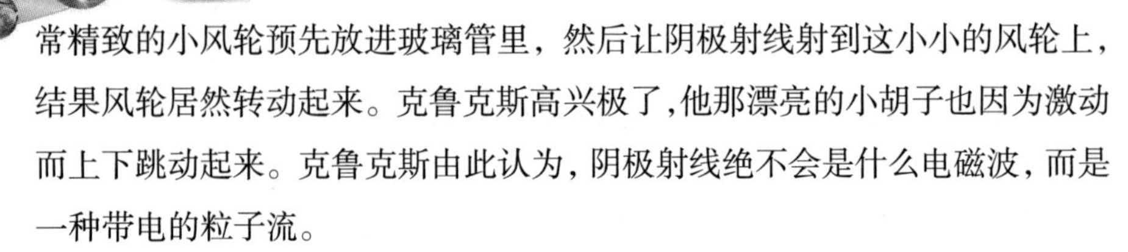

常精致的小风轮预先放进玻璃管里，然后让阴极射线射到这小小的风轮上，结果风轮居然转动起来。克鲁克斯高兴极了，他那漂亮的小胡子也因为激动而上下跳动起来。克鲁克斯由此认为，阴极射线绝不会是什么电磁波，而是一种带电的粒子流。

在完成一系列实验之后，克鲁克斯觉得自己的研究至少获得了阶段性成果，于是决定公开演示自己的实验并提出自己的猜想。1879 年 8 月 22 日，英国科学促进会决定在伦敦举行科学报告会，克鲁克斯在会上用阴极射线实验演示了他的研究结果。他认为这些粒子很可能是组成所有物质的原始态的物质（primordial state of matter）。他曾经说："我们似乎已经掌握了受我们控制的、不可再分割的粒子。有充分的根据可以假定，它们就是宇宙的物理基础。"这实际上已经是电子概念的前身。

当时主张阴极射线是带负电的原子（或分子）假说的都是英国物理学家；在英国以外的大多数科学家，多认为阴极射线是一种电磁波，其中包括许多著名的德国科学家，如用实验发现电磁波的赫兹（H. Hertz，1857—1894）和对光电效应作出巨大贡献的勒纳（P. Lenard，1862—1947，1905 年获诺贝尔物理学奖）等人，都坚持认为阴极射线是一种电磁波。这种几乎以国家作为分界的争论，在科学史上不是第一次。这是十分有趣而值得研究的一件事情。

德国科学家有充分的理由反对英国科学家的意见。其中有三个实验事实让英国科学家陷入困境，无法回答。

第一，如果阴极射线真是带负电的原子（或分子），那它不仅应该在磁场中偏转，还应该在电场中偏转。这条理由是每一个高中学生都明白的，因此也是重要的一个判断标准。赫兹为了验证阴极射线的性质，他特意让阴极射线从平行板电容器产生的电场中穿过，平行板电容器上下板之间的电压为 240V。如果阴极射线是由带负电的粒子组成，那它肯定会在电场中向正电板偏转，但实验结果是阴极射线却并没有偏转。赫兹认为，这是反对带负电粒子说的一个决定性证据，是一个"判决性的实验"。大部分物理学家接受了以赫兹、勒纳为首的德国物理学家的看法，英国科学家显然处于劣势。

第二，勒纳做了一个了不起的实验，让英国物理学家也无法回答。勒纳用磁铁使阴极射线弯曲后，飞向管壁上开的一个叫“勒纳窗”的窗口。他用一张很薄的金属箔将这窗口密封起来。实验结果证明，阴极射线可以穿过金属箔，飞到阴极射线管外面去。这似乎更能证明阴极射线是一种电磁波，因为电磁波可以穿过物体是人人皆知的事实。例如，太阳光就可以穿过玻璃窗，使屋里光亮、温暖。如果阴极射线是带负电的原子（或分子）组成，它怎么能够穿过金属箔呢？

第三，还有一个十分不利于英国科学家的实验。德国科学家说：“如果阴极射线是从阴极飞来的带负电的原子（或分子），那么在阴极对面的阳极上，一定可以找到从阴极飞来的原子（或分子），对吧？”英国科学家只好点头承认这一事实。但是，无论怎么分析取证，在阳极就是找不到从阴极飞来的原子（或分子）。

看来，英国科学家有点理屈词穷，大有要败在德国科学家手下之势。

当然，英国科学家也不是吃素的，他们也有一些实验让德国人无法解释：

其一，阴极射线在磁场中有明显的、可测量的偏转，但是电磁波在磁场中是不会偏转的；

其二，电磁波虽然也产生一种电磁压强，但力量微乎其微，根本不可能让一个放在射线管里的小风轮转动起来，而克鲁克斯却可以让阴极射线把风轮打得呼呼转。

▲ 法国物理学家让·佩兰，1926年获得诺贝尔物理学奖。

对这两点实验事实，德国科学家也一时语塞、无法解释。

不过，德国科学家认为，阴极射线也许是一种尚未研究过的、频率很高的电磁波，因而它有许多奇妙的、新的特性为人类所未掌握，以后随着研究的深入，自会一一得到解释。这一反驳不无道理，因此英国物理学家在这场争论中还暂时处于下风。

但是到 1895 年以后，情况有了变化。这年法国科学家让·佩兰（Jean Perrin，1870—1942，1926 年获得诺贝尔物理学奖）在证实阴极射线是带负电的粒子的研究中，取得了实质性进展。他把阴极射线引入法拉第笼，然后可用磁铁的任意运动来牵引阴极射线做各种偏转。这种生动的图景，想必在当时令科学家们赞叹不已。

但要想最终否定德国科学家的看法，就必须对赫兹的电场中阴极射线不偏转这一关键实验作出解释。1897 年，J. J. 汤姆逊终于解开了这个谜。

这年汤姆逊在与赫兹实验设备差不多相同的情形下，却奇迹般地让阴极射线在电场中发生了偏转！从偏转的方向可以肯定它是带负电。如图所示即汤姆逊实验示意图，由阴极 C 发出阴极射线，在 A 和 B 处聚焦，从 D 和 E 之间经过（D、E 间有一正交的电磁场），然后在屏 S 上显出斑点。电场或磁场愈强，则屏上斑点的位移就越大。汤姆逊证实，斑点的位移与管中所充的气体种类无关。这样，他就可以得出以下的结论：

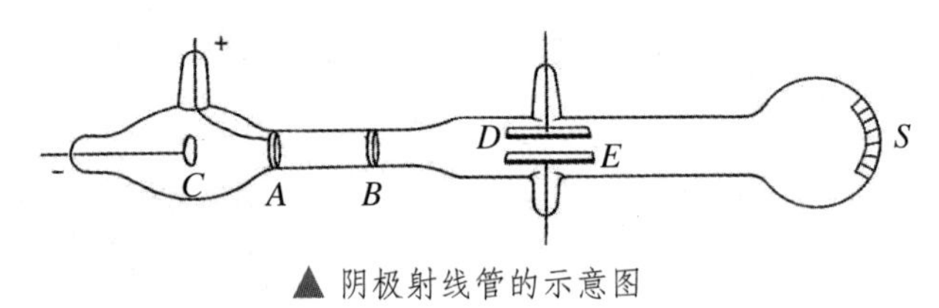

▲ 阴极射线管的示意图

> 由于阴极射线是带负电荷的，并在电场作用下发生偏转，就好像他们是带负电的物体；并且它们对磁力的反应，与沿阴极射线传播方向运动的带有负电的物体对磁力的反应完全一样，这使我不能不得出结论，即阴极射线是携带负电荷的物质粒子。

看到这儿，读者一定会提出一个问题：为什么实验技巧比汤姆逊稍高一筹的赫兹，没有成功地使阴极射线在电场中偏转，而汤姆逊却成功了呢？汤姆逊本人对此作了明确的回答，他指出赫兹没有成功的原因，是他的阴极射线管里的气体不够稀薄（也就是真空度不高），在阴极射线作用下气体会发生电离，因而引起偏转电压下降。他说：

> 我使一束阴极射线偏转的第一次尝试，是使它们通过固定在放电管内的两片平行的金属板之间的空间，并且在金属板之间加上一个电场。结果没有产生有规律的偏转……没有发生偏转的原因，是因为管子里有气体（气压仍然太高），因此要解决的问题就是要获得更高度的真空。但是说起来总比做起来容易得多。在那个时候，获取真空的技术还处于萌芽状态。①

汤姆逊这儿指明，要想获得更高度的真空，是非常不容易的事情，需要许多实验物理学家和工匠共同花大力气才能做得到。赫兹那时没有办法得到更高度的真空，因此功亏一篑。

杨振宁教授后来对赫兹的失误曾经在《基本粒子发现简史》书中感叹地说：

> 事实上，像电磁波发现者这样一位物理学家也曾进行过与汤姆逊同样的实验，而且错误地得出一个结论：阴极射线是不导电的。这段插曲最清楚地表明了一个基本事实，技术的改进和实验科学的进展是相辅相成的。我们以后还会遇到这个基本真理的更多的例子。

这样，阴极射线是带负电的粒子流被物理学界承认。接着发生的事，就更加有意义了！

4. 阴极射线之谜（二）：汤姆逊发现电子

阴极射线不是电磁波，而是带负电粒子组成的结论已经无法否认，但问题并没有完全解决：在阳极为什么找不到构成阴极的原子呢？因此阴极射线里的这些带负电的粒子到底是什么？它们是原子，分子，还是分离成更小状态的物质？开始，汤姆逊倾向于认为这种粒子恐怕是从阴极飞出来的原子，但这一假设即刻被反对者用实验否定了。前面我们已经提到过，如果阴极射

① J. J. Thomson, *Recollections and Reflections*, Macmillan, New York, 1937, p. 334。

线果真是带电的原子，那么在阳极上就应该积淀这种原子。举个例子，如果阴极是用铂做的，那么阴极射线就是"带负电的铂原子"，铂原子击中阳极板以后，理所当然地应该有铂原子积淀在阳极上面。这正如一个小孩用水枪向你身上射击，你的衣服上一定会有水一样；如果用泥浆向你身上射，你的衣服上一定会布满泥浆。

▲ 汤姆逊在实验室做实验。

但是，无论科学家用什么精密的方法，都无法在阳极板上找到从阴极射来的原子。汤姆逊也不得不承认，他的"带电原子"假说一定有问题。如果不是"带电原子"，那阴极射线中飞行的带负电的粒子又是一种什么粒子呢？这问题在当时来说是极为困难的问题，为什么呢？因为当时还根本没有任何原子构造的概念，原子一直如古希腊圣贤所说"是不可分"的。在这种思想指导下，哪怕就是设想原子还有构造都无异于天方夜谭！

为了给这个问题提供一些线索，汤姆逊必须进行一系列测量，从实验中发现线索。了不起的汤姆逊设计了一个非常巧妙的实验：先让阴极射线在电场中偏转，然后又让它们在磁场中作反方向偏转，而且调整好电场和磁场，使阴极射线通过电场和磁场以后既不向上也不向下偏转，而是笔直地飞向了阳极。汤姆逊真不愧为卡文迪什实验室主任，他的实验设计之巧妙，真不得不让人叹为观止。

然后汤姆逊"测量了这些粒子的质量与它们所带的电荷量的比值"，再用高中学生就可以懂的数学公式得到测量的结果——这个粒子的质量 m 与电荷 e 的比值：

$$\frac{m}{e}=1.9\times10^{-18}\text{克/静电单位电量}$$

电子的电量 e 当时有一个不太准确的值，用这个值可以计算电子的质量。这一算可让汤姆逊大吃一惊：阴极射线中带负电的神秘粒子，其质量几乎只有最轻的氢原子质量的约两千分之一！这显然表明：原子并不是最小的粒子，还有比氢原子质量小两千分之一的神秘粒子。这可真是一个石破天惊、骇人听闻的发现。而且，汤姆逊由实验可以证实，阴极射线中的这种神秘粒子与阴极材料无关。由此，汤姆逊当然会猜想到所有原子并不是“不可分割”的，它们都由更小的粒子组成。这个极小的粒子后来被命名为“电子”(electron)。

有了这一猜想，德国科学家的反对意见都将过五关斩六将、迎刃而解：第一，因为阴极射线是由电子组成，而所有原子均由它构成，所以在阳极上看不到阴极材料的“原子”就毫不奇怪了，看到的只能是电子；第二，阴极射线是由很小的电子组成，它可以穿过金属箔也就可以顺理成章地解释了。

1897年4月30日晚上，汤姆逊在皇家学会宣布了他的这一研究结果：所有原子都由电子构成。这样，原子是不可分割的终极实体这一两千年来就有的假说，被汤姆逊用精确的实验否定了。一个新的、被实验证实的原子理论也由此建立起来。

人类发现的第一个基本粒子——电子，就这样被汤姆逊发现了。1906年，汤姆逊因为这一发现而荣获诺贝尔物理学奖。

在1897年8月4日的文章里，汤姆逊叙述了一个重要的观察结果，那就是阴极射线的微粒都是一样的，与管内阴极、对阴极和气体成分无关，“所有化学元素都由这种物质构成”。①

汤姆逊后来在回忆中提到他宣布他发现了电子这件事时，风趣地写道：

> 在阴极射线中，物质处于一种新态，即比在普通气态中分割得更细的态。所有物质……都是由这相同的新态物质构成，即这种新态物质是构成一切化学元素的基本材料。最初，很少有人相信存在这种比原子更小的物质。一位著名物理学家听了我(1897年)在皇家学会的演讲之后很久，告诉我说，他认为我是在“愚弄他们”。②

① J. J. Thomson, *Phil. Mag.*, 44 311(1897).

② J. J. Thomson, *Recollections and Reflections*, G. Bell and Son, London, 1936, p. 341.

5. 电子之谜(一):原子如何组成?

电子被发现并被认为是构成所有物质的一种基本成分以后,问题并没有因此而了结。实际上,更大的困难和更多的佯谬正等待着物理学家们。首要的问题是,在原子里电子到底是怎样安置的。

汤姆逊在发现电子之后,理所当然要考虑的问题就是原子的结构问题。既然原子里有电子,那么原子和电子之间如何"相处"?这儿要向读者特别提醒一句的是,当时在亚原子领域里,只知道一个粒子——电子,还不知道质子,更不知道中子。

汤姆逊接下来的想法很自然:既然原子在正常状态下是不带电的,现在有了带负电的电子,那么原子里必然还有某种带等量正电的物质,与电子的电量中和成为中性的原子。1904年,汤姆逊提出了第一个原子结构模型:原子可能是一个球形,球里面充满了正电云一样的东西,正电云没有质量;电子呈环状或球壳状浮动在正电云中,它们的电荷恰好正负抵消;原子质量平均分布在每一个电子上。

汤姆逊的这一模型被称为"正电果子冻模型"(positive jelly model)。

汤姆逊的模型有一些优点。例如,它可以根据电子的排列方式,对元素的化学性质呈周期性变化的规律作出颇合情理的解释;电子的振动又可以解释光谱;电子排列的不同可以应不同的谱线组合。汤姆逊还根据光谱波长,估算原子的尺寸约为10^{-8}厘米,这与分子运动论的估计非常符合。从这些结果看,汤姆逊的模型似乎颇有前途。

但这一模型也有许多困难。例如,电子既然在原子中的正电云里浮动,为什么不与正电云融合并中和而消失电性?还有一个最大的困难是,因为汤姆逊认为原子质量平均分布在电子上,那么,根据原子量的简单计算就可以知道,最轻的氢原子就有2000左右个电子,氦原子有8000多个,而铀原子的电子会多达476000个!这么大数目的电子让人们无法相信,但这些困难还不足以否定这一模型。

▲ 英国物理学家卢瑟福(右)和盖革在实验室做实验。

后来是汤姆逊的学生卢瑟福(E. Rutherford,1871—1937)与盖革(H. Geiger, 1882—1945)一起,在1911 年前后由实验发现了α粒子“大角散射”,证实原子里应该有一个核——原子核(atomic nucleus),并且还由此发现了第二个基本粒子——质子(proton)。质子在原子核里,原子绝大部分质量都集中在质子里,电子的质量比较起来很小很小,它在核外围绕着核高速转动。这就是原子的有核模型。

电子之谜还没有完。

6. 电子之谜(二):原子为什么不坍塌?

原子的有核模型有许多优越之处,但是又出现了一个与电子有关的佯谬弄得物理学家焦头烂额、不得安宁。这一佯谬是无论如何也回避不了的,并且是“不可克服的和致命的,它是从麦克斯韦理论直接引申出来的。”[①]

我们知道,麦克斯韦的重大功绩在于他的理论预言:当带电粒子做加速运动时应辐射出电磁波,正是用这种电磁波,麦克斯韦作出了划时代的贡献,将光学与电磁学统一起来,完成了物理学史上第三次伟大的统一。接着不久,赫兹又以他那令人赞叹的巧妙实验,证实了麦克斯韦的电磁理论。

根据麦克斯韦电磁理论,围绕正电核旋转的电子由于它在做加速运动,就应当不断辐射电磁波。电子不断辐射电磁波就应不断减少自身的能量,于是它就要不断缩小旋转半径,逐渐向核“坠落”,最后落到核上造成原子的“坍塌”(collapse)。不难计算,电子从自己原来计算得到的轨道上落到核上,所需时间仅只 10^{-9}秒左右。这样,由已被认为是经典物理三大支柱之一的经典电动力学推断,原子是极不稳定的,它们的寿命只有 10^{-9}秒。这就是说我们的

① L. N. Cooper,《物理世界》(下卷),海洋出版社,1984,124 页。

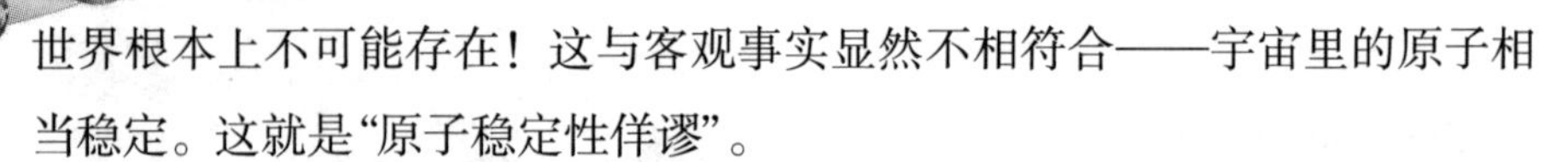

世界根本上不可能存在！这与客观事实显然不相符合——宇宙里的原子相当稳定。这就是“原子稳定性佯谬”。

看来，要想建立一个不违背麦克斯韦电动力学的带电粒子行星模型，并不那么简单。卢瑟福也想不出任何办法来挽救他的模型，他只认为“在现阶段要考虑原子稳定性问题，为时尚早……”除了原子稳定性佯谬之外，还有一个无法解释的佯谬，即当电子绕核旋转并且落向核的过程中，由于电子围绕运动的频率不断连续增大，那么它的辐射光的频率应连续地不断增加，因而原子光谱就应是一条连续色带。但实验早已告诉我们，原子光谱是具有特征性的分立谱线，而且正是这些谱线构成了 19 世纪分析化学的基础。这就是“光谱佯谬”。

你看，一个小小的电子竟把科学精英们一个个弄得焦头烂额。幸好科学家们是一群好奇心极强而且性格又极坚强的人，他们就是喜欢层出不穷的佯谬。消除佯谬，简直是他们最热衷和最幸福的事情。

现在摆在科学家面前的有两个原子结构模型，汤姆逊的和卢瑟福的，它们都有各自的优点和困难，到底哪一个对呢？也许是由于“原子坍塌”的困难太大，而且一时似乎解决无望，人们认为卢瑟福的模型不值得认真对待。1911 年秋天，在有爱因斯坦、普朗克、洛伦兹等 23 位当时最著名的物理学家参加的第一届索尔维会议上，根本就没有人提及卢瑟福的模型，相反，会议主席洛伦兹还直截了当地谈到了汤姆逊原子结构模型的优点。这次会议如此冷淡卢瑟福的假说，使他十分不愉快，以至于他愤愤不平地说，参加会议的人根本没有动动脑筋。

卢瑟福大约做梦也没有想到，他的一个学生尼尔斯·玻尔却挽救了他的原子结构模型。说来也真有趣，1911 年初，玻尔在丹麦获博士学位后，就到剑桥跟随电子的发现者汤姆逊研究电子。但汤姆逊不知出于什么原因，对玻尔一直十分冷淡，于是玻尔决定跟随对他颇有吸引力的卢瑟福教授进行研究。1912 年 4 月，他到了曼彻斯特大学卢瑟福实验室工作。这时，正是卢瑟福原子有核模型刚刚提出而且遇到了困难的时候。

玻尔在“原子稳定性佯谬”面前，表现得十分冷静而睿智。他认为，有核模型是无可怀疑的，因为有α粒子大角散射实验作证。但按经典电动力学，原子的毁灭又不可避免。物理学家该如何决定取舍呢？汤姆逊和一部分物理学家的选择是经典理论不可违背，应该丢弃的是有核模型。但是玻尔则采取了相反的态度，他认为实验结果是无法否定的，经典理论当然也十分宝贵，但他明智地认为经典规律不一定能够用于原子结构，原子属于另一个层次。在这个层次里，普朗克（在热辐射研究中）和爱因斯坦（在光电效应和物质比热研究中）已经证明，很多经典规律是不适用的，他们用量子理论来解决了这些疑难。玻尔决定仿效普朗克和爱因斯坦这些先驱。

▲ 丹麦物理学家尼尔斯·玻尔，1922 年获得诺贝尔物理学奖。这张照片是玻尔夫妇（右）与卢瑟福夫妇合影。

1913 年，玻尔提出了挽救卢瑟福有核模型的三条假设（即玻尔原子模型）：

（1）绕核转动的电子不能采取任意轨道，只有满足与普朗克和爱因斯坦关系式相关联的量子条件的轨道，才是能够容许的；

（2）当电子在这些容许的轨道上转动时，它不辐射能量；

（3）只有当电子从一条容许的轨道上“跳跃”到另一条容许的轨道上时，它才辐射光，辐射光的能量由爱因斯坦的光电方程确定。

尽管玻尔模型由于完全与经典理论相违背而遭到激烈反对，但最终由于它的推论先后被实验证实，人们不得不在事实面前承认了这一模型。这样，电子绕核转动引起的原子稳定性佯谬和光谱分立的佯谬，就被玻尔模型消除了。但是，佯谬并没有全部被消除，还有一个重大的佯谬正等待物理学家们

去解决。

这个佯谬就是核里有电子吗？

7. 电子之谜(三):原子核里面有电子吗?

当卢瑟福的有核模型在玻尔、索末菲(Arnold Sommerfeld,1868—1951)等人的努力之下,终于取得科学家们的广泛接受后,人们的注意力开始转向核的结构。在放射性研究中,人们已经知道原子核能放射α粒子和β粒子,而且知道α粒子是带正电的氦核,β粒子就是电子。这些事实足以证明原子核也是有构造的,而且α粒子与β粒子"理应"为原子核构造中的成分。

到20世纪20年代,物理学家们已经公认原子核结构的"质子—电子"模型。核内有Z个质子和(A—Z)个电子,这里A是元素的原子量,Z既是质子数目又是原子序数。这一质子的数目正好可以解释原子量,而电子又解释了β粒子的存在。这一核模型有它"合理"和诱人之处,所以物理学家们满意地把它用了十几年。

首先,"质子—电子"核模型能十分完善地解释同位素。例如,氧16的原子核由16个质子和8个电子组成;氧17由17个质子和9个电子组成;氧18则由18个质子和10个电子组成。它们的原子量分别为16、17、18,原子序数则分别为($16-8$)、($17-9$)、($18-10$),都是8。

其次,这一模型可以解释放射线衰变中出现的β射线。从能量判断,β射线中的电子只能是从原子核里辐射出来的。所以,核里就理所当然地存在着电子。

第三,核里有了电子,可以保持核的稳定。如果没有电子,核里的质子都带同种电荷,而且它们相距那么近,同种电荷之间的静电排斥力早就让核分崩离析了。

第四,它可以解释核衰变的方式。根据这一模型,当核放射一个α粒子时,由于α粒子是由4个质子和2个电子构成的氦核,这个核的质量应减少4,原子序数应降低$4-2=2$。结果正是如此,例如铀238(原子序数92)放出一个α粒子后，果然变成了钍234（238 − 4 = 234，原子序数90）。当钍234放射一个β粒子时，核失去一个电子，其质量可视为不变，但序数应加1。因为失去一个电子，则原先被电子“电中和”了的质子被“解放”出来，原子序数理所当然地应该升高1位。

除此以外，“质子—电子”模型还可以解释一些其他的物理现象，这里就不一一列举了。总而言之，这个模型使物理学家们感到十分满意，认为它是不可能被推翻的，也希望它牢不可破。但事与愿违，正如本节引文中的诗句所说的那样：“当下一道帷幕，突然向两边拉开，他将处于新的境界，把一切重又弄乱。”

这下一道帷幕是年轻的荷兰物理学家乌伦贝克（G. E. Uhlenbeck，1900—1988）、高斯密特（S. A. Goudsmit，1902—1978）和美国物理学家克罗尼格（R. de L. Kronig，1904—1995）拉开的。

1925年，乌伦贝克和高斯密特为解决泡利不相容原理中提出的第四个量子数，提出电子除了有已经为人们承认的三个自由度以外，还有一个自由度——自旋（spin）。电子既然有自旋，那它就应该具有自身的角动量。他们很快弄清楚了，质子也有自旋。为了方便起见，物理学家选择了一个量度这种数值极微小的角动量的标准：令光子自旋角动量为1，则质子、电子的自旋角动量为1/2。由于自旋角动量只有两个可能的方向（顺时针和逆时针），故它们的自旋角动量不是+1/2，就是−1/2。

▲ 乌伦贝克（中间）和高斯密特（右）在莱顿大学学习时期的照片。

当亚原子粒子组合成原子核时，每一个粒子要保持其原来的自旋，整个原子核的自旋就是各粒子的自旋总和。由此显然可以得到如下结论：核内粒子如果是偶数个，则不论如何选择正、负自旋进行组合，核的总自旋将不是零就是整数;如果核内有奇数个粒子,则不论如何组合,核的总自旋将总是不为零的分数,绝不可能为整数。这样,只要测定了某原子核的自旋,即可知道核内粒子数是偶数还是奇数。这个结论实际上就是经典物理早就发现的"角动量守恒定律"另一种稍微不同的表述。

引进自旋角动量后不久,物理学家又很快发现了一个危及"质子—电子"核模型的事实,那就是当时震惊物理学界的"氮危机"。按上面结论,氮原子核$^{14}_{7}N$果真由14个质子和7个电子组成,其总粒子数就是21,是奇数,那么它的核自旋角动量就应该是分数值。但1928年实验证实,氮14的核自旋是1。由于核自旋是实际可以测量到的,而且测量是可以多次重复,其结果又都是1。这一下可让物理学家们再次为神秘的电子之谜再次大吃一惊!

不论"质子—电子"核模型如何受到物理学家们的偏爱,它毕竟只是一种理论,一种学说而已,还得接受实验的检验。现在在实验事实面前,"质子—电子"模型首先受到了怀疑。要知道,物理学界不到万不得已,是绝不会轻易怀疑角动量守恒定律的。

物理学家们只好再次下定决心根据实验事实来改造核模型。不只是"质子—电子"模型违背了角动量守恒定律,还有其他一些原因。我们这里再谈其中一个原因,那就是它不符合海森伯1927年提出的不确定性原理。按照这一原理,质量极小的电子在核这么小的体积内,应当有3500兆电子伏的能量,但由β衰变中飞出的电子,其能量只有1兆电子伏左右。看来电子似乎真的没有资格呆在核里面了。

那么,原来可以用"质子—电子"模型圆满解释的那些物理现象又该怎么处置呢?真是一团迷雾啊!难怪派斯(A. Pais,1918—2002)在他的科学史名著《*Inward Bound*》第14章,用了一个巧妙而又确切的标题:《核物理学:悖论的年代》(Nuclear physics:the age of paradox)。①

好在1932年英国物理学家查德威克(J. Chadwick,1891—1974)发现了中

① 《基本粒子物理学史》,派斯著,关洪杨建邺等译,武汉出版社,2002,373页。

子，电子自旋之谜才得到完满的解释。中子发现以后海森伯立即提出，原子核不是由质子和电子构成，而是由质子和中子构成。人们很快发现，“质子—中子”模型比“质子—电子”模型优越得多。它不仅可以解释“质子—电子”模型能解释的所有物理现象，还可以解释核自旋角动量、不确定性原理等“质子—电子”模型不能解释的物理事实。

直到今天，人们仍然满意地使用“质子—中子”核模型。

有关电子引起的佯谬还有不少，限于篇幅，就不一一叙述了。

一个小小的电子闹得物理学界天翻地覆，幸好最后还是被物理学家的“金箍棒”打出一个玉宇澄清万里埃！物理学史里的故事实在比柯南·道尔写的福尔摩斯故事还要精彩。不是吗？

十四、像鬼魂一般的粒子——中微子

中微子，多渺小，没有质量不足道。
不带电荷成中性，对人礼貌不干扰。
地球是个傻大个，驰骋穿过自逍遥。
进退伸缩真自如，穿过地球轻声笑。
深夜床下穿人体，人在梦中不知晓。
啊呀，我说：宇宙真是令人恼；
哈哈，你说：世事真乃太奇妙！

——约翰·厄普代克《宇宙的烦恼》

物理学家常常把中微子（neutrino）这个基本粒子称为“原子中的鬼魂粒子”。这可真是一个令人毛骨悚然的绰号啊！“中微子”这个名字本身倒是一个颇可爱的名字，有点小巧玲珑的味道，为什么会有那么一个可怕的绰号呢？说来话长。简而言之，就是因为它颇有点神出鬼没、来无影去无踪的神秘感。

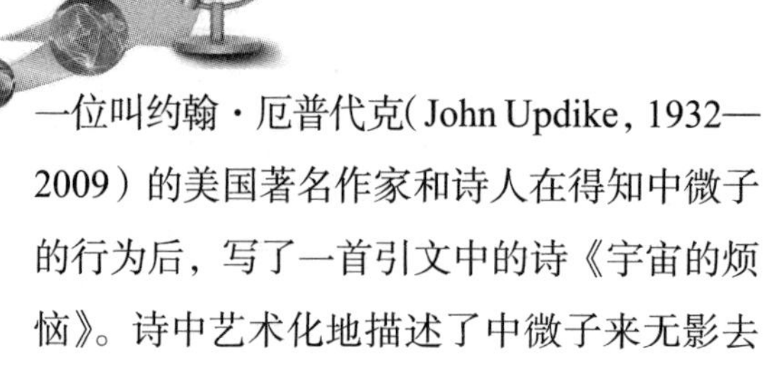

一位叫约翰·厄普代克(John Updike, 1932—2009)的美国著名作家和诗人在得知中微子的行为后，写了一首引文中的诗《宇宙的烦恼》。诗中艺术化地描述了中微子来无影去无踪的本领。

岂止中微子的行为让人惊奇而不可思议，中微子的发现过程也充满了不可思议的奇迹。

▲ 美国小说家和诗人约翰·厄普代克

1. 能量失窃案和氮危机

中微子的发现与一桩“失窃案”有关。这桩失窃案不是什么金银财宝、奇画异品被盗，而是在一个核反应过程中，一部分能量莫名其妙地失踪了！

每一个读过中学物理的人都知道，任何物质在运动过程中，能量可以转化，但其值总是不会减少也不会增加的，这叫“能量转化与守恒定律”。它被当今物理学界奉为圭臬，神圣不可侵犯。但在20世纪30年代，科学家们对这一定律的普适性产生过怀疑。事情的源头与中子的发现者英国物理学家查德威克(James Chadwick, 1891—1974)有关。

▲ 英国物理学家查德威克，1935年获得诺贝尔物理学奖。

1914年，查德威克在做放射性实验时，发现放射线物质放射出的β粒子(即高速运动的电子)，具有一种宽阔和连续的能谱分布。这一实验结果使物理学家大惑不解。为什么会“大惑不解”呢？其实问题非常简单，因为按照能量守恒定律，β粒子应该有确定的能量。例如，核 A 在放射出β粒子后，变成另

一种核 B，β粒子的能量 E_β根据能量守恒定律应为：

$$E_\beta = E_A - E_B$$

上式中 E_A 和 E_B 分别为核 A 和核 B 的全部内能，可由公式 $E = mc^2$ 算出，因此它们的数值是确定的。E_A 和 E_B 是确定的，E_β 当然也是确定的。但查德威克的实验结果却显示出，β粒子的能量可以在零到某一个最大值之间连续分布，而且衰变后的总能量比衰变前的总能量还要少一点点。这就是当时颇为轰动的"能量失窃案"。

为了弄清这一失窃案，尼尔斯·玻尔提出了一个惊人的观点：在β衰变中，能量也许仅仅在统计上守恒，而在单个粒子反应中并不守恒。玻尔在 1930 年的一次演讲中指出：

> 在β射线衰变中，为了维护能量守恒定律，导致实验解释的困难……原子核的存在及其稳定性，也许会迫使我们放弃能量守恒的观念。

除了查德威克发现的能量失窃引起的问题以外，当时还有一个困难威胁着另一个守恒定律——角动量守恒定律，就是上一节讲到过得氮核自旋出了问题。这个困难引出的问题是角动量守恒定律在微观过程中似乎失效了。这个困难又名"氮的危机"。

2. 一个自己也不敢相信的假说——中微子的提出

为了解决"能量失窃"和"氮的危机"这两个困难，物理学家们提出了各种各样的方案。除了玻尔等人提出的怀疑能量守恒定律的普适性这一个方案以外，大约要算泡利（Wolfgang Pauli，1900—1958）提出的一个方案最为大胆。泡利认为，这两个困难可用一种办法同时解决。什么办法呢？他提出，也许在核里除了质子和电子以外，还存在一种新的、暂时尚未为人知晓的粒子：这种粒子是电中性的，自旋为 1/2。有了这种粒子，上述两个困难可能同时得到解决。

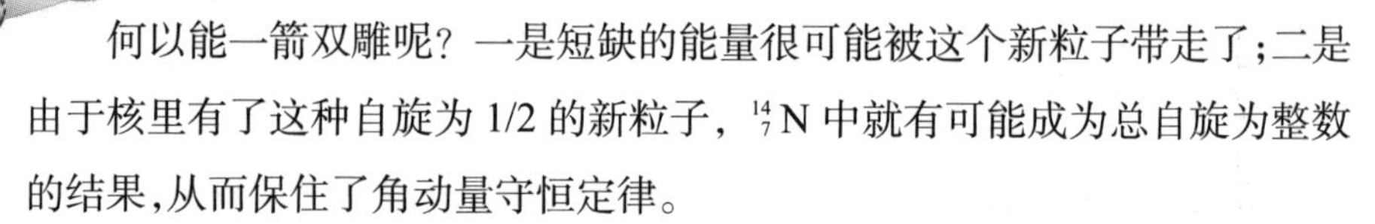

何以能一箭双雕呢？一是短缺的能量很可能被这个新粒子带走了；二是由于核里有了这种自旋为 1/2 的新粒子，$^{14}_{7}N$ 中就有可能成为总自旋为整数的结果，从而保住了角动量守恒定律。

泡利初次提出上述想法完全是试探性的。那是 1930 年 12 月，他被邀请参加在德国图宾根召开的一次物理学会议，讨论有关放射性问题。由于泡利要参加一个据说是“少不了”他的一个舞会，他就请一位物理学家带去一封公开信，代表他在会上宣读。在这封信里，他提出核里可能存在一种中性粒子的想法，并为这粒子取名为“中子”。后来因为查德威克发现的中性粒子被称为中子，泡利假设的粒子由于质量很小，就由费米（Enrico Fermi，1901—1954）建议改称为“中微子”。本书为方便起见，从现在起就直接称它为中微子。

▲ 奥地利物理学家泡利，1945 年获得诺贝尔物理学奖。

泡利本人对自己假想中的中微子，在刚一提出来的时候就缺乏信心，犹犹疑疑。在上面提到的那封公开信中，他谨慎地写道：

> 我暂时还不打算发表关于这种粒子的任何想法，我仅以信任的心情向诸位——亲爱的从事放射性工作的女士们和先生们提出一个问题：如果中（微）子具有γ光子大致相同的或大 10 倍的穿透能力，能否用实验方法证明它确实存在……我承认，我的补救方法似乎可能性很小，因此如果真有中（微）子的话，也许它早就被发现了……
>
> 我承认，我的结论乍看起来似乎不太可能，因为如果真有中微子存在，也许它早就被发现了。可是不入虎穴，焉得虎子？（Nothing venture，nothing win）我所尊敬的老前辈德拜先生曾告诉我关于连续的β能谱的严重情况。不久前在布鲁塞尔他曾对我说过：“噢！最

好完全不去思考它……就好像对待新的税收那样。"人们应该认真对待每条解救的道路。总之，从事放射性研究的女士们和先生们，请检验和判断吧！①

泡利知道，实验物理学家一定会质问他："为什么在β衰变的实验中直到现在还没有发现过您的中微子呢？"泡利在信中预先回答了这个问题：中微子与物质的相互作用很弱，所以能不受阻碍地通过很厚的物质。尽管泡利有极强的物理直觉，但他大概也绝想不到自然界比他更富有想象力。现在我们知道，在通常的物质密度下，平均而言，只有1000光年厚的物质才能够阻挡中微子的穿透。它可以毫不费力地穿透太阳、恒星、行星，简直如入无人之境。正因为如此，才有本章开始的打油诗出现。

但是在当时，预言一个新粒子的存在与当时流行的自然哲学观不相符合，因此任何一个物理学家都不敢轻易提出一种新的粒子，更何况泡利的中微子自己先就认为几乎无法用实验验证。因此，泡利在公开了中微子的假想以后，又十分后悔，以致在请人把信带走的那天深夜，冒雨去找汉堡大学的天文学家巴阿杰（Walter Baade，1893—1960），诉说自己的莽撞：

"我今天做了一件很糟糕的事。一个理论物理学家无论在什么时候也是不应该这样做的。我提出了一个在实验上永远也检验不了的东西。"②

泡利曾回忆说："在1931年6月于帕萨迪纳（Pasadena）举行的美国物理学会上所作的报告中，我第一次当众报告了我自己的关于β衰变中会出现一种穿透力很强的新的中性粒子的想法。我那时已经不把它当作核的组成部分③，不称它为中子，而且根本不用任何独特的名称来称呼它。"后来，据庞捷

① *No Time to be Brief: A Scientific Biography of Wolfgang Pauli*, by Charles P. Enz, Oxford University Press, 2001, p. 215.

① 《中微子》，B. C. 别列金斯基著，黄高年译，科学出版社，1985，65页。

③ 美国西南大学物理和天文系教授布朗（L. M. Brown）在1978年12月《今日物理》（*Physics Today*）上撰文，证明泡利在1931年6月帕萨迪纳会议上，并没有放弃"中子"是核成分的观点。该文材料翔实，读者可以参阅。泡利这句话表达的思想，还是有一定真实性，尽管他可能记错了日期。

科尔沃(Bruno Pontecorvo，1913—1993)回忆说，当泡利讲到这里时，费米(E. Fermi，1901—1954)激动地打断泡利的话高声嚷道："那就叫它中微子吧!"①

还是这一年，泡利在访问普林斯顿时，在纽约的一个中国餐馆吃饭。他与哥伦比亚大学物理学家拉比(I. I. Rabi，1898—1988，1944年获诺贝尔物理学奖)聊天谈到他的中微子时说：

"我认为我比狄拉克聪明，我没有像他那样急于发表我的建议。"

这句话的意思是说，狄拉克在发现正电子时，虽然那时他还缺乏自信，但他却毅然决然发表了他的理论。可见，泡利那时还真的没有打算公开发表他的中微子假说。

3. 反对者声浪不断

但是，泡利的中微子的设想虽然没有公开发表，还是在物理学界迅速传开了。一个提出者自己都疑虑重重的设想，别人当然就更不会相信。事实上，泡利中微子假说传开以后，物理学家当中就很少有人相信真有什么中微子存在。当时物理学界的一些头面人物如玻尔、爱丁顿、狄拉克、维格纳(E. Wigner，1902—1995)等人，都曾公开表示反对。例如维格纳曾对阿伯拉罕·派斯说：

▲ 美国物理学家维格纳，1963年获得诺贝尔物理学奖。

"第一次听到泡利的假说时，我的第一个反应是泡利一定疯了。虽然我十分钦佩他的勇气。"

英国天文学家爱丁顿的强烈反对态度，则一直持续到1938年，那年他曾说：

① 《中微子》，B. C. 别列金斯基著，黄高年译，科学出版社，1985，6页。

> 我可能说我不相信中微子……说不相信还不足以表示我的思想。我认为，实验物理学家不会有足够的智慧发现中微子。如果他们获得了成功，甚至可以应用到工业上去，我想也许我不得不相信，但我仍可能怀疑他们干得不十分光明正大。

瞧，爱丁顿的态度多么坚决！人们也许会觉得这位伟大的英国学者怎么说话这么不留余地。其实这并不奇怪，越是伟大的学者，一旦固执起来就越发不可思议。爱丁顿还不止这一次“坚定”得令人惊奇，还有一次他的“坚定”也许会让人更加目瞪口呆：为了不赞成钱德拉塞卡（S. Chandrasekhar，1910—1995）提出的理论，他竟然在一次学术会议的发言中，当众嘲笑钱德拉塞卡，把当时还十分年轻的钱德拉塞卡弄得欲哭无泪。可惜，这两次坚定的反对，爱丁顿都错了。

反对中微子的人当中还有哲学家。例如，科学哲学家玛格瑙（H. Margenau，1901—1985）在1935年曾说：

“在对物质基本成分的解释上，现在真是够意见纷纭的了。好像觉得还不够混乱似的，又冒出了一个中微子的鼓吹者……近年来，许多发现的趋势似乎同解释的简单性和一致性背道而驰。”

由于大多数物理学家的反对，再加上中微子假说本身存在的一个巨大困难，使得泡利也觉得自己的假说真是“可疑”。这个困难十分明显。根据海森伯的不确定性原理，如果核内真有中微子，那么中微子的动量 p 和质量 m 由下式计算：

$$p \approx \frac{h}{r},\ m \approx \frac{h}{mv}$$

式中 r 为原子核的半径，v 为中微子运动的速度，h 为普朗克常数。由这个公式计算出中微子的动量（和质量）必然很大，由此就应该受到很大的核力作用。如果真是这样，中微子早就应该在β衰变中被发现了，不被发现是绝不可能的。

要想使大家承认一种新的粒子，除了它能解释一些反常现象以外，它还必须能作出正确的预言。那么，中微子能否作出什么经得起检验的预言呢？这是十分紧要的事，泡利自然不会忽略。1931年，泡利在帕萨迪纳会议上就曾预言，从核里发射的β粒子和穿透力极强的中微子能量总和应该有一个尖锐的上限，这也就是说β光谱应该像泡利曾经指出的那样："从经验观点来看……带决定性的是电子的β谱应该显示一个清晰的上限。"[①]泡利认为，如果界限果然是清晰的，他的有关中微子的设想就是对的，而按玻尔的能量不守恒的看法，β谱将有一个强度逐渐减弱的长尾巴。

1934年，德国物理学家海德森发现，β谱的上限的确像泡利预言的那样是急剧中断的，而不是按玻尔的能量不守恒观点预言的那样，有一个强度逐渐衰减的长尾巴。这无疑对泡利的中微子假设是一个有力的支持。但是，泡利的中微子能逐渐为大多数物理学家接受，更重要的是与下面将提到的费米的积极参与有极大关系。

4. 费米拯救了中微子

1931年的罗马会议期间，泡利与费米进行了私下的交谈。费米对中微子的假设极感兴趣，并且表示积极支持。1933年，法国物理学家佩兰在一篇论文中明确提出，质量为零的中微子可以与从核里辐射电子时同时产生。接着，在同年10月举行的第七届索尔维会议上，物理学家们讨论了泡利的中微子假说，这时，泡利本人对中微子的疑虑也逐渐消失，在这次会议上，他第一次提出要公开发表他的中微子假说。这时他的目标非常明确，那就是为了挽救守恒定律，必须要引入一个新的

▲ 意大利物理学家费米，1936年获得诺贝尔物理学奖。

① L. M. Brown: " The idea of the neutrino ", *Physics Today*, *Sept.* 1978, p. 344.

粒子——中微子，它是质量极小甚至没有质量的，自旋为 1/2 的中性粒子，并且比相同能量的光子有大得多的穿透力。他还指出β衰变中动量守恒的研究将对中微子假说提供一个重要的验证。

索尔维会议后不久，费米在这种设想中的中微子的基础上，提出了完整详细和定量的"β衰变理论"（β decay theory）。费米认为，β衰变是核内的一个中子转变成一个质子并放射出一个电子和一个中微子的过程。其反应过程如下：

$$n \longrightarrow p + e^{-} + v$$

人中 n 为中子，p 为质子，e^{-}为电子，v 为中微子。根据这一理论，费米预言只要在能量有利的条件下，原子核里的质子也可以转变成中子，但这时放出的是正电子 e^{+}，而不是电子，即

$$n \longrightarrow p + e^{+} + v$$

这样，电子和中微子根本不存在于核里，而是在反应过程中产生于核外，于是物理学家只需在核外考虑电子、中微子的存在。前面所述中微子的许多困难由此得到解脱。

费米仿照电动力学的理论建立起自己独具一格的理论。他的这一理论后来成为更大一类型的相互作用——弱相互作用的雏形。费米对自己的理论有足够的信心。赛格雷曾回忆说：

> 按照费米自己的估价，这是他最重要的理论工作。他告诉我，由于这一发现他将被人们记住。①

费米的估价是准确的，美国物理学家韦斯科夫（V. Weisskopf，1908—2002）就曾高度赞扬了这一理论，说它是"现代场论的最早范例"。但费米的理论不容易被当时的物理学家接受，因为它太抽象，使用的数学又深奥。这里举两个有趣的例子证明这一点：

① D. F. Moyer, *Am, J. Phys.*, 49 (1981), 1120.

一是1933年8月他把论文送到英国《自然》杂志上去发表时，编辑部以太抽象，没有实验价值为由，拒绝刊登。后来，他又把它送到德国《物理杂志》，才被接受发表。

二是维格纳的一段趣闻。维格纳曾告诉杨振宁（1922—　）说："1934年他看到费米的关于β衰变的文章后，觉得费米使用了费米子的产生算符是很神奇的一步。杨说：'可是产生算符是你和约旦（Jordon）发现的。'维格纳说：'是的，是的，可是我做梦也没有想到可以用它去解释物理现象。'"①

幸好，费米理论提出后没有多久，人们在实验中发现了正电子β衰变（人工放射性的第一例）。以后，又有一些实验证实了费米的理论。由于费米理论的成功，玻尔终于在1936年正式撤销了他对"守恒定律严格有效性"的怀疑，而且态度十分坚决地捍卫中微子概念。

当实验证实了费米的β衰变理论是正确的以后，一位前苏联物理学家赞叹地说：

> 离奇的是……像在钢笔尖上建摩天大楼那样，在想象的中微子基础上建立了完整而详细的β衰变中微子理论。

5. 又起波澜

故事还没有完。因为中微子像鬼魂一样来无影去无踪，在实验室里很不容易找到它。事实上，它直到1952年才找到。在没找到它之前，尽管β衰变理论取得了很大进展，但仍然有一些著名的物理学家不相信中微子的真实性。1936年还出现了一场大的波折。

1936年，美国实验物理学家香克兰（Robert S. Shankland，1908—1982）在实验中"证实"了玻尔提出的建议，即能量在基本粒子反应过程中的确只能在统计上守恒，在某一次反应中也许并不守恒。香克兰的实验报告一发表，立即受到那些厌恶新粒子的物理学家的热烈欢呼。最令人感到惊讶的是，不久

① 李炳安，杨振宁："王淦昌先生与中微子的发现"，《物理》，1986年12月，759页。

前刚引入正电子的狄拉克，竟异乎寻常地欢迎香克兰的文章。他立即写了一篇题为《在原子过程中能量守恒吗？》的文章，反对泡利的中微子假说和费米的β衰变理论。他在文中写道：

> 物理学将不得不面临剧烈变革的命运，包括放弃某些曾被深深信仰的原理（能量和动量守恒），它将在玻尔—克拉默斯—斯莱特理论或一些类似理论基础上进行重建。①

狄拉克还不无嘲讽地写道：

> 中微子这个观察不到的新粒子是某些研究者专门造出来的，他们试图用这个观察不到的粒子使能量平衡，以便从形式上保住能量守恒定律。

接着，英国理论物理学家佩尔斯（Rudolph E. Peierls，1907—1996）也在《自然》杂志上发表文章，支持狄拉克的意见，而且更激进。他写道：

> 看来，一旦抛弃了内容详细的守恒，那将是令人满意的。

命运多舛的中微子又一次前途未卜。不过，这次风波不大，因为不久香克兰的实验就被哥本哈根玻尔研究所的实验所否定。这次短暂的风波也就迅速平息了。

中微子假说，从此日益为人们所信服，但寻找中微子的实验仍然在紧张地进行着。

6. 寻找中微子和王淦昌的贡献

只要找不到中微子，泡利的假说就仍然会蒙上一层迷雾；只有找到了中微子，这层迷雾才会消散。

---

① 这儿和下面的一些引文均见《狄拉克：科学和人生》，赫尔奇·克劳著，肖明等译，湖南科学技术出版社，2009，124—125 页。

泡利曾经沮丧地对朋友说：中微子恐怕永远测不到的。对此，杨振宁教授在 1986 年 12 月的一篇文章《王淦昌先生与中微子的发现》中，说过一段话可以使我们明白其中原因：

> 在粒子物理的历史中，中微子是“基本”粒子家族中特别神奇的一员。自从 1930 年泡利提出中微子可能存在的假说和 1933 年费米提出划时代的β衰变理论以后，环绕着中微子的理论和实验工作很多，其中一个中心问题是如何直接验证它的存在。关于这个问题，从 1934 年到 1941 年间文章很多，可能都没有找到问题的关键，这是因为中微子不带电荷，而且几乎完全不与物质碰撞（譬如，可以自由地穿过地球），不易直接用探测器发现。①

的确，从 1930 年到 1941 年这 10 多年的时间里，围绕中微子问题的理论和实验工作非常活跃，许多物理学家对此都作出了很多的努力。但是，工作虽然做了许多，却没有一个人能提出简单而又有决定性意义的实验以证明中微子的存在，也就如杨振宁教授所说：“没有找到问题的关键。”但是转机终于在 1941 年出现了。

▲ 中国物理学家王淦昌教授

1941 年 10 月，中国浙江大学的王淦昌教授写了一篇短文寄给美国的《物理评论》。这篇文章于 1942 年初刊登于该杂志上。王淦昌教授提出一种新办法来寻找中微子。杨振宁教授郑重指出：

> 在确认中微子存在的物理工作中，是王淦昌先生一语道破了问

① 这儿和下面的引文，均见《杨振宁文集》，张奠宙编，华东师范大学出版社，1998，560—571 页。

题的关键。这是一篇极有创见性的文章，此后的10余年间，陆续有实验物理学者按照这一建议做了许多实验，终于在20世纪50年代初成功地证实了中微子的存在。

在中国抗日战争期间，王淦昌在极其困难的条件下，仍然时刻关注中微子的寻找任务。经过反复思考，他想到用“*K*电子俘获”（K-electron capture）的方法来测中微子。

什么是*K*电子俘获呢？绕核旋转的电子有许多层，靠近核的最里面的一层是*K*层，如果原子核俘获其核外*K*层的电子，这就是*K*电子俘获。在这一过程里，核不向核外发射电子，只是从最靠近核的K层轨道上俘获一个电子。其反应式为

$$A + e^{-} \rightarrow B + \upsilon$$

式中e^{-}为电子，υ为中微子。在这种反应过程后，只有两个粒子（反冲核*B*和中微子υ），这两个粒子的动量是完全确定的。如果选用比较轻的原子核，反冲核动量比较大，更容易测量。可惜王淦昌教授那时的条件太差，根本不可能完成这个哪怕并不复杂的实验，于是他只好写成论文，在1941年10月寄给美国的《物理评论》。1942年初，王淦昌教授的文章在《物理评论》上刊登出来了。文章开篇就明确指出：

> 众所周知，不能用中微子的电离效应探测它的存在。测量放射性元素的反冲能量和动量是能够获得中微子存在证据的唯一希望。

王淦昌还认为，由于轻元素反冲核容易测量，所以建议用^{7}Be的*K*电子俘获过程来检验中微子的存在，即：

$$^{7}\mathrm{Be} + e^{-} \rightarrow {}^{7}\mathrm{Li} + \upsilon$$

王淦昌教授的文章刊登出来只有两个月时间，美国物理学家阿伦（J. S. Allen）就根据王淦昌教授的建议，做了^{7}Be的*K*电子俘获实验。由于战时实验条件所限，阿伦没有测出^{7}Li的单值反冲动量，但是证明了中微子的存在。

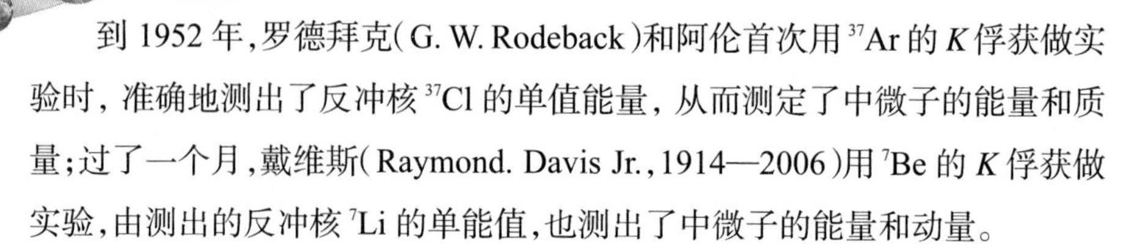

到 1952 年，罗德拜克(G. W. Rodeback)和阿伦首次用 ^{37}Ar 的 K 俘获做实验时，准确地测出了反冲核 ^{37}Cl 的单值能量，从而测定了中微子的能量和质量；过了一个月，戴维斯(Raymond. Davis Jr.，1914—2006)用 ^{7}Be 的 K 俘获做实验，由测出的反冲核 ^{7}Li 的单能值，也测出了中微子的能量和动量。

杨振宁教授明确指出：

“从 1941 年王淦昌先生提出确认中微子存在的办法后，经历多年，到 1952 年实验确认了中微子的存在。”

泡利原来悲观地认为在实验室中永远不能证实中微子的存在，在提出之日后的 22 年，终于被一位中国物理学家的智慧解除了他的疑虑。

不过戴维斯的实验只涉及中微子的发射过程，更直接的实验是对已经被发射出来、脱离了发射源的中微子进行探测。这类实验直到 1956 年才由美国物理学家莱茵斯(Fredrick Reines，1918—1998)和科万(C′ lyde L. Cowan Jr.，1919—1974)完成，使得中微子终于归案。但是，承认这一发现却迟至 1995 年，这年把诺贝尔奖颁给了莱茵斯，可惜科万早已去世，失去了获奖的机会。诺贝尔奖不授予逝者，就显得有一些残酷。

7. 扑朔迷离的“中微子失窃案”

有关中微子神奇的故事还没有完。刚把“能量失窃案”的“案子”破了，科学家们发现他们又面临另一个更让人惊诧的“中微子失窃案”。而且由于这一案件的破获，人们发现中微子还不止一种，有三种：电子中微子υe，μ子中微子$\upsilon\mu$，和τ子中微子$\upsilon\tau$，再加上它们各自的反粒子，一共 6 种。真够复杂的了！原来十分简单的图景又一次被打破。

事情要从探测太阳的中微子谈起。太阳本身的高温和高压，以及它持续不断向宇宙空间辐射能量，所有这些能量都由太阳的热核反应，即氢核的(质子—质子)聚变反应来维持。其本质是 4 个氢核转变为 1 个氦核的过程。太阳每消耗 2 个氢核便会产生 1 个中微子，同时有 0.71%的质量转为能量。人们测量到地球表面吸收到垂直太阳光的能量为 7. 12 J/cm^2 · s，由此推出在地面测到的太阳中微子流强的理论值应为 6.6×10^{10} 个 / $cm^2 \cdot s$。这些中微子中途不与任何别的物质作用，直达地球。

美国物理学家戴维斯从 20 世纪 70 年代起，开始从事探测太阳中微子的实验研究。他是在南达科他州 Homestake 的一个 1500 m 深的矿井中进行的。他使用了 6.15×10^5 kg 四氯乙烯液体作为探测介质，利用 $\nu e + {}^{37}Cl \rightarrow {}^{37}Ar + e^-$ 的反应来探测太阳中微子。氩(Ar)是惰性元素，一旦生成便会自动脱离氯化物分子聚合成小小的氩气泡，并且具有放射性，因此比较容易识别。戴维斯就是利用这种方法在 30 年的探测中，共捕捉了来自太阳的约 2000 个中微子。戴维斯的研究证实了太阳是由核聚变提供燃料的，但是他测到的太阳中微子流量，要比太阳标准模型理论计算出来的至少要少 1/2—1/3，这就是有名的“太阳中微子失踪之谜”。

日本物理学家小柴昌俊（Masatoshi Koshiba，1926— ）也在努力研究太阳发射的中微子，他利用中微子与水中氢和氧原子核发生反应而产生一个电子的原理，来探测中微子。这个电子可引起微弱的闪光，探测到这种微弱的闪光就可以证实中微子的存在。他的实验是在日本中西部神冈铅锌矿下 1000 m 处进行的，使用的探测器是由 5 万吨纯水和 1.3 万多个光电倍增管构成。其庞大与复杂可想而知。小柴昌俊的研究证实了太阳中微子的存在，也证实了戴维斯的“太阳中微子失踪”的结论。

▲ 日本物理学家小柴昌俊，2002 年获得诺贝尔物理学奖。

戴维斯和小柴昌俊通过他们的探测和研究工作，开创了中微子天文学这一新学科。他们的成就使他们获得 2002 年诺贝尔物理学奖。

“太阳中微子失踪”这一重要发现，引起了全世界物理学界的极大关注，许多实验室展开了对太阳中微子的测量。所有的实验或者证明：中微子的确

失踪了，或者不排除失踪的可能性。

那么，太阳中微子为什么失踪了呢？现在一般认为应该从三个方向进行探索：

（1）标准太阳模型不对。但目前经过各方面思考，都觉得这种可能性不大。大部分人认为，问题不大可能出现在这个标准太阳的模型上；

▲ 日本神冈铅锌矿用来捕捉中微子的地下探测池。由图可见工程之浩大。

（2）实验测定还有问题。但经过众多实验的分析，似乎这方面的问题也不大；

（3）中微子本身可能还有一些我们尚不知道的特殊性质。例如，中微子不稳定，在从太阳到地球的 8 分钟时间里有部分中微子衰变了。还有人提出“中微子振荡”（neutrino oscillation），即电子中微子可能会变成别的中微子。但是振荡，就意味着中微子有质量。

2001 年，加拿大、英国和美国的科学家们宣布他们发现了中微子振荡。他们利用重水拦截中微子的有关实验分析后得出这个结论的。由此，核物理实验已经告诉我们，中微子可以分三种：电子型中微子、μ型中微子、τ型中微子。由于这三种中微子不断相互转化，而人们设计的中微子检测仪都只能捕获电子型中微子。这样，人们当然只能接收到 1/3 的太阳中微子了。

除此之外，物理学家又发现，如果中微子有了质量还可以解决宇宙学的一些困难。美国科学史家伯恩斯坦（J. Bernstein）对此说：“由于泡利的预言，中微子使科学家感到吃惊和高兴。如果这种极不平常的粒子能成为研究宇宙起源及其本性的一种线索，那将是一件非常令人满意的事情。”

从目前种种迹象看来，科学家们倾向于相信中微子质量不为零这一美妙的设想。但尽管理论上再怎么吸引人，最终的结论还必须由实验作出肯定性的回答。

1980年，前苏联物理学家宣称他们测出电子型中微子的质量是6.0×10^{-35} kg，比电子轻15000倍（$m_e=9.1\times10^{-31}$ kg）；1983年，我国物理学家测定的值为30 eV（即5.35×10^{-35} kg）[①]。

一旦这些测量得到肯定，那中微子就正儿八经地有了质量，不再是什么“鬼魂粒子”了！

十五、θ－τ之谜

> 大约两年前，整个科学史上最令人惊奇的发现之一诞生了……我指的是由杨振宁和李政道在哥伦比亚大学作出的发现。这是一项最美妙、最独具匠心的工作，而且结果是如此的令人惊奇，以至于人们会忘记思维是多么美妙。它使我们再次想起物理世界的某些基础。直觉、常识——它们简直倒立起来了。这一结果通常被称为宇称的不守恒性……
>
> ——C. P. 斯诺

一部物理学史，真是充满了离奇的事件，如果去掉那些令人生畏的数学公式和一些读起来令人别扭的专业名词，其离奇曲折的程度，绝不亚于一部福尔摩斯探案集。如果就“破案”的难度和技巧而言，那比后者还不知要强多少倍。就拿β衰变来说，由于β能谱的连续性物理学陷入危机，为了解救这一危

▲ 英国杰出的侦探小说家柯南·道尔

① 吴宗恩等，*Phys. Rev.*，27，1754（1983）.

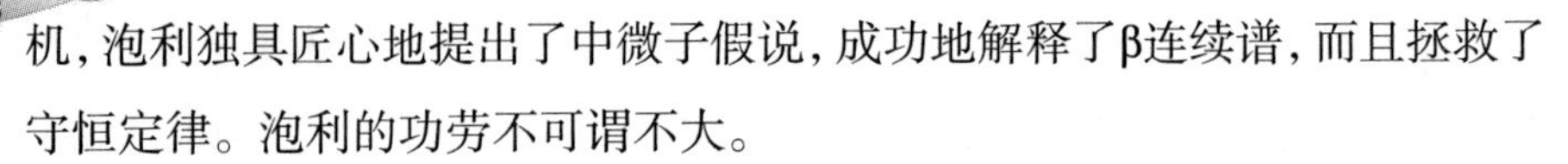

机，泡利独具匠心地提出了中微子假说，成功地解释了β连续谱，而且拯救了守恒定律。泡利的功劳不可谓不大。

到了1956年，又是这个与β衰变有关的一种衰变出了问题，引出了所谓"θ－τ之谜"，威胁着另一个守恒定律——宇称守恒定律（the law of parity conservation）。泡利，这位在几十年前为拯救守恒定律立下卓功的"福尔摩斯"，又要重振当年雄风，继续拯救守恒定律。哪知沧海桑田、今非昔比，这次他竟败在比他小将近三十岁的两位中国出生的年轻物理学家手下。

这不真有点玄乎吗？可这都是事实。自然界比柯南·道尔更富有想象力。①

1. 对称性与守恒定律

物理学家对守恒定律有一种特殊的偏爱，这有着深刻的历史和现实意义的原因。从古希腊起，人们就试图从杂乱无章的自然界找到某种符合审美原理的一些形式，即希望在自然界找到和谐、秩序。而且，从一种纯思辨的原因出发，人们有理由希望自然界具有一种我们可以了解的秩序。令人惊奇的是，人们的这种希望竟获得了极大的成功，守恒量和守恒定律的发现就是最突出的一个例子。

守恒量和守恒定律是物理学中非常重要的概念。有些量在一定的系统中，不论发生多么复杂的变化，都始终保持不变，如系统的总能量、总动量等。有了这种规律，自然界的变化就在其看来杂乱无章中呈现出一种简单、和谐、对称的关系，这不仅有着美学的价值，而且它能对物质运动的范围作出严格的限制，从而具有重要的方法论的意义。在物理学史上，单纯从守恒定律出发，就曾作出过许多重大的发现。例如上一章中讲到的中微子的发现，以及下一章将要讲到的反粒子的预言，无一不雄辩地证实了这一事实。

守恒量的普遍性，引起了物理学家们的深思：在守恒量的背后，有没有更

① 柯南·道尔（Sir. Conan Doyle，1859—1930），英国杰出的侦探小说家，剧作家，被誉为英国的"侦探小说之父"。他是福尔摩斯这位风风靡全球的侦探形象的创造者。

深刻的物理本质？ 19世纪末，人们才终于认识到，一定物理量的守恒是和一定的对称性相联系的。杨振宁教授在1957年12月11日作的诺贝尔演讲中，曾详细谈到了这一关系。他说：

> 一般说来，一个对称原理（或者一个相应的不变性原理）产生一个守恒定律……这些守恒定律的重要性虽然早已得到人们的充分了解，但它们同对称定律间的密切关系似乎直到20世纪才被清楚地认识到……随着狭义相对论和广义相对论的出现，对称定律获得了新的重要性：它们与动力学定律之间有了更完整而且相互依存的关系，而在经典力学里，从逻辑上来说，对称定律仅仅是动力学定律的推论，动力学定律则仅仅偶然地具备一些对称性。并且在相对论里，对称定律的范畴也大大地丰富了。它包括了由日常经验看来绝不是显而易见的不变性，这些不变性的正确性是由复杂的实验推理出来或加以肯定的。我要强调，这样通过复杂实验发展起来的对称性，观念上既简单又美妙。对物理学家来说，这是一个巨大的鼓舞……然而，直到量子力学发展起来以后，物理学的语汇中才开始大量使用对称观念。描述物理系统的状态的量子数常常就是表示这系统对称性的量。对称原理在量子力学中所起的作用如此之大，是无法过分强调的……当人们仔细考虑这过程中的优雅而完美的数学推理，并把它同复杂而意义深远的物理结论加以对照时，一种对于对称定律的威力的敬佩之情便会油然而生。[①]

杨振宁教授的这段话言简意赅，但对尚未学习理论物理的人来说，似乎有点抽象，不太好懂。其实，我们学过的中学物理学中，有很多有关对称性方面的定律，只不过没有用"对称性"这样的深度来描述它罢了。例如，与能量守恒定律相联系的对称性是时间平移的对称性，即物理规律在t时刻成立，那

① 《杨振宁文录》，杨振宁著，杨建邺选编，海南出版社，2002，122页。

么在另一时刻 t' 它也应该成立——在牛顿时代成立的规律在21世纪照样成立；与动量守恒定律相联系的对称性是空间平移对称性，即物理规律不因空间位置平移而改变——在美国华盛顿特区成立的规律在中国北京照样成立。与角动量守恒相联系的是空间转动的对称性，即空间具有各向同性，物理规律不因空间转动而改变——无论在地面或者在随地球转动的空间站，物理规律都同样不变。

▲ 年轻时的杨振宁教授

2. 宇称和宇称守恒定律

上面提到的都是经典力学中的对称性，是最简单的一些对称性，它们反映了时间和空间是均匀的、各向同性的。这些对称性都是基于对某种连续变换的不变性。除了连续变换的不变性以外，经典力学还具有一种分立变换下对称性，即在空间坐标反射变换下的不变性。牛顿定律就具有空间坐标反射不变性。例如，质量为 m 的物体在外力 F 的作用下，沿 AB 做加速度为 a 的匀加速直线运动，且

$$a = F/m,$$

a, F, AB 具有相同的方向（如图）。如果做空间反射［即用坐标 $(-x, -y, -z)$ 代替坐标 (x, y, z)］，运动轨迹即为 $A'B'$，力 F 为 F'，F' 与 $A'B'$ 方向仍一致，牛顿定律为

$$a' = F'/m$$

即质量为 m 的物体的运动规律在空间反射下仍然不变。但这种左右对称性是一种分立变换下的对称性，即不是连续变化的。经典力学虽然具有这种对称性，但却找不到相应的守恒量，因而不

产生守恒定律。这样，左右对称在经典力学里就不具有十分重要的实用意义。但是在量子力学中，分立变换下的对称性与连续变换下的对称一样，可以找到守恒量，形成守恒定律。这个守恒量被称之为“宇称”（parity，用以描述粒子在空间反演下变换性质的量子数），这个守恒定律就是宇称守恒定律。

宇称的概念最早是由维格纳引入的。1924 年，正在进行铁光谱研究的拉波特（O. Laporte，1903—1971）发现，铁原子的能级分为两种，后来把它们分别称为“奇”、“偶”能级。如果只发射或吸收一个光子，则在这些能级跃迁中，能级总是由奇变偶，或由偶变奇。1927 年 5 月，维格纳用严密的推导证明，拉波特的经验规律是辐射过程中左右对称的结果。维格纳的分析和论证，正是借助于“宇称”和“宇称守恒”的观点。他将偶能级定义为带有正宇称，奇能级为负宇称。拉波特发现的规律正好反映了辐射过程中宇称守恒，即粒子（系统）的宇称在相互作用前、后不改变，作用前粒子系统宇称如果为正，则作用后其宇称仍为正；作用前宇称为负，则作用后亦为负。如果作用前、后宇称的正负发生了改变，则宇称不守恒。维格纳还指出，与宇称守恒相关联的对称性就是左右对称，或空间反射不变。

维格纳的基本思想很快被吸收到物理学语言中。由于在其他三种相互作用中，宇称守恒是毫无疑问的，于是这一思想就迅速被推广到原子核物理、介子物理和奇异粒子物理中的弱相互作用中。[①]而且，这一推广颇有成效，于是物理学家们确信，宇称守恒定律又如能量、动量等守恒定律一样，是一条普遍有效的规律。从宏观现象得到的左右对称的规律，也“完全适用”于微观世界。

3. $\theta-\tau$之谜

在科学史上，科学家经常采用扩大已发现规律的应用范围向未知领域进行探索。1959 年诺贝尔物理学奖获得者赛格雷说过：

> 一旦某一规则在许多情况下都能成立时，人们就喜欢把它扩大

① 物体间的相互作用有四种：引力相互作用、电磁相互作用、强相互作用和弱相互作用。

到一些未经证明的情况中去，甚至把它当作一项“原理”。如果可能的话，人们往往还要使它蒙上一层哲学色彩，就像在爱因斯坦之前人们对待时空概念那样。①

宇称守恒定律的遭遇也正是这样，在1956年以前，它一直被视为物理学中的金科玉律，谁也没有想到去怀疑它。但到1956年，物理学家们的这一信念开始发生了动摇。发生动摇的原因是出现了一种佯谬，即“θ－τ之谜”。

1947年，美国物理学家鲍威尔（C. F. Powell, 1903—1969）发现了12年前日本物理学家汤川秀树（H. Yukawa, 1907—1981）预言的介子。不久，英国物理学家罗彻斯特（G. D. Rochester, 1908—2001）和巴特勒（C. C. Butler, 1922—　）从宇宙线中发现了一种中性粒子衰变为两个π介子的过程，这种中性粒子后被称为θ粒子，其衰变过程为

$$\theta \rightarrow \pi + \pi$$

1949年，布朗（R. Brown）等人又发现一个新粒子，即τ粒子，它可以衰变为三个π介子

$$\tau \rightarrow \pi + \pi + \pi$$

由于θ，τ粒子具有一些原先未曾预料到的奇怪性质，故被称为“奇异粒子”（strange particle）。根据实验测得，这两个粒子的质量、平均寿命非常接近，但是其衰变方式不同。1953年，英国物理学家达里兹（R. H. Dalitz, 1925—2006）和法布里（E. Fabri）指出，按照θ和τ的衰变公式，可以确定θ的宇称为正（亦称偶），而τ的宇称为负（亦称奇）。这当然不是什么了不起的问题，人们早就知道不同的粒子可以以不同方式衰变，正如不同的人可以以不同方式死去一样。问题在于这两个以不同方式衰变的粒子似乎是同一个粒子，如果真是同一个粒子，那么它们就没有遵守宇称守恒定律。

到1956年初，实验资料均证实了达里兹和法布里的论证。这就是说，按

① 《从X射线到夸克——近代物理学家和他们的发现》，E. 赛格雷著，夏孝勇等译，上海科学技术文献出版社，1984，287页。

照宇称守恒定律的要求——不允许同一个粒子既通过发射两个π介子又通过发射三个介π子进行衰变，θ和τ应该是不同的粒子。但是，这两个粒子的性质几乎完全相同，因而引起了普遍的猜疑，即物理学家只能在两种选择中决定取舍：

▲ 杨振宁和李政道

（1）要么认为θ和τ粒子是不同的粒子，以挽救宇称守恒定律；

（2）要么承认θ和τ粒子是同一种粒子，而宇称守恒定律在这种衰变中失效。

但是，左右对称这一原理毕竟具有那么悠久的历史，而且是那么“明显自然”，以致人们很难相信宇称会真的不守恒。所以，开始人们囿于传统的信念，根本不愿意放弃宇称守恒的观念，极力设法寻找τ和θ粒子之间的某种不同，以证明它们是不同的粒子。但这一切努力均劳而无功。于是物理学家陷入了迷惘，与此同时新的突破也在紧张的思索之中孕育着。这种情形正如杨振宁教授所说：

> 那时候，物理学家发现他们所处的情况曾被指出就好像一个人在一间黑屋子里探索出路一样，他知道在某个方向上必定有一个能使他脱离困境的门。然而究竟在哪个方向上呢？[①]

4. 杨振宁和李政道的建议

1956年9月，物理学界听到了一个他们不愿意听到的建议，提建议的人却认为他提出的建议有可能是“脱离困境的门”。

提这建议的人就是杨振宁教授。他在西雅图举行的一次国际理论会议上指出：

① 《杨振宁文录》，126页。

然而，不应匆忙即下结论。这是因为在实验上各种 K 介子（即 τ 和 θ）看来都具有相同的质量和相同的寿命，已知的质量值准确到二至十个电子质量，也就是说，准确到百分之一，而寿命值则准确到百分之二十。我们知道具有不同自旋和宇称值而与核子和 π 介子有强相互作用的粒子，不应该具有相同的质量和寿命。这迫使人们怀疑上面提到的 τ 和 θ 不是同一粒子的结论是否站得住。附带地，我要加上一句：要不是由于质量和寿命的相同，上述结论肯定会被认为是站得住的，而且会被认为比物理学上许多其他结论更有依据。①

接着，杨振宁和李政道（1926— ）于10月1日，在美国《物理评论》上发表了一篇名为《弱相互作用中宇称守恒的问题》的文章。他们在文章中指出，虽然在所有强相互作用中，宇称守恒的证据是强有力的，但在弱相互作用中，以往的实验数据对于宇称是否守恒的问题都不能给出回答。虽然以前在分析实验

▲ 杨振宁和李政道正在讨论问题。

数据时都预先假定宇称是守恒的，但实际上这种假定根本没有必要，也就是说，以前的实验安排得使宇称守恒或不守恒都不影响结果，因而整个衰变过程中，所完成的实验既不足以肯定、也不足以否定宇称守恒定律。原来物理学家由于一厢情愿地认为在弱相互作用中宇称是守恒的，结果竟受到自然界的愚弄。他们两人认为，也许在弱相互作用中宇称是不守恒的。而且他们还注意到，类似的情况不是唯一的，以前人们就知道至少有一个守恒定律（同位旋守恒）仅适用于强相互作用，而不适用于弱相互作用。他们在文章中明确

① 《杨振宁文录》，126 页。

提出:“为了毫不含糊地肯定宇称在弱相互作用中是否守恒,就必须进行实验以测定是否弱相互作用能把右和左区别开来，对这样一些可能进行的实验将加以讨论。”

这儿我们需要简单介绍一下弱和强相互作用。物理学家通过对亚原子粒子五十多年的研究,已掌握它们之间有四种不同的相互作用。现将其类型及强度列表如下:[①]

类型	强度(数量级关系)
强相互作用	1
电磁相互作用	10^{-2}
弱相互作用	10^{-13}
引力相互作用	10^{-38}

关于电磁和引力相互作用人们比较熟悉,这儿就不必赘述。强相互作用是把核子结合在一起的力以及核子和π介子之间的相互作用；弱相互作用最典型的例子是原子核的β衰变，后来物理学家发现π介子衰变、中微子过程等都属于弱相互作用。

物理学家对弱相互作用的研究,从发现β射线算起到 1956 年已有半个多世纪，如果从费米提出β衰变理论算起，也有 20 多年。但由于人们从未想到怀疑宇称守恒定律,所以虽然对弱相互作用(尤其是β衰变)做过大量实验,却没有一个实验能证明宇称是否守恒。

5. 物理学界反应冷淡

杨振宁和李政道的文章发表后,物理学界反应冷淡。当时在加利福尼亚理工学院任教的著名理论物理学家费曼（Richard Feynman， 1918—1988，1965 年获诺贝尔物理学奖)曾回忆说,他对宇称不守恒的看法是:

“人们后来嘲笑我，说我……因为害怕与这个鲁莽的想法联系

① 《杨振宁文录》,124 页。

在一起。我想，这个想法未见能成为事实，但也有可能成为事实，而且如果一旦成为可能，那将是十分激动人心的。几个月以后，一位名叫诺尔曼·拉姆齐[①]的实验物理学家问我，如果他做一个实验来检验宇称守恒在β衰变中是否会遭到违反，有没有价值。我明确地回答他，值得一做。虽然我感到，宇称守恒定律理应不会遇到反例，但也不是没有这种可能性。把这一点搞清楚很重要。‘你认为宇称守恒不会被违反，你敢用一百元和我的一元打赌吗？’他问我。‘不敢，但是五十元我敢。’‘这对我来说已经足够了。这个赌我打定了，这实验我做。’不幸的是拉姆齐后来没时间做这个实验，但我这五十元的支票，对他错过这个机会也许是一个小小的补偿。”[②]

费曼对宇称守恒的态度在当时来说还是比较开明的，其他绝大部分物理学家还远达不到费曼的认识水平，他们根本无法相信宇称竟会不守恒。普林斯顿高级研究院的弗里曼·戴森(Freeman Dyson，1923—)曾在《物理学的新事物》一文中，生动地描述了当时大多数物理学家的“蒙昧无知”。他写道：

▲ 美国物理学家弗里曼·戴森在杨振宁退休研讨会上发言。他说杨振宁是一位"保守的革命者"。杨振宁十分同意戴森的这一评论。

给我送来了一本（李政道和杨振宁论文)副本，我看过了。我看了两次。我说了“非常有趣”以及类似的一些话。但我缺

① 诺尔曼·拉姆齐(Norman Ramsey，1915—2011)，美国实验物理学家，1989年获得诺贝尔物理学奖。——本书作者注

② 《宇称守恒的崩溃》，马丁·伽德勒著，见《物理学和物理学家》，杨建邺等译，华中科技大学出版社，1987，271页。

乏想象力，所以我说不出“上帝！如果这是真的，那物理学将开辟出一个崭新的分支。”我现在还认为，除了少数例外，其他物理学家在那时和我一样缺乏想象力。”①

戴森的话一点也不夸张。例如被公认为物理直觉异常敏锐而且在量子物理发展过程中几乎是战无不胜的泡利，在1957年1月17日给韦斯科夫（Victor Weisskopf，1908—2002）的信中写道：“我不相信上帝是一个软弱的左撇子，我愿出大价和人打赌……我看不出有任何逻辑上的理由认为镜像对称会与相互作用的强弱有关系。”

信也好，不信也好，这是只有实验才能决定的是非。但是，没有多少实验物理学家作出积极的响应。正如戴森在上面提到的文章中所说：

自然可以想象，在得知李、杨的模型后，所有的实验物理学家都会立即去做这个实验。要知道这里提出的正是盼望已久的、能揭示新的自然规律的实验。但是，实验物理学家们，除极少数人以外，仍然默默地继续从事原来的工作。只有在哥伦比亚大学工作的吴健雄和美国国家标准局的同事们有勇气花费半年的时间来准备这个有决定意义的实验。

大多数实验物理学家对验证宇称守恒的实验所采取的态度，与1923年验证德布罗意提出的物质波时的情形相似：这个实验太难，还是让别人去做吧！

6. 吴健雄决定做这一个困难的实验

吴健雄于1934年毕业于南京的中央大学，获学士学位。1936年，从浙江大学物理系考入美国加州大学伯克利分校，先后当过劳伦斯（E. O. Lawrence，1901—1958，1939年获得诺贝尔物理学奖）和赛格雷的研究生。由于她刚强

① 《宇称守恒的崩溃》，马丁·伽德勒著，见《物理学和物理学家》，杨建邺等译，华中科技大学出版社，1987，272页。

坚定的性格、敏锐的物理思想和高超的实验技术，受到许多杰出物理学家的高度评价。赛格雷在他的《从 X 射线到夸克》一书中写道：

> 她的毅力和对工作的献身精神使人想起了玛丽·居里，但她更成熟、更漂亮、更机灵。她的大部分科学工作是从事β衰变的研究，并且在这方面作出了一些重要的发现。

她还跟泡利工作过一段时间，泡利对她十分敬重，他曾说："吴健雄这位中国移民对核物理这门学科的兴趣简直浓厚到了令人难以想象的程度。和她讨论核物理方面的问题，她会滔滔不绝，忘记了夜晚窗外早已是皓月当空。"

▲ 吴健雄（右 1）与奥本海默（中）、赛格雷合影。

1956 年当吴健雄决定做β衰变实验以验证宇称是否守恒时，吴健雄已经是β衰变物理实验研究方面最具权威的物理学家之一。当时吴健雄原本决定和丈夫袁家骝先到日内瓦出席一个高能物理会议，然后去东南亚作一趟演讲旅行。这是她 1936 年离开中国以后第一次回到东南亚，他们还准备到台湾作一次访问。

当杨、李希望吴健雄做这个实验时，吴健雄敏锐地认识到对于从事β衰变的原子核物理研究的物理学家来说，这是做一个重要实验的黄金机会，不可以随意错过。吴健雄在一篇文章中回忆了这件事：

> ……1956 年早春的一天，李政道教授来到普平物理实验室第十三层楼我的办公室。他先向我解释了θ—τ之谜。他继续说，如果θ—τ之谜的答案是宇称不守恒，那么这种破坏在极化核的β衰变的空间分布中也应该观察到：我们必须去测量赝标量……

……在李教授的访问之后，我把事情从头到尾想了一遍。对于一个从事β衰变物理的学者来说，去做这种至关重要的实验，真是一个宝贵的机会，我怎么能放弃这个机会呢……那年春天，我的丈夫袁家骝和我打算去日内瓦参加一个会议，然后到远东去。我们两个都是在1936年离开中国的，正好是在二十年前。我们已经预订了“伊丽莎白王后号”的船票。但我突然意识到，我必须立刻去做这个实验，在物理学界的其他人意识到这个实验的重要性之前首先去做。于是我请求家骝让我留下，由他一个人去。①

杨振宁说，当时只有吴健雄看出这一实验的重要性，这表明吴健雄是一位杰出的科学家，因为杰出科学家必须具有好的洞察力。杨振宁还说：

在那个时候，我并没有把宝都押在宇称不守恒上，李政道也没有，我也不知道有任何人押宝押在宇称不守守恒上……吴健雄的想法是，纵然结果宇称并不是不守恒的，这依然是一个好实验，应该要做，原因是过去，β衰变中从来没有任何关于左右对称的资料。②

▲ 与吴健雄合作做验证宇称守恒实验的美国国家标准局的三位物理学家：安布勒（右一）、海沃德（右二）和赫德逊（左一）。

吴健雄要做的实验也是杨振宁和李政道在论文中建议的一个实

① 《宇称不守恒发现之争论——李政道答《科学时报》记者杨虚杰问及有关资料》，季承、柳怀祖、滕丽编，甘肃科学技术出版社，2004，150页。

② 《杨振宁传——规范与对称之美》，江才健著，台湾天下远见出版股份有限公司，2002，266页。

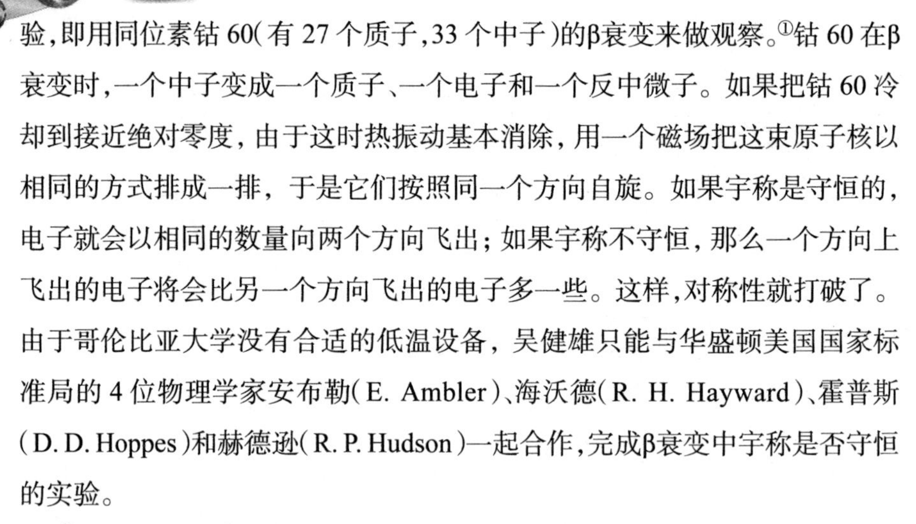

验，即用同位素钴60（有27个质子，33个中子）的β衰变来做观察。[①]钴60在β衰变时，一个中子变成一个质子、一个电子和一个反中微子。如果把钴60冷却到接近绝对零度，由于这时热振动基本消除，用一个磁场把这束原子核以相同的方式排成一排，于是它们按照同一个方向自旋。如果宇称是守恒的，电子就会以相同的数量向两个方向飞出；如果宇称不守恒，那么一个方向上飞出的电子将会比另一个方向飞出的电子多一些。这样，对称性就打破了。由于哥伦比亚大学没有合适的低温设备，吴健雄只能与华盛顿美国国家标准局的4位物理学家安布勒（E. Ambler）、海沃德（R. H. Hayward）、霍普斯（D. D. Hoppes）和赫德逊（R. P. Hudson）一起合作，完成β衰变中宇称是否守恒的实验。

7. 出乎泡利的意外，吴健雄的实验大获成功

随着吴健雄实验的进展，物理学界开始有更多的人关心和讨论这件事，气氛比半年前热闹多了，有趣的故事也多了起来。拉姆齐那时想利用橡树岭国家实验的设备做实验，以检验弱相互作用中宇称是否守恒。有一天，费曼遇见拉姆齐，问道："你在干些什么？"

拉姆齐回答说："我正准备检验弱相互作用中宇称守恒的实验。"

费曼这位在美国科学界才高八斗、满腹珠玑的卓伟之才立即说："那是一个疯狂的实验，不要在那上面浪费时间。"

"伟大的泡利"曾经和吴健雄一起工作过，他对她十分敬重。但泡利对宇称可能不守恒一直是极度怀疑的，所以当他从他以前的学生韦斯科夫那儿得知，吴健雄正准备用实验检验宇称守恒的时候，他立即回信给韦斯科夫说，由他的想法观之，做这个实验是浪费时间，他愿意下任何数目的赌注，来赌宇称一定是守恒的。

① 核极化实验是杨、李提出来的，但是用钴60做极化实验则是吴健雄提出来的。——本书作者注

还有一个关于泡利的故事。1956 年下半年，泡利听说吴健雄的实验小组进行的宇称守恒实验已经有了一些结果，心中不以为然。有一天，他在苏黎世遇见曾经在美国国家标准局工作过的坦默尔（G.M. Temmer），泡利对他说：

“像吴健雄这么好的一个实验物理学家，应该找一些重要的事去做，不应该在这种显而易见的事情上浪费时间。谁都知道，宇称一定是守恒的。”

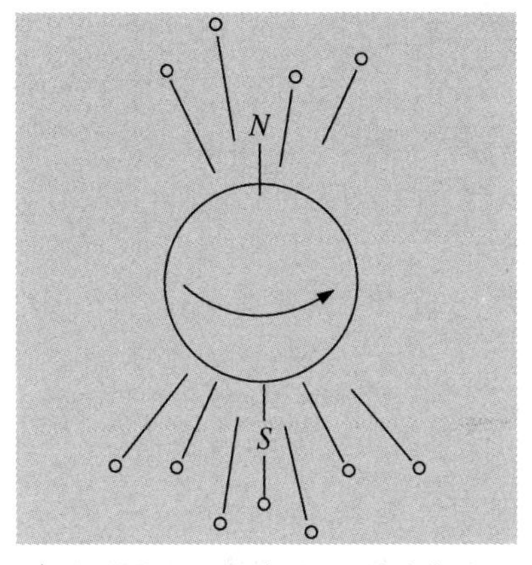

▲ 吴健雄用同位素钴 60 做的实验，证实在它衰变的过程中，不同的方向发射不同数量的电子。图中是 S 端（南端）发射更多的电子。

几个月以后，泡利又在哥本哈根玻尔理论研究所遇见坦默尔，虽然泡利已经记不得坦默尔的名字，但是还记得他的长相，于是他再次谈到吴健雄的实验，泡利十分武断地说：“是的，我还记得我们在苏黎世的谈话，这件事该结束了！”[①]

但泡利和费曼都没有料到，到了 1956 年圣诞节时，吴健雄小组的实验已经差不多可以说是成功地证明了宇称的确在弱相互作用中并不守恒。但吴健雄却仍然难以相信自然界竟有如此奇怪的事情，她唯恐实验中有什么没注意到的错误，所以当她把他们小组的实验结果告诉杨振宁和李政道时，她叮嘱他们暂时保密，她还需要对实验作再次检查。

但年轻的杨振宁和李政道显然觉得吴健雄过分谨慎，在 1957 年 1 月 4 日哥伦比亚大学物理系例行的“星期五午餐聚会”上，迫不及待地把实验的结果告诉了与会的人。1 月 5 日，杨振宁给正在加勒比海度假的奥本海默发了一封电报，把吴健雄的实验结果告诉了他。奥本海默回电只有几个字：“走出了房门。”

奥本海默这样回电是因为 1956 年杨振宁在一次报告中曾经说：“物理学

① 《吴健雄：物理科学的第一夫人》，江才健著，复旦大学出版社，1997，186—187 页。

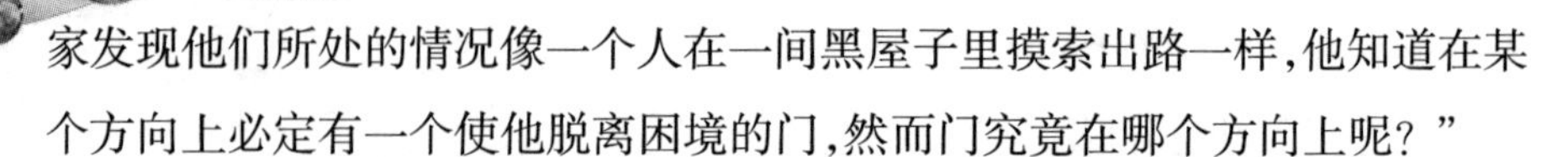

家发现他们所处的情况像一个人在一间黑屋子里摸索出路一样，他知道在某个方向上必定有一个使他脱离困境的门，然而门究竟在哪个方向上呢？”

1月15日星期二，这一天哥伦比亚大学做了一件没有先例的事：为这一新发现举行了一次新闻发布会。拉比说道：“在某种意义上，一个相当完整的理论结构已从根本上被打碎，我们不知道这些碎片将来如何能再聚在一起。”

这是一个清楚的告示：宇称不守恒现在就正式被承认了。次日，《纽约时报》发表了一篇编辑部文章，标题是《外表与真实》。文中解释了这项实验的巨大重要性，在最后的一段话还写道：

“人们相信，通往建立一个关于构成物质宇宙的基本单元的统一理论方面，这个实验（宇称不守恒的发现）移开了主要路障。理论会是什么样子，也许还要花上二十年时间，但是物理学家们现在感到有信心，他们至少从现在的‘宇宙丛林’里找到了一条出路。”①

瑞士欧洲核子研究中心《CERN 信使》编辑弗雷泽（Gordon Fraser）写道：“就在当年，31岁的李政道和35岁的杨振宁获得了诺贝尔物理学奖，他们的发现也成为物理学史上的一个里程碑。”②

现在，人们很难想象当时物理学家在得知这一结果时的心情。他们感到极度地震惊，不少人还默默期望，也许在其他弱相互作用中宇称仍然是守恒的。但是，以后所有的实验都毫无例外地证明：在强相互作用中，宇称守恒定律是不可动摇的，但在弱相互作用中，这个定律不起作用。

“θ－τ之谜”最终被解开了，这是一个无可比拟的、重大的革命性进展。剑桥大学的物理学家奥托·弗里什（Otto Frisch，1904—1979）在当时一次演讲中说：

“‘宇称是不守恒的’这样一句令人难解的话语，像新的福音一样传遍了全世界。”

① 《宇称不守恒发现之争论——李政道答《科学时报》记者杨虚杰问及有关资料》，季承、柳怀祖、滕丽编，甘肃科学技术出版社，2004，123页。

① 《反物质：世界的终极镜像》，戈登·弗雷泽著，江向东等译，上海科技教育出版社，2002，123页。

阿伯拉罕·派斯说：

> 李政道和杨振宁的建议，导致了我们对物理学理论根本结构的认识的一次伟大解放。原理再次被判明是一种偏见……T.D.和弗兰克，这是熟人对他们的称呼，他们风雅而又机智，对物理学有超凡的洞察力和有条不紊的本领。他们的意见被理论家和实验家们所敬重。在这方面，他们颇有一点已故的费米的风格。①

吴健雄在完成实验以后，有两个星期几乎无法入眠。她一再自问道：为什么老天爷要让她来揭示这个奥秘？她还深有体会地说："这件事给我们一个教训，就是永远不要把所谓'不验自明'的定律视为是必然的。"②

最让人们关心的也许是泡利，他在此之前是那样信誓旦旦地肯定宇称决不会不守恒，现在会怎么说呢？幸好留下了1957年1月27日他给韦斯科夫的信。他在信中写道：

"现在第一次震惊已经过去了，我开始重新思考……现在我应当怎么办呢？幸亏我只在口头上和信上和别人打赌，没有认真其事，更没有签署文件，否则我哪能输得起那么多钱呢！不过，别人现在是有权来笑我了。使我感到惊讶的是，与其说上帝是个左撇子，还不如说他用力时，他的双手是对称的。总之，现在面临的是这样一个问题：为什么在强相互作用中左右是对称的？"③

在写信给韦斯科夫之前的1月19日，泡利还写了一封信恭贺吴健雄的成功。在信上泡利说，自然界为什么只让宇称守恒在弱相互作用中不成立，而在强相互作用中却仍然成立，感到十分迷惑。泡利的迷惑，直到现在仍然没有找到答案。

① 《基本粒子物理学史》，A·派斯著，关洪、杨建邺等译，武汉出版社，2002，678页。(这本书的英文书名是 *Inward Bound*，请读者注意。这是一本被《美国科学家》杂志(1999年11—12合刊号)评为"影响20世纪科学的一百本书之一")

② 《吴健雄：物理科学的第一夫人》，江才健著，复旦大学出版社，1997年，193页。

③ 《物理学和物理学家》，杨建邺等译，华中科技大学出版社，1987，277页。

▲杨振宁(前排左1)和李政道(左2)在诺贝尔奖授奖典礼上。

由于吴健雄和后来几个实验成功地证实宇称在弱相互作用中可以不守恒，杨振宁和李政道迅速于1957年获得诺贝尔物理学奖。费曼说这是最迅速的获奖,从提出假设到获奖只有一年的时间。至今这还是空前的纪录!

8. 值得深思的问题

震惊之后,人们开始想到,为什么在这个重大历史转折点上,恰恰是三位华裔物理学家引导物理学界迈过历史的门槛,解决了一个"物理学理论根本结构"的问题,使人们的根本认识发生"一次伟大解放"呢?美国一位科幻杂志编辑小坎佩尔(John Campbell, Jr.)推测,也许在西方和东方世界文化背景中的某些差异,促使中国科学家去研究自然法则的不对称性。《科学美国人》(*Scientific American*)的编辑、著名科学作家伽德勒(Martin Gardner)更认为,中国文化素来强调和重视不对称性。他以中国的"阴阳图"符号为例说明他的思考。阴阳符号是一个非对称分割的圆,并涂成黑白(或黑红)两色,分别代表阴和阳。阴阳表示了自然界、社会以及人的一切对偶关系,如善恶、美丑、雌雄、左右、正负、天地、奇偶、生死等等,无穷无尽。而且最妙的是每一颜色中有另一颜色的小圆点,这意思是指出阴中有阳、阳中有阴;丑中有美、美中有丑;奇中有偶、偶中有奇;生中有死、死中有生;对称中有不对称、不对称中有对称……这种不对称性的思想传统也许早就使杨振宁和李政道受到潜移默化、耳濡目染的影响，使他们比更重视对称性的西方科学家更容易打破西方科学传统中保守的一面。①

▲ 中国古代学说中的阴阳图

伽德勒的见解很有意思，也许还值得商榷，但东方文化（尤其是中国文化）远从莱布尼茨起就受到西方杰出科学家的重视。英国科技史学家李约瑟（J. Needham，1900—1995）说：

> 17世纪的欧洲大思想家中，以莱布尼茨对中国思想最为向往，许多文献里都载有他对中国的浓厚兴趣。②

到20世纪70年代以后，人们已经看到，科学的整体化时代正在到来，这时国内外开始惊讶地发现，在西方所谓系统、协同等新颖的观念，在中国古代科学中竟然如此丰富，有的已形成了一定的理论体系，它们将会对现代科学中的综合起到巨大作用，可以帮助现代科学更有效地突破旧框架的束缚。1977年诺贝尔化学奖获得者普里高津曾经说："我们正向新的综合前进，向新的自然主义前进。这个新的自然主义将把西方传统连同它对实验的强调和定量的表述，同以自发的组织世界的观点为中心的中国传统结合起来。"③他还说："中国文化是欧洲科学灵感的源泉。"

普里高津的话显然值得深思，还有一件事也值得一提。1957年的诺贝尔物理学奖迅即授给了杨振宁和李政道两位中国年轻的物理学家，这显然与吴健雄（以及莱德曼等人）的实验证实有密切的关系。但是奇怪的是吴健雄竟没有获得诺贝尔物理学奖，这恐怕是诺贝尔奖授奖史上的一个极大的遗憾。在诺贝尔物理学奖的颁奖历史中，因为用实验证实一个新的重要物理理论

① 《物理学和物理学家》，杨建邺等译，华中科技大学出版社，1987，278—279页。

② 李约瑟：《中国之科学与文明》，台湾商务印书馆，第三册，236—237页。

③ 普里高津，斯坦格尔："对科学的桃战"，《普里高津与耗散结构理论》，陕西科技出版社，1982，45页。

而获诺贝尔物理学奖的事例很多。例如，1925年詹姆斯·弗兰克和古斯塔夫·赫兹证实玻尔的氢原子理论；1936年卡尔·安德森用实验证实狄拉克的正电子理论；1937年克林顿·戴维逊和G. P. 汤姆逊用实验证实德布罗意的物质波理论等等，他们都因为实验的成功而获得诺贝尔物理学奖。吴健雄的实验意义非同一般，但是何以没有得到诺贝尔奖，实在让人不解。

十六、负能态之谜

> 人们如何来作出一种预言呢？基本要求则是要有一个对其有很大甚至极大信赖的理论。必须准备寻求这一理论的结果，而且意识到决心接受这些结果，却不论这些结果会导致何处。
>
> ——P. A. M. 狄拉克

狄拉克由于他对现代理论物理学的卓越贡献，被公认为20世纪最伟大的理论物理学家之一。海森伯曾经说："对于20世纪本质上崭新的物理图像的建立来说，是普朗克发现作用量子的贡献大，还是狄拉克发现反物质的贡献大，是一个可以争论的问题。"美国当代著名物理学家惠勒认为："狄拉克的贡献表明，爱因斯坦的新发现从某种意义上说尚未结束，还可以考虑简朴和美，以得出明确的公式……"

1. 玻尔问狄拉克："你现在做什么工作？"

20世纪20年代末，大部分非相对论量子现象已经分析得差不多了，下一步应该将量子理论和相对论理论统一起来。当时，实际上已经有一个相对论性波动方程，现在多称为克莱因—戈登方程（Klein-Gordon Equation）。它就是薛定谔开始发现的一个量子力学方程，因为它的结果不能与实验数据相符，薛定谔没有发表，后来又由瑞典物理学家奥斯卡·克莱因（Oscar Klein，

▲ 英国物理学家狄拉克

1894—1977）和德国物理学家沃尔特·戈登（Walter Gordon，1893—1939）独立发现后发表了这一方程。许多物理学家对这一方程十分满意，这从下面的一件事就可以看出。1927 年 10 月在布鲁塞尔举行的索尔维会议上，玻尔问狄拉克：

"你现在做什么工作？"

"我正尝试搞出一种相对论性的电子理论。"狄拉克回答道。

"可是克莱因已经解决了这个问题。"玻尔说。

狄拉克听了玻尔的话颇有点吃惊，因为他认为对克莱因—戈登方程表示满意是没有道理的。因此对他所钦佩的玻尔竟然也表示满意这个方程感到非常吃惊。

狄拉克不满意的原因是因为克莱因—戈登方程导出了负几率。为了解释某事件、行为的几率（比如一种疾病在某地区出现的几率），它总应该是正的，负几率不符合狄拉克对量子力学的物理诠释。1978 年狄拉克曾在《反物质的预言》（*The prediction of antimatter*）一文中回忆当时的情形：

> 当时在与其他物理学家的磋商中，我惊奇地看到他们在接受克莱因—戈登理论上处于何等满足的状况，而他们并不感到存在着这样的困扰，即人们实际上正在违背着我曾解释的那一极为漂亮而有效的动力学基本原理。我对上述状况极不满意，并且我集中精力研究它，感到应该能够找到一个更好的波动方程，使其既适合于一般变换理论又适合于相对论。①

① "The prediction of antimatter", Ann Arbor, University of Michigan. The 1st H. R. Crane Lecture, April 17, 1978.

2. 狄拉克方程

1928 年 1 月，狄拉克用四行四列矩阵代替泡利的二行二列σ矩阵后，成功地把非相对论性的薛定谔方程推广于相对论情况，得到了著名的狄拉克方程。这一方程立即带来了四项伟大的成就：

（1）电子的自旋是狄拉克方程自然而然的推论，而不像薛定谔方程需要人为地加上去；（连狄拉克也惊讶地说："这是一个未曾预料到的额外收获，当时我并没想到得出一个有关电子自旋的理论。"）；

（2）电子的磁矩值可以直接从方程得到；

（3）应用到氢原子时，方程能够自动得到氢光谱精细结构的索末菲公式；

（4）可以计算出光和相对论性电子的相互作用。

以上四项胜利表明，狄拉克方程将量子力学中原来各自独立的主要实验事实，统一到一个具有相对论性不变的框架里。但是，与取得这些巨大成功的同时，也出现了一个严重的困难，这就是"负能态之谜"，这个困难的严重性可由海森伯的一句话充分表明，他说：

▲ 德国物理学家海森伯

"直到那时（1928 年），我具有这样一种印象，在量子论中，我们已经回到了避难所，回到了避风港中。狄拉克的论文又一次把我们抛到了海里。"①

他甚至对泡利说："现代物理学最令人悲哀的一章就是而且仍然是狄拉克的理论。"

① 《科学与哲学》，1986 年，第 4 辑，166 页。

"负能态之谜"到底是怎么回事？为什么它竟然成了"最令人悲哀"的东西呢？事情是这样的，由狄拉克方程可以得出，电子应当有四个内部状态，于是其能级是非相对论性解的四倍。薛定谔方程在人为地引入自旋后，能级只变成二倍。在狄拉克方程得到的四个内部状态中，狄拉克成功地解释了其中的两个状态，这就是我们上面提及的电子的自旋。这个意外的成功，使人们第一次可以解释粒子的内禀性质。但是，还有两个状态意味着什么呢？狄拉克认为这种状态数加倍的原因是由于存在负的能量。这在物理学史上是一件非常有趣而又令人深思的事件。根据相对论中能量与动量之间的联系式

$$E^2 = c^2p^2 + m^2c^2$$

可以得到

$$E = \pm\sqrt{c^2p^2+m^2c^2}$$

在经典物理学中，E 的正值是唯一的解，负值肯定会被作为"增根"而被舍去。不是吗？负能量有什么物理意义？就像一个中学生在做代数题时，求出现在运动场上的人数时得到一个负值，这位学生一定会非常自信地把这个负数作为"增根"舍去——因为负人数没有实际意义。最开始，狄拉克也认为 E 的负值解应该舍去。

但是到 1928 年 6 月，他有了新的看法。他认为在量子力学中不能将负值作为增根删去，相应于负的能量值的解应当具有物理意义。这样，每一个自旋方向都有 E 的两种解，粒子总共就有 $2 \times 2 = 4$ 个内部状态。如果我们为狄拉克方程能自动导出自旋、磁矩而备感高兴的话，那么负值解就没有理由随意舍去。

3. 负能态之谜

可是，如果电子具有负能状态的话，这不仅让物理学家们感到过分离奇，而且会引出很多佯谬。

首先，由于负能级没有下限存在，原子结构的稳定性成了问题。因为根据量子力学原理，力学量可以从一个值不经中间值而跳到另一值。这样，一

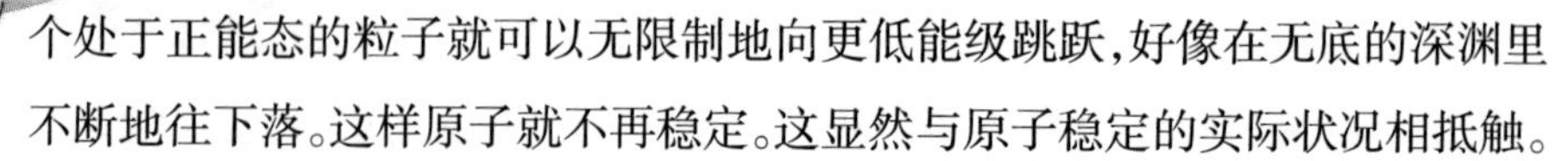

个处于正能态的粒子就可以无限制地向更低能级跳跃,好像在无底的深渊里不断地往下落。这样原子就不再稳定。这显然与原子稳定的实际状况相抵触。

其次,负能态电子的行为将难以解释。对一般电子,当它与其他粒子相碰撞时,它将减少动能并最终停下来;但对负电子却有迥然不同的结果,当它与其他粒子相撞并损失能量后,它可以跃迁到负能级并不断加速,直到它的速度等于光速。这与相对论又发生了冲突。

这些佯谬不仅使海森伯感到"悲哀"和"恼火"(他曾经对泡利说:"为了不总是为狄拉克的理论而恼火,我换着做点别的工作。"),就是狄拉克本人也感到困难重重。他曾写信给克莱因说:"在我要解决 $\pm E$ 的困难尝试中,没有得到任何成功……"

这里有一个小小的插曲,足以说明要想解决"负能态之谜"是多么困难。1929 年 8 月,狄拉克和海森伯恰好同船去日本讲学,看来在这种心境从容,宜于感受美丽大自然风光和令人易于遐想的航程中,他们一定会不失时机地对负能态困难进行讨论。派斯曾就此事专门问过狄拉克,狄拉克的回答令人感到意外:"1929 年海森伯和我穿过太平洋并一道在日本待了一段时间,但我们没有在一起进行任何技术性讨论。我们都只是想要休假,躲开物理学。"①

4. 空穴理论和反物质

到 1929 年 12 月,经过一年多的艰难探索,狄拉克提出了一种新的真空理论——"空穴理论"(hole theory),用以防止电子的灾难性加速。我们平时所说的"真空",在狄拉克的新理论看来并非真正空无一物,而是所有电子负能态的"空穴"都被电子填满,形成一种所谓"负能态的电子海洋"。而与此同时,所有正能态都未被粒子占据。这也就是说真空是负能态填满而正能态真空的状态,这是能量最低状态。

为什么这种真空理论可以避免正能态的电子向负能态跃迁呢?这要涉及到泡利的不相容原理。这是一个由实验总结的普遍原理,它告诉我们,每

① 《科学与哲学》,1986 年,第 4 辑,167 页。

一确定的电子状态只能容纳一个电子，通俗地说就是一个巢不允许歇两只大公鸡。负能态的空穴既然已经被电子填满，那么正能态的电子理所当然地就不能再往负能区域跃迁，这样就保住了原子的稳定性。你看，物理学家为了避免负能态引起的困难，他们要以引入这么复杂的"真空"为代价！

历史发展到这里，似乎又回到了早已被否定的真空观点。亚里士多德认为，真空并不存在，笛卡尔也持相同的观点。自然哲学长期认为"自然厌恶真空"。正是由于这一观点直到伽利略时期都占统治地位，所以当科学家发明气压计、空气泵时，引起了普遍的、极度的震惊。直到法国物理学家帕斯卡才得出了相反的结论："真空在自然界不是不可能的，自然界不是像许多人想象的那样以如此巨大的厌恶来避开真空。"[①]

到了 20 世纪 30 年代末，真空又不是"什么也没有了的"状态，而且它还是一个非常复杂的体系。狄拉克的真空理论离日常知识太远，不易为人们理解，连泡利都认为，狄拉克的真空是无法接受、荒唐无稽的。但狄拉克坚持认为他的真空图像"在物理上……是十分适当的"。

假如真有这种空穴，那么带正能量的电子就可以将它填满。这样我们可以把这种现象描述成是正粒子和反粒子（antiparticle）互相抵消了。这样，反物质（antimatter，反粒子组成的物质）的概念就出现了，狄拉克的空穴就是反电子。

关于反物质，早在 1898 年就曾由英国科学家舒斯特（A. Schuster，1851—1934）大胆地作过预言。他认为既然物质是由带正、负两类电荷组成，那么物质也应该有正、反两种。他甚至预言在宇宙空间可能存在着反物质组成的恒星和星云。但舒斯特的预言仅仅是一种臆测，没有精密的科学论断，故而鲜为人知。狄拉克的情形与舒斯特有很大不同，他的反物质有严格的理论推导。但是，有谁见过这种反粒子呢？

本来狄拉克从理论上认为，由正、负能量应完全对称的观点出发，该粒子

① 《物理学史》，F. 卡约里著，内蒙古人民出版社，1981，73 页。

应该具有与电子相同的质量。但当时人们已知带正电的粒子就是质子，而且物理学家们确信自然界里只有质子和电子两种基本粒子（中子那时尚未发现），这是因为人们认为既然电性只有正、负两种，那就只需要两种粒子就足够了：带负电的有电子，带正电的有质子。多么美妙，多么简单！狄拉克虽然明知质子与电子在质量上差异太大，但囿于传统观点的束缚，他不得不认为他的空穴所描述的、带正电的反粒子就是质子。狄拉克在1930年的论文中写道：

> 我们不得不假设……具有负能量的空穴就是质子。当具有正能量的电子落入空穴并填满它时，我们应当观察到电子和质子将同时消失，并伴随着辐射的释放。①

5. 狄拉克的假设受到广泛的批评

但空穴的质量比电子大约2000倍这一事实，总使人感到事情有些蹊跷。即使是狄拉克不得不假定空穴就是质子，但他对此也表示十分的忧虑。在同一篇文章中他说：

“只要忽略相互作用，在电子和质子间人们就可以看到一种完全的对称；人们可以把质子看成是真实粒子，把电子看成是在负能质子分布中的空穴。然而，在考虑到电子间的相互作用时，这一对称就被破坏了。”

▲ 美国物理学家奥本海默

对于非常强调数学美的狄拉克来说，这一对称的破坏本可促使他作出新的选择，但他缺乏勇气。一直到别人提出了反对意见，他才最终决定突破传统框架的束缚。

首先是奥本海默提出批评。1930年2月，

① Dirac, *Proc. Roy. Soc.*, A126, 360(1929), also Nature, 126, 605(1930).

奥本海默指出，如果质子是电子的反粒子，那么普通的电子就应当落入到原子核里的质子怀抱中，结果由于电子与质子的湮灭，整个原子将不稳定。他还计算了湮灭的速度，得出普通物质寿命仅有 10^{-10} 秒左右。这显然与现实世界的稳定性相矛盾。1930 年 4 月，前苏联物理学家塔姆（I. E. Tamm，1895—1971）独立地得出了与奥本海默相同的结论，他指出：“这一结果是狄拉克质子理论的基本困难所在。”[①]1930 年 11 月，德国数学家韦尔（H. Weyl，1885—1955）改变了狄拉克原来认为空穴就是质子的建议，采取了一种新的立场：

不论这一观点最初有多么大的吸引力，但如果不引入深刻修正的话，它肯定不可能站得住脚……的确，根据（空穴理论中的）“质子”的质量应与电子的质量相同……现在似乎还看不到这个问题的解决：我担心悬在这一课题上的乌云会滚动到一处而形成量子物理中的一个新危机。[②]

1931 年 5 月，狄拉克接受了批评，“硬着头皮”说：“如果存在一个空穴的话，它将是一种实验物理学尚不知道的新粒子，它具有与电子相同的质量和相反的电荷。”[③]狄拉克最初将这个预言中的新粒子叫“反电子”（anti-electron），后来美国物理学家安德森（Carl David Anderson，1905—1991）称它为“正电子”（positron，即 positive electron）。

6. 一张“错的”照片

1931 年 10 月，安德森研究宇宙射线的磁云室（magnetic cloud chamber）开始正式工作。正是宇宙射线的研究使安德森发现了正电子。这其间有许多离奇有趣的故事，其中有一些故事恐怕会让读者大吃一惊呢！

我们知道，宇宙射线（cosmic rays）里有大量高速运动的原子核，主要是氢核，也就是质子，也包含一些氦核和其他微量的更重的核。这些宇宙射线粒

① I. Tamm, *Zeit. f. Phys.* 52, 853(1930).

② H. Weyl, *The Theory of Groups and Quantum Mechanics*, transl. H. P. Robertson, Preface, Dover, New York (2nd).

③ Dirac, *Proc. Roy. Soc.*, A133, 60 (1931).

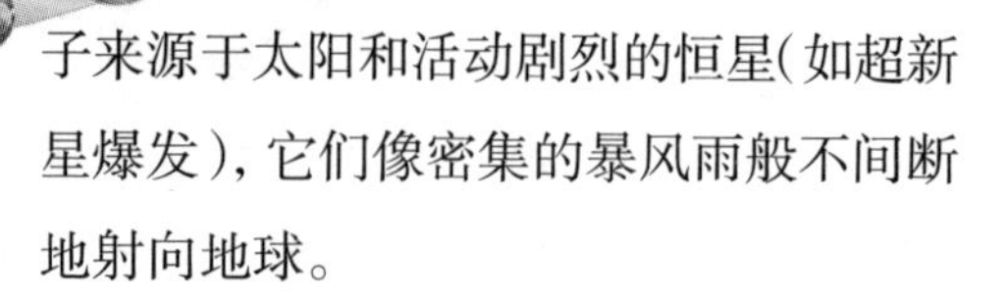

子来源于太阳和活动剧烈的恒星(如超新星爆发),它们像密集的暴风雨般不间断地射向地球。

射向地球的宇宙射线粒子在穿过宇宙空间时,又被宇宙空间里由各恒星产生的磁场加速,使它们获得更高的能量。在科学家还没有制造出加速器以前,核物理学家就只能利用宇宙射线中的高能粒子,引起一些核反应来研究基本粒子。宇宙射线不像放射性物质那样容易控制,所以逼得科学家常常爬上高山,或利用热气球到高空做实验,那儿有更集中的宇宙射线粒子。

▲ 美国物理学家安德森,1936 年因为发现正电子获诺贝尔物理学奖。

美国物理学家密立根(Robert Andrews Millikan, 1868—1953)是当时世界上研究宇宙射线最有名气的物理学家之一,正在为宇宙射线的起源作最后的努力,因此安德森必须服从导师研究的大方向,集中精力来研究宇宙射线。

1930 年, 25 岁的安德森计划用云室做他的博士论文研究。他用的云室因为加了一个很强的磁场,所以又称为"磁云室"。加了磁场以后,宇宙射线里的带电粒子在云室里就会发生偏转,于是留下的径迹就成了各种优美的曲线,而不再是千面一孔的直线。根据这些优美的曲线,物理学家可以作出以下辨别:

(1)根据偏转的方向,可以用在高中物理学过的"右手定则"(right-hand rule)来判定粒子所带电荷的正负:带正电荷的粒子与带负电荷粒子的偏转方向正好相反;

(2)根据偏转的程度,即径迹曲率的大小,可以判别粒子的速度(亦即能量)的大小。粒子速度越快,它偏转就越不容易,它的径迹就越"僵直"(即曲率越小);

(3)根据径迹的宽度和密度,可以判定粒子的质量。这就像在新下的雪地上，我们可以根据雪面上留下的径迹，判断是小鸟还是小猫在雪地上走过一样。如果是重粒子，由于它们不断与气体原子相撞，留下的径迹就又粗又清晰。所以一个质子留下的径迹，与一个电子留下的径迹是大不相同的，有经验的研究者一眼即可分辨得出来。

安德森使用的磁云室当时是世界一流的，因为他们磁云室的磁场是世界最强的，达到地磁强度的 10 万倍，所以带电粒子在他的磁云室里偏转的径迹很容易识别。

有一天，磁云室里出现的几条淡淡的径迹让安德森大吃一惊。从径迹的宽度、密度他一眼认出，这是电子经过磁云室留下的径迹；但从径迹偏转的方向来看，它与电子径迹偏转的方向正好相反，也就是说安德森新发现的径迹应该是带正电的电子径迹。

可是，安德森并不知道英国狄拉克提出正电子这件事，因此安德森百思不得其解。当然，他可以退一步思考，认为这条奇怪的径迹是带正电的质子留下的径迹，但安德森见过无数电子径迹，他不相信这奇怪的径迹是质子留下的。质子的质量是电子的近 2000 倍，其径迹比电子的要粗许多，密度也大得多。安德森还可以退一步认为，这条奇怪的径迹不是通常由上向下运动的电子留下的，而是由下而上运动的电子留下的。我们知道，同一带电粒子运动方向相反时，它们偏转的方向恰好相反。但宇宙射线通常都是从天上射来，应该由上而下，现在说这奇怪的径迹是由于地球“反弹”而射向天空，未免牵强附会，难以自圆其说。而且，后来安德森发现大量这样奇怪的径迹，多得根本无法用从下面“反弹”来解释。但他又拿不出更好的解释。

在安德森发现这一奇怪现象时，密立根正好在欧洲进行学术活动，于是安德森迫不及待地寄去 11 张最清楚的磁云室照片。密立根是一个好大喜功的人，他立即把这些照片给欧洲同行们看，并且声称：“这是质子的径迹。”但欧洲同行们不同意这种意见，因为对质子来说这些径迹太不清楚了；他们多数认为它们是电子的径迹。

密立根回到加州理工学院后，安德森也犹疑地认为可能是向上运动电子的径迹。但密立根却坚持认为，宇宙射线只能向下而不会向上运动。因此，这奇怪的径迹只能是质子引起的，而且他还把安德森的照片作为他的宇宙射线理论的证明。学生争不过导师，因此论文发表时安德森只好认为这条无法解释的径迹是质子留下的。

▲ 磁云室发现的正电子径迹。图中磁场的方向为垂直纸面向里。

后来，安德森想了一个绝妙的主意，它在磁云室中间横着放了一块 6 毫米厚的铅板。如果粒子从上而下飞进磁云室，它们在经过铅板时会损失一部分能量，到了铅板下侧时运动会减慢，因而会弯曲得更厉害一些。由 1931 年就拍出的照片可以清楚看出，这个正电粒子是从上而下运动的，电子由下而上运动的猜测被彻底否决了。但是，安德森还是不同意密立根说的这是质子飞行留下的径迹，而认为应该是带正电的“类电子粒子”留下的。

安德森的发现很快被传开了，1931 年 12 月美国《科学新闻快报》登出了“错的”曲线径迹照片。这时他也许听说过狄拉克的研究，但在封闭的加州工学院的他并不明白其含义，因此他并不知道自己发现的是什么粒子。后来还是杂志的编辑建议把这个让人不安的正电粒子取名为“正电子”。安德森同意了。

1932 年 9 月，安德森在做了更多的实验观测后，更相信自己是对的，因此不顾密立根的反对，在《物理评论》上宣布，他发现了“质量必定比质子小很多”的带正电荷的粒子。幸亏他干出了这一近乎“鲁莽的举动”，否则他就会失去获得诺贝尔奖的机会了。①

① 《狄拉克：科学和人生》，赫尔奇 · 克劳著，肖明等译，湖南科学技术出版社，2009，80—81 页。

7. 英国物理学家布莱克特建奇功

因为正电子是人类发现的第一个反粒子，事关重大，因此有些故事还应该继续讲下去，否则读者不明白一个伟大的发现有多么困难。

一般科学书籍讲到安德森1932年底的文章发表后，就简而概之地告诉读者：由此，正电子被发现了。其实事情远没有这么简单。安德森不知道狄拉克理论，所以只是宣布他发现了一个"质量比质子小的"带正电的粒子，他并没有明确指出这种粒子是反粒子，也不知道它与电子的关系；他只不过猜测，当宇宙射线和空气相撞时，产生了一种与已有粒子不同的、带正电的新粒子。

而这时的欧洲物理学家，则远比安德森更多地了解狄拉克的理论。所以，当欧洲物理学家们看到安德森的文章和照片以后，他们就积极而认真地思考这样一个极重要的问题：安德森猜测的正电粒子是不是就是狄拉克理论中的正电子？如果是的，那么按照狄拉克的理论，当宇宙射线碰撞气体中的粒子时，如果产生了正电子，那一定同时还会产生一个电子；它们同时产生，并在磁云室中向相反的方向偏转，形成一个V形的径迹。安德森只看见正电子径迹，却没有看到V形径迹。

爱因斯坦说"是理论决定你看到什么"，实在太有道理了！

因此，安德森的发现，给欧洲物理学家还留下了很大一个施展本领的机会。卢瑟福手下的一班干将立即摩拳擦掌，杀上了战场。

有一个大个子物理学家叫布莱克特（P. Blackett, 1897—1974），1932年他在自己的磁云室里也独立地发现了"拐错了方向"的电子径迹。他可是近水楼台先得月呀，因为狄拉克的办公室就在他的实验室隔壁。可惜

▲ 英国物理学家布莱克特，1948年获诺贝尔物理学奖。

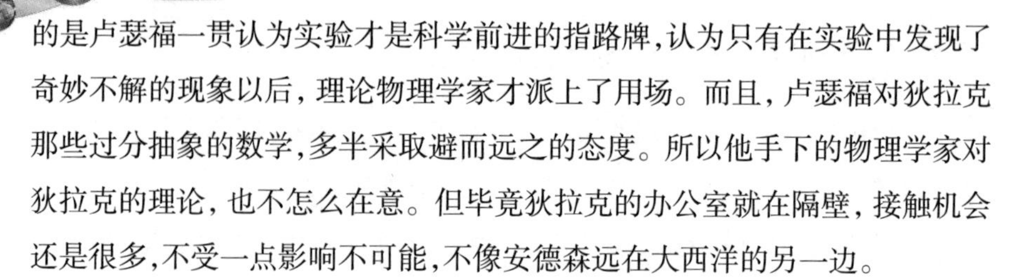

的是卢瑟福一贯认为实验才是科学前进的指路牌,认为只有在实验中发现了奇妙不解的现象以后,理论物理学家才派上了用场。而且,卢瑟福对狄拉克那些过分抽象的数学,多半采取避而远之的态度。所以他手下的物理学家对狄拉克的理论,也不怎么在意。但毕竟狄拉克的办公室就在隔壁,接触机会还是很多,不受一点影响不可能,不像安德森远在大西洋的另一边。

布莱克特发现"拐错了方向"的电子径迹,就想到了狄拉克的反电子理论,于是到隔壁询问狄拉克。可惜这位一字千金的狄拉克金口难开,两个人谈不到一块去。狄拉克也没有欣喜若狂地抓住这个实验来证实他的理论;而布莱克特对狄拉克那一套高度抽象的数学理论虽说不一定排斥,却也不甚了解。所以,他问了几句以后看着不愿意说话的狄拉克,只好耸耸肩离开了他的办公室。

幸运的是过了不久,和他在一起工作的奥卡里尼(G. Occhialin, 1907—1993)知道了安德森的发现,他们这才突然醒悟到,他们无数次地看到过正电子的径迹,但却视而不见。他们有好几百张宇宙射线的磁云室照片,上面显示出非常丰富的正电子,而且十分关键的是,他们的照片上还有正负电子对的V形照片!这可是狄拉克理论最佳的证明,而且也是安德森没有想到要找的东西。奥卡里尼是意大利人,比英国人容易冲动而且多几分浪漫,他立即带着这个了不起的好消息冲到卢瑟福的家里去报喜,他甚至激动地亲吻了为他开门的女佣。

▲ 在强磁场作用下,电子—正电子对的运动轨迹呈相反运动方向的螺旋形;在分开处形成一个倒V字形。

接着他们开足马力,全身心投入这场伟大的发现之中。到1932年深秋,他们收集了700张左右效果极佳的宇宙射线磁云室照片。在对它们进行了仔细的分析后,他们得出了如下结论:

(1)宇宙射线碰撞磁云室里气体的粒子时,每次碰撞大约产生10个正负电子对，它们在碰撞的地方成 *V* 字形分道扬镳；

（2）经过对径迹密度等的分析，可以断定正电子和负电子的质量没差别，数量精确相等。又因为地球上一般不存在正电子（出现后立即与电子一起湮灭成为辐射），所以，正负电子对是宇宙射线碰撞磁云室中气体原子核而产生的；

（3）每次产生一对正负电子对时所需的能量，可以根据爱因斯坦能公式算出，是电子（或正电子）质量的 2 倍（即 0. 5MeV）。

1933 年 2 月 7 日，伦敦皇家学会收到他们两人的文章："假设的正电子的性质"。在这篇文章里，他们报道了新发现的正电子的大量事例，还引用了赵忠尧 1930 年发表的文章。文章中有一段关键的话是：

> 也许重原子核对γ射线的反常吸收与正负电子对的产生有关，而额外散射的射线与它们的消失有关。事实上，实验上发现，额外散射的射线与所期望的湮灭有相同的能量等级。①

显然，布莱克特和奥卡里尼他们的论点实际上建立在赵忠尧实验的基础上，但是不知出于什么原因，他们在引用文章时却犯了两个大错：一是把赵忠尧 1930 年的文章，写成 1931 年；二是"额外散射"是赵忠尧独有的杰出发现，他们却再次弄错，"误以为"被他们引用的其他文章都发现了"额外散射"，尤其是赵忠尧发现的 0.5MeV 的能量的额外散射，更是关键中的关键。结果由于这两个错误，赵忠尧的重大发现被彻底弄模糊了。

安德森听说剑桥大学有人正在研究正电子，他慌了神，急忙写了一篇题为"带正电的电子"（Positive Electron）的论文，于 2 月 28 日寄给《物理评论》。

布莱克特和奥卡里尼多少受到住在隔壁的狄拉克的影响，所以后来居上；而安德森却受到密立根的阻碍，浪费了不少时间。幸亏安德森不盲目信任导师，在 1932 年不顾一切地抢先发表了论文，这才使他在 1936 年得到了诺贝

① 《狄拉克：科学和人生》，赫尔奇 · 克劳著，肖明等译，湖南科学技术出版社，2009，80—81 页。

尔物理学奖。

密立根最终接受了正电子的观点，并且强调正电子是宇宙射线的重要成分之一。但奇怪的是，密立根在他1950年出版的《自传》(*The Autobiography of Robert Millikan*)中，几乎没有提到安德森的名字！密立根又一次显示他那霸道的坏作风。

就这样，带正电的电子——即正电子，终于在狄拉克1931年5月正式提出后15个月，被安德森找到了。正电子的故事到此似乎也该结束了，

8. 最后的故事——淑女普里希娜

本来，正电子的故事已经讲完了。但没有想到在1990年2月，美国西雅图华盛顿大学物理系教授德默尔特（Hans Georg Dehmelt, 1922— ）在美国《科学》(*Science*) 杂志上发表了一篇令人惊讶和轰动一时的文章。文章题目叫《单个基本粒子结构的实验》(*Experiments on the Structure of An Individual Elementary Particle*)。德默尔特对基本粒子的精密测量闻名于世，于1989年就因此而获得诺贝尔物理学奖。在这篇文章中他说：他捕捉到一个正电子，而且成功地将它保存的时间达到3个月之久！这是前所未闻的惊人技术成就。

▲ 美国物理学家德默尔特，1989年获得诺贝尔物理学奖。

我们知道，正电子只要与自然界到处都是的电子一相遇，立刻就会湮灭，转化为高能光子辐射，变成了一股青烟（辐射），消失得无影无踪。因此，从来没有人能够把正电子保存的时间超过3秒钟；如今竟然达到3个月，这不是奇迹是什么？

德默尔特对这个"活了"三个月的正电子钟爱之至，给"她"取了一个芳名："普里希娜"(Priscilla)。他说："这个基本粒子被赋予的种种特性，大体上完全是新的，因此应该像为宠物取名一样，给她取一个美丽的名字，并希望得到世

人承认。”普里希娜是英语中淑女的名字，德默尔特为这个正电子取这个美丽的名字，可见他宠爱之深。

他能够让普里希娜“活上”三个月，使用的技术就是美籍华人朱棣文等发明的“激光冷却与捕陷”（laser cooling and trapping）技术，这个技术能够使正电子被囚禁在一个“牢笼”里，电子根本就别奢望与这个美丽的淑女亲近。因此这位淑女才能保住自己的清白达三个月之久。朱棣文正是因为这一技术，获得 1997 年诺贝尔物理学奖。

十七、爱因斯坦和玻尔争论中两个著名的佯谬

> 近几百年来很难再找到其他的先例能和这场论战相比拟，它发生在如此伟大的两个人物之间，经历了如此长久的时间，涉及如此深奥的问题，而却又是在如此真挚的友谊之中。
>
> ——J. A. 惠勒

尼尔斯·玻尔曾经说过一段表明他终生奋斗目标的话：

> 一种真理是极简单明了的论断，简单明了到与之对立的论断昭然错误的程度。相反，另一种真理，即所谓‘深奥的真理’则是这样一些论断，即与之对立的论断也包含着深奥的真理……凭着整整一代物理学家那特别富有成效的合作，我们正在接近于达到能够借助逻辑方法而在更大程度上避开‘深奥的真理’这个目标……①

玻尔奋斗目标中的理论就是量子力学。以玻尔为首的哥本哈根学派建立的量子力学，无论从数学形式体系上，或者从对其物理内涵的统计诠释上，

① 《原子物理系和人类知识》，玻尔著，戈革译，商务印书馆，1964，34 页。

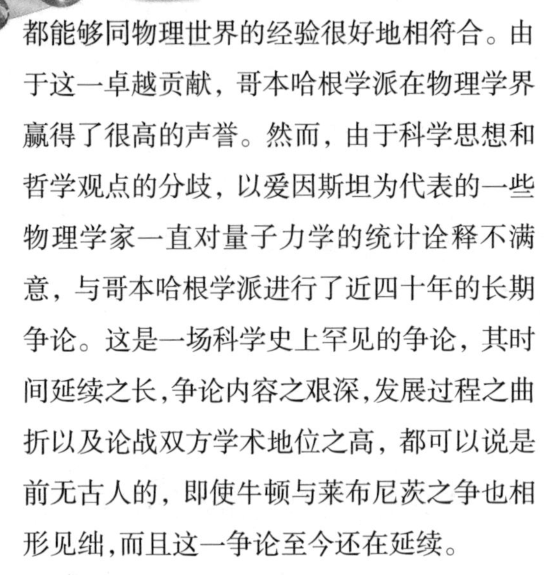

都能够同物理世界的经验很好地相符合。由于这一卓越贡献，哥本哈根学派在物理学界赢得了很高的声誉。然而，由于科学思想和哲学观点的分歧，以爱因斯坦为代表的一些物理学家一直对量子力学的统计诠释不满意，与哥本哈根学派进行了近四十年的长期争论。这是一场科学史上罕见的争论，其时间延续之长,争论内容之艰深,发展过程之曲折以及论战双方学术地位之高，都可以说是前无古人的，即使牛顿与莱布尼茨之争也相形见绌,而且这一争论至今还在延续。

▲ 爱因斯坦与玻尔是一对好友，也是一对喜欢争论的高手。

1. 爱因斯坦对量子理论的贡献

爱因斯坦不仅对早期量子论,而且对量子力学理论的形成和完善作过重要贡献,因此与普朗克、玻尔一起被称为量子论的三个“父辈”;他还是波动力学唯一的“教父”。除了人所共知的事实(提出光量子理论、首次在理论上揭示光的波粒二象性)以外,我们这里还应特别强调以下两件事实。

一是在方法论上对海森伯创建矩阵力学有巨大影响,这可由玻恩的一段回忆清楚看出。玻恩在 1965 年回忆说：

> 作为青年爱因斯坦的一个无条件的信徒和传道者,我为他的教导许愿效忠……他曾把他的相对论建立在这样的原则上,即涉及不能观察到的事物的那些概念在物理学中是没有地位的……当海森伯把这个原则用于原子的电子结构时,量子力学就产生了。这是一个大胆而根本的步骤,我立即领会其意义,它使我集中全力要为这个观念作出贡献。①

① 《我这一代物理学》,玻恩著,商务印书馆,1964,29 页。

▲ 爱因斯坦

二是玻恩的波函数统计诠释，实际上也是渊源于爱因斯坦的思想。爱因斯坦丝毫也不反对在物理学中使用统计的概念和规律。在19世纪末20世纪初，颇受爱因斯坦敬重的马赫激烈地反对分子动力论的基本思想，当时几乎只有玻尔兹曼一个人单枪匹马地维护这一思想。1905年，爱因斯坦卓有成效地运用统计方法，写了一篇研究布朗运动的论文，从而捍卫了分子运动论。而且，早在创立光电效应理论的时候，他就把电磁波振幅的平方和光子出现的概率联系起来了。公正地说，把波函数的平方解释成几率，应归功于爱因斯坦的这一首创。玻恩本人也完全承认这一事实，他在《我这一代物理学》一书中说：

> 爱因斯坦的观念又一次引导了我。他曾经把光波振幅解释为光子出现的几率密度，从而使粒子（光量子或光子）和波的二象性成为可理解的。这个观念马上可以推广到ψ函数上：$|\psi|^2$ 必须是电子（或其他粒子）的几率密度。

2. 爱因斯坦与玻尔争论的实质

了解了爱因斯坦与量子力学以及其统计诠释的关系，就比较容易明白他与玻尔的争论的实质。爱因斯坦第一次公开表示不同意在原理上放弃决定论的描述，是在1927年10月24日到29日举行的第五届索尔维会议上。开会的第一天，玻恩和海森伯作了有关矩阵力学的报告，报告结束时他们宣称：

“我们认为，量子力学是一种完备的理论，其数学物理基础不容作进一步的修改。”

这一结束语是颇有点挑战意味。他们的报告结束后，玻尔应会议主席洛伦兹的邀请发了言。玻尔在发言中指出，波粒二象性的困境说明，原子过程如果用经典概念来描述将会遇到根本性的困难，因为原子现象的任何观察，都肯定会涉及一种不可忽略的原子现象与观察仪器之间的相互作用，而且又不能恰当地予以补偿。因而，量子物理学诠释只能是统计性的。

▲ 1927 年的索尔维会议。第一排中间是爱因斯坦，第二排右 1、2 是玻尔、玻恩，第三排右 3、4 是海森伯和泡利。

人们立即把眼光转到爱因斯坦身上。爱因斯坦没有辜负大家的期望在会上发了言，表示不能同意哥本哈根学派的诠释。玻尔曾经回忆过当时的情况："爱因斯坦特别表示不同意在原理上放弃决定论的描述，他用一些论证向我们挑战……"①

我们知道，爱因斯坦以擅长"思想实验"(thought experiment)而蜚声于物理学界，他的"爱因斯坦火车"和"爱因斯坦电梯"，在建立狭义和广义相对论的时候起了重要的作用是广为人知的。在他向哥本哈根学派"挑战"的时候，他也总是用思想实验造成与公认理论形成佯谬，以反驳哥本哈根学派的诠释。海森伯曾经生动地回忆过这次争论的情形：

"通常在早餐时，我们都集中在旅馆里，爱因斯坦便开始描述一个思想实

① 《原子物理学和人类知识论文续编》，N. 玻尔著，戈革译，商务印书馆，1978，110 页。

验,他认为可以特别清楚地看出哥本哈根学派解释的内在矛盾……玻尔通常在下午较晚的时候对思想实验作出完整的分析,在晚餐桌上交给爱因斯坦。爱因斯坦对这些分析提不出什么异议,但心里并不信服。"①

爱因斯坦接二连三地提出了几个思想实验,但都被玻尔一一驳倒。玻尔成功地捍卫了哥本哈根学派诠释的逻辑无矛盾性。但在爱因斯坦看来,玻尔的论断与其说是一个科学理论,倒不如说是一个精巧设计的、独断论的"信仰"。1928年5月31日,在一封给薛定谔的信中爱因斯坦尖刻地表示了自己的不满:

> 海森伯—玻尔的绥靖哲学——或绥靖宗教——是如此精心设计的,使得暂时它得以向那些虔诚的信徒提供一个舒适的软枕。要把他们从这个软枕上唤醒不是那么容易的,那就让他们在那儿躺着吧。②

3. 光子盒佯谬

但爱因斯坦并不甘心让"他们在那儿躺着"。在1930年10月20日到25日举行的第六届索尔维会议上,他又一次向哥本哈根学派提出了挑战。这次他提出了著名的"光子盒"(light box)佯谬,想彻底否定海森伯的不确定性原理。爱因斯坦的目的很明确,只要能够通过对一个思想实验的机制进行细致分析,推翻了这一原理,那么玻尔的全部理论就会被驳倒。

光子盒也是一个思想实验,其装置如下图所示。一个用弹簧静止地悬挂在固定底座上不透明的盒子E,盒的一壁上有一小孔,小孔上装有一可用计时装置C控制其启闭的快门B,它可于任意精确指定的时刻开启

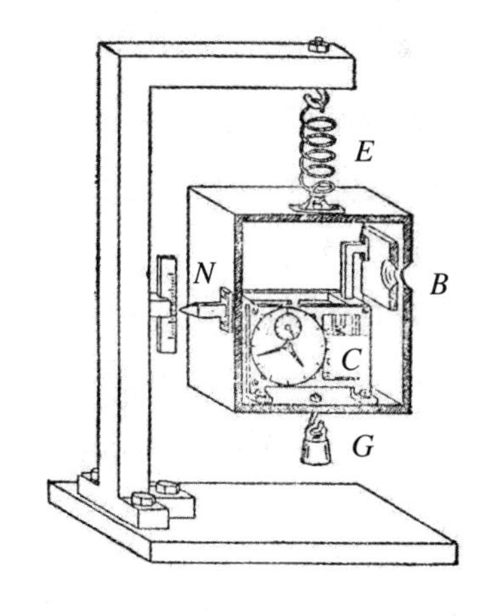

▲ 光子盒示意图

① 《尼尔斯·玻尔》,S. 罗森塔尔编,上海翻译出版公司,1985,110页。
② 《爱因斯坦文集》第一卷,商务印书馆,1978,241—242页。

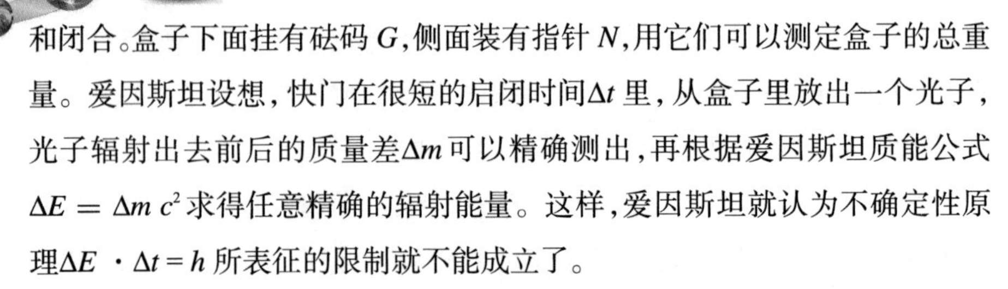

和闭合。盒子下面挂有砝码 G，侧面装有指针 N，用它们可以测定盒子的总重量。爱因斯坦设想，快门在很短的启闭时间 Δt 里，从盒子里放出一个光子，光子辐射出去前后的质量差 Δm 可以精确测出，再根据爱因斯坦质能公式 $\Delta E = \Delta m\, c^2$ 求得任意精确的辐射能量。这样，爱因斯坦就认为不确定性原理 $\Delta E \cdot \Delta t = h$ 所表征的限制就不能成立了。

这是一次严重的挑战，爱因斯坦用他的相对论竟巧妙地"驳倒"了哥本哈根学派的理论。据目睹者回忆，玻尔听完了爱因斯坦的讲话后，竟脸色苍白，呆若木鸡，比利时物理学家罗森菲后来回忆说：

> 面对这一问题，玻尔十分震惊。他不能马上找出这个问题的答案，整个晚上他都感到极度不快，他从一个人走向另一个人，企图说服他们相信这情况不可能是真实的，而且指出，如果爱因斯坦正确，则将是物理学的终结，但玻尔提不出任何反驳。我永远也不会忘记这两个对手在离开俱乐部时的身影。爱因斯坦，一个高高的庄严的形象，而玻尔则在他身旁快步走着，非常激动。他徒劳地辩护说，如果爱因斯坦的装置能够运转，这将意味着物理学的终结。①

爱因斯坦一定觉得自己稳操胜券了。但是，在第二天的会议上，他奇怪地发觉玻尔竟一改昨天的晦气，显得兴高采烈、意气焕发。等爱因斯坦听完玻尔的反驳以后，"震惊"和晦气又一次还给了爱因斯坦。这次玻尔的反驳简直是致命的，因为玻尔巧妙地利用爱因斯坦十五年前在广义相对论中的一个重要发现，找到了爱因斯坦思想实验中的错误。

爱因斯坦在广义相对论里有一个红移公式

$$\Delta T = T\frac{\Delta\varphi}{c^2}$$

这个公式表示一个在重力场中移动的钟，在移过一个位势差 $\Delta\varphi$ 时，在时间间

① 《玻尔研究所的早期岁月(1921—1930)》，P. 罗伯森著，杨福家等译，科学出版社，1985，144—145 页。

隔 T 内时钟快慢的改变 ΔT。但爱因斯坦在做光子盒思想实验时，却没有想到这一效应。玻尔发觉了这一点，因而他指出在进行光子辐射前的第一次称量之后，由于光子跑出盒子，钟在重力方向上发生了位移，钟的快慢将发生变化。这时，又该出现不确定性原理了，即要在测量光子能量的同时准确测出光子跑出来的时间，是根本不可能的。更令人叹绝的是玻尔由红移公式推出了不确定性原理

$$\Delta T \cdot \Delta E > h$$

"因此，"玻尔在结束讲话时说，"如果用这套仪器来精确测量光子的能量，就不能精确控制光子跑出的时刻。"

爱因斯坦不得不承认，玻尔的论证是完全正确的，还有什么东西能比他自己发现的红移公式对他更有说服力呢？就像一个飞去来器，本来你想打击对手，它却飞回来击中了自己！

那么，爱因斯坦是否毫无异议地承认了哥本哈根学派的理论了呢？没有。我们只能说爱因斯坦在辩论中失败了，但他并没有被说服。他拒绝接受量子力学的几率诠释是终极定律这一说法，坚持认为在这种诠释后面还隐藏着更深一层的基本规律，而且认为这一基本规律类似于动力学或场论中所描述的规律。他的这一信念在 1926 年 12 月 4 日致玻恩的一封著名的信中，曾经作过鲜明的表述：

> 量子力学固然是令人赞叹的。可是有一个内在的声音告诉我，它还不是那真实的东西。这个理论说了很多，但一点儿也没有真正使我们更加接近"上帝"的秘密。无论如何，我都深信上帝不是在掷骰子。三维空间中的波，它们的速度是受势能（比如橡皮筋）制约的……我正很努力地从已知的广义相对论的微分方程来推导被看作奇点的质点运动方程。[②]

---

① 《玻恩—爱因斯坦书信集（1916—1955）：动荡时代的友谊、政治和物理学》，上海科技教育出版社，2010，105 页。

尽管爱因斯坦没有折服，但第六届索尔维会议终究成为一个重要的转折点：在此之前，爱因斯坦的挑战主要是针对量子力学的自洽性，即他力图找到量子力学在逻辑上的矛盾，从而证实量子力学“还不是真正的货色”。在光子盒思想实验被玻尔彻底地反驳了之后，爱因斯坦已经意识到，他的这一目标至少在短期内是无法实现的。于是他改变了想法，承认量子力学是一种正确的统计理论，但是否可以从更普遍、更原则的角度讨论量子力学的完备性问题呢？所以，在1930年索尔维会议之后，他对量子力学的批评的矛头转向了它的不完备性。如果能够从根本上证明量子力学对微观过程的描述是不完备的，那就可以进一步设法排除几率诠释，维护他竭力维护的决定论。

4.“EPR佯谬”

经过一段时间的充分准备，爱因斯坦正式利用完备性问题向哥本哈根量子理论发起了攻击。1935年3月25日，美国《物理评论》收到爱因斯坦、波多尔斯基（B. Podolsky，1896—1966）和罗森（N. Rosen，1909— ）三人合写的文章《能认为量子力学对物理实在的描述是完备的吗？》，文中提出了以他们三人的名字头一个字母命名的“EPR佯谬”。《物理评论》于5月15日发表了这篇文章。文章发表后，在物理学界引起了巨大的震动，其震动余波至今不息。许多物理学家认为，这一争论无论谁胜谁负，都将对现有科学理论或科学自然观带来一次巨大的变革。因而，就导致科学观念的更新而言，EPR佯谬堪称“第三朵乌云”，可与开尔文提出的“两朵乌云”相比。有的物理学家甚至称它是20世纪的“第三次风暴”，有的更称它为“20世纪的第三次狂飙”。

▲玻尔与爱因斯坦在一起边抽烟边讨论问题。

这篇文章不太长，原文篇幅不足四页，没有提到任何文献。全文共分两个部分，第一部分提出了评定某种理论在描述客观实在中的成就，应该回答的两个问题："理论是否正确？""理论所作的描述是否完备？"第一个问题比较简单，经验、实验就能给出答案，第二个问题就比较复杂了。作者们声明，他们要谈的正是（关于量子力学的）第二个问题。

由于论文专业性太强，我们这儿只简单介绍文章的主要论点。

爱因斯坦设想了一个涉及两个粒子的思想实验。在实验中，两个粒子经过短暂的相互作用后分离开，这一相互作用产生了两个粒子之间的位置关联和动量关联。爱因斯坦的论证说，由于通过对粒子Ⅰ的位置测量可以知道粒子Ⅱ的位置，而根据相对论的定域性假设，这一测量不会立即影响粒子Ⅱ的状态，从而粒子Ⅱ的位置在测量之前是确定的；同理，粒子Ⅱ的动量在测量之前也是确定的。于是，粒子Ⅱ的位置和动量在测量之前都具有确定的值，这与量子力学的结论相反。

EPR 文章发表之后，在物理学界立即引起了很大的反响。6 月 7 日，薛定谔给爱因斯坦写信说："我非常高兴你在《物理评论》上刚刚发表的文章已经明显地抓住了独断的量子力学的小辫子……我的意见是，我们没有一个和相对论相容的量子力学，根据相对论所有影响都以有限的速度传播。"

爱因斯坦回信说：

> 你是唯一一个我愿与之妥协的人，几乎所有其他人都不从事实去看理论，而是从理论去看事实。他们不能从曾经接受的观念之网中解脱出来，而只是在其中以一种奇异的方式跳来跳去。[①]

EPR 文章立即引起了哥本哈根学派的关注。泡利给海森伯写了一封长信，信中他怒气冲冲地说："爱因斯坦又一次公然评论量子力学，就发表在 5 月 15 日《物理评论》上（和波多尔斯基、罗森一起——顺便说一句，这不是很好的

① Einstein to Erwin Schrodinger, June 19, 1935.

组合）。众所周知，他每次这样做都会带来一场灾难。”

玻尔在哥本哈根看到EPR论文后，意识到他必须再次担当起索尔维会议上的那种重任，抵挡住爱因斯坦对量子力学发动的新一轮攻击。以前面对这种情况时，玻尔往往会走来走去，口里不停地念叨：“爱因斯坦……爱因斯坦……爱因斯坦！”这一次他又配上了几句打油诗：“波多尔斯基（Podolsky），哦波多尔斯基（Opodolsky），哎哦波多尔斯基（Iopodolsky），塞哦波多尔斯基（Siopodolsky）……”

玻尔的得意门生罗森菲尔德后来回忆道：“这对我们来说简直是个晴天霹雳！对玻尔的影响太大了……当玻尔听到我报告爱因斯坦的论证后，马上放下所有的工作说，我们要立刻澄清这个误解！”①

在六个多星期的紧张工作中，玻尔不断地思考、动笔、修改和讨论，终于想出了回应 EPR 论文的对策。

10 月 15 日，《物理评论》发表了玻尔的文章。玻尔知道，EPR 佯谬的论文在逻辑上是十分严密的，如果承认了它的前提，即完备理论的条件和物理实在的判据，那么其结论将是无法反驳的。玻尔机敏地抓住 EPR 佯谬的前提之一的“物理实在的判据”进行反驳。爱因斯坦的关于物理的判据被称为“爱因斯坦可分离性原则”，爱因斯坦显然把这一原则视为物理学不可违背的原则之一：“空间上分隔开的客体的实在状况是彼此独立的。”玻尔正是抓住“可分离性”这一爱因斯坦看来不可违背的原则，针锋相对地提出“不可分离性”作为反驳 EPR 佯谬的武器。

玻尔指出，在 EPR 思想实验中两个粒子由于曾经发生过相互作用，因此就“纠缠”在一起，成为整个现象或整个系统的一部分，拥有同一个量子函数。因此他们分离开之后，对一个粒子的测量仍将对另一个粒子的状态产生影响。

① 这儿和上面玻尔同事们的回忆，均可见《爱因斯坦：生活与宇宙》，沃尔特·艾萨克森著，张卜天译，湖南科学技术出版社，2009，321 页；也可以参看《纠缠态——物理世界第一谜》，阿米尔·艾克塞尔著，庄星来译，上海科学技术文献出版社，2008，“前言”，63—64 页。

最后，玻尔指出，在经典物理学研究中，人们太习惯于将客体视为无限分离地存在于确定的时空里，其实这只是一种理想的极限情形。所谓“不以任何方式干扰一个体系”，这句话本身就在意义上含糊不清。玻尔认为，只要两个系统哪怕只在一段时间内联合成一个系统，那么，这样的一个组成过程就不再可分离开了。

以后美国物理学家大卫·玻姆（David Bohm，1917—1992）提出的“定域隐变量理论”，以及爱尔兰物理学家约翰·贝尔（John S. Bell，1928—1990）不等式的证明，都是以可分离性为前提。

5. 贝尔实验和物理世界第一谜

玻尔既然否定了EPR的前提，他的反驳任务当然就可以算完成了。不过，事情并未因此就结束，理论上的争论不能作为最终结论被人们接受。人们希望这一几乎是纯哲学的争论能够转变为科学实验。否则，在这两位伟大科学家之间作出谁是谁非的判断，几乎是不可能的。到1964年，出现了令人兴奋的转机。西欧联合研究中心的一位一脸络腮胡子的物理学家约翰·贝尔发表了一篇论文《论EPR佯谬》，他根据可分离原则，导出一个两粒子自旋系统的不等式，即贝尔不等式。这就使得量子力学是否完备，或者说可分离原则是否成立有可能作出判决性的实验，使原来属于哲学的命题转化为一个科学命题。

▲ 爱尔兰物理学家约翰·贝尔

贝尔的文章发表后，引起了物理学家们极大的兴趣，不少人在贝尔不等式的证明、简化、普遍化和实用化方面作了许多可贵的努力，其中特别值得提到的有维格纳、克劳塞（J. F. Clauser）、霍恩（M. A. Horn）、西摩尼（A. Shimony）、艾斯派克（A. I. Aspect）等人。正是在他们的研究基础上，人们才可以用真正

的仪器来检验贝尔不等式,作出判决性实验。

到 1982 年为止,已经完成了 12 个实验,其中有 10 个实验支持量子力学的预言而违反贝尔不等式，只有两个实验不违反。这些实验结果已经引起了物理学界和哲学界的极大重视,虽然目前尚不能说对爱因斯坦和玻尔的争论作出最后裁决,但大多数物理学家都倾向于这样的结论:量子力学理论又经受住了一次重大考验,而爱因斯坦的可分离性原则在量子力学的领域里不能成立。

贝尔的这一发现,被认为是 20 世纪科学最深远的发现之一。

但是贝尔的发现使原来就有的“量子纠缠之谜”(the middle of quantum entanglement),变得更加扑朔迷离。有人称这个谜是“物理世界第一谜”。美国物理学家阿米尔·艾克塞尔(Amir D. Aczel)写了一本书《纠缠态——物理世界第一谜》(*Entanglement*:*The Greatest Mystery in Physics*),详细介绍了这个谜。艾克塞尔在前言里写道:

“在这离奇的量子世界中，最神秘莫测的现象还数所谓的‘量子纠缠’。两个相隔甚远的粒子,其距离可以达到数百万甚至数十亿英里，彼此神秘地联系在一起，其中一方发生的任何状况都会立即引发另一方产生相应的变化。”①

▲ 艾克塞尔写的《纠缠态——物理世界第一谜》一书中译本封面。

微观粒子之间存在的这种超越时空的神秘纠缠，一直到现在仍然让物理学家们不得安宁。赞成者有之,反对者也不乏其人。2000 年 5 月 2 日的《纽约时报》刊登一篇文章中说:

> 70 年前,爱因斯坦和他的科学同仁用种种假想实验,证明量子力学所描述的微粒世界的种种奇特规律实在太过诡异,不可能是真

① 《纠缠态——物理世界第一谜》,“前言”,2 页。

实的。别的姑且不论，据爱因斯坦指出，依量子力学理论，对一个粒子的测量行为会同时改变另一个粒子的物理特征，不管两个粒子相隔多远；他认为这种“远距离作用”，即“量子纠缠”，是非常荒诞的，绝不可能存在于自然界中。他挥舞着假想实验的武器，指出假如这种效应果真存在的话，会产生哪些奇怪的结果。然而，即将发表在《物理评论快讯》(*Physical Review Letters*)上的三篇论文所描述的实验，却证明了爱因斯坦的观点存在着多么大的偏差。这几个实验不仅表明了纠缠态确实存在——这一点先前已经得到了证实——而且还证实了这种效应可以用来建立不可破解的密码……[①]

文中所说的“爱因斯坦和他的科学同仁用种种假想实验”，就是前面提到的 EPR 文章。

但是反对者也不少，包括许许多多老一代物理系大师们。我在一次偶然的机会见到美国物理学家盖尔曼(Murray Gell-Mann，1929—　，1969 年获得诺贝尔物理学奖)，就向他请教关于量子纠缠的问题。他表示这个问题已经没有讨论的价值了。这一派的物理学家很直接地认为，能够容许像“纠缠态”这样“不真实”现象存在的理论，必定是不完善的。

赞成量子纠缠的学者也知道“雄关漫道真如铁，而今迈步从头越”，需要解决的问题还很多。我国学者郭光灿、高山在他们的著作《爱因斯坦的幽灵——量子纠缠之谜》[②]一书里写道：

至此，量子纠缠世界的两大主角——不确定性和超距作用都已登场，但这一切究竟意味着什么呢？最终我们需要的是理解。尽管量子理论在实验证实和技术应用上获得了前所未有的成功，但是它一直以来都以不可思议和难以理解著称。可以说，它是人类所发明

① *The New York Times*, May 2, 2000, p.F1.

② 《爱因斯坦的幽灵——量子纠缠之谜》，郭光灿，高山著，北京理工大学出版社，2009，3—4 页。

的科学理论中最成功的,同时也是最不可理解的理论。不用说普通读者,就是物理学家也大多止步于理解,而更关注于计算。

他们还写道:

为了避免实用主义者的责难,本书最后一章重点介绍了量子纠缠的奇妙应用。先通过两个有趣的例子让读者初步领略到量子纠缠的神奇能力:它可以完成逻辑上不可能完成的任务,也可以赢得最聪明的数学家都无法获胜的游戏。之后,从量子密码术到完全保密的量子通信,从量子计算机到未来的量子互联网,用通俗的语言和实例向读者展现了量子纠缠的各种令人激动的最新应用。实际上,基于量子纠缠,一门新的交叉学科——量子信息科学已经诞生。尽管很多研究目前仍处于实验阶段,我们有理由相信,量子信息时代即将到来……爱因斯坦自己怎么也不相信量子纠缠这种似乎与相对论相抵触的现象,并斥之为'幽灵般的超距作用'。但是,越来越多的实验都已经证实了量子纠缠现象的真实存在。为此,我们必须改变对实在本性的常识看法。尽管对于如何改变,人们至今仍争论不休,但一幅新的更为奇异的世界图景正呈现在我们眼前。

▲ 郭光灿、高山合写的《爱因斯坦的幽灵——量子纠缠之谜》一书封面。

关于这个谜,我们就介绍到这儿。如果读者看了本文初步介绍而引起了对纠缠态之谜的兴趣,请您阅读前面提到的两本书。

十八、薛定谔的猫和多世界诠释

薛定谔是量子力学的鼻祖之一。量子力学是一门以数学方式描述和解释微观粒子领域运动过程的科学。在这个微观世界里发生的全是些极为光怪陆离的事:在这里粒子可同时分布在几个不同的位置,它们相互之间能以超过光速的速度沟通,或无需过渡从一处跃至另一处。薛定谔通过其猫的形象悟出了一个道理,一个极为复杂的思维过程采用通俗的方法来描述,是能为众人所理解的。这或许就是他的猫何以如此闻名遐迩的缘故。①

十多年前有一个很受欢迎的电视连续剧《时光隧道》(英文名:*Just Visiting*),它确实让观众大大地享受了一下幻想的乐趣。剧中的主人公通过一种叫"时光隧道"的机器,可以随心所欲地回到过去任何一个时代(也有一次由于不小心弄错了,回到一个与预先设计不同的时代),于是发生了种种有趣的事情。类似的幻想故事还多得很,其中最迷人的地方也许是由于主人公偶然干预了几百年前的事件过程,结果出现了与历史课本上完全不同的历史。打个比方:由于主人公偶然的干预,武媚娘没有被皇帝宠幸,于是唐朝出现了一个与现在中国历史不同的、没有武则天的历史……

▲ 电视剧《时光隧道》的广告。

这很有趣,可以充分发挥和满足人的想像力,让人海阔天空、天南海北地胡思遐想。但是人人都知道这是科学幻想,不是事实,因此不能信以为真。但

① 《薛定谔的猫:玄奥的量子世界》,(德)布里吉特·罗特莱因著,俞建平译,百家出版社,2001,2页。

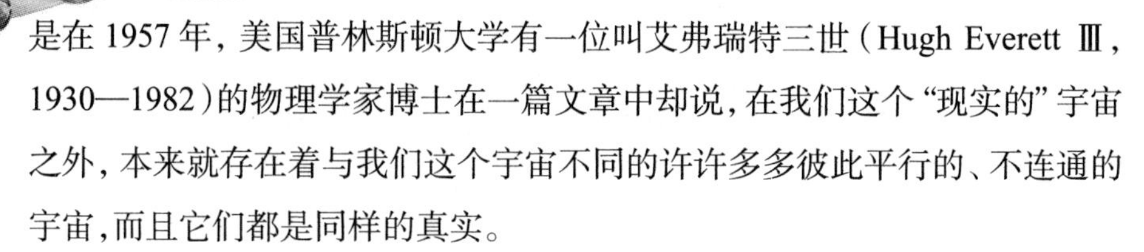

是在 1957 年，美国普林斯顿大学有一位叫艾弗瑞特三世（Hugh Everett Ⅲ，1930—1982）的物理学家博士在一篇文章中却说，在我们这个"现实的"宇宙之外，本来就存在着与我们这个宇宙不同的许许多多彼此平行的、不连通的宇宙，而且它们都是同样的真实。

这是真的吗？该不会又是一个科幻故事吧？

这可是真实的事情，不是科幻故事。艾弗瑞特的这个假说现在被正儿八经地称之为"多世界诠释"（many-world interpretation），也有人称之为"多世界理论"。尽管目前还有许多科学家对这个理论持一定的怀疑态度，但是这个理论却似乎越来越被人们看好。

你也许想知道这个过于离奇的诠释？那你就得先知道科学史上最离奇的一个佯谬——薛定谔的猫（Schrödinger's cat）。这个佯谬自提出来之日起，至今仍然是一个常谈常新的话题，闻名遐迩、青史留名。

1. 爱因斯坦的"炸药佯谬"和"薛定谔的猫"

想了解薛定谔的猫这个佯谬不太容易，因为这涉及到很难懂的量子力学。而这一切都是因为爱因斯坦提出的光量子说。把光看成是一种粒子（即"光子"），立即惹出了大麻烦。如果我们承认光是一种粒子，那么我们如何来解释光的衍射？高中学生都知道，光的衍射可是证明光是波的一个关键性实验。

▲ 奥地利物理学家薛定谔，1933 年获得诺贝尔物理学奖。

但后来的许多实验的的确确证明了：光同时具有波动性和粒子性。这种图像真是太离奇了，薛定谔的猫以及其他许多佯谬，都起源于这一矛盾而离奇的图像。为了解决这一矛盾离奇的图像，玻恩提出了一种"几率波"（probability wave）的诠释：这种几率波是指在衍射图像中光子（或者电子等等微观粒子）出现的几率；在衍射明条纹处发现粒子的几率大，在衍射暗条纹处发现粒子的几率小。显然，这一解释表明自然法则中存在着一种根本的“随机性”、“统计性”。爱因斯坦对这样的一种解释很是不满，并且说了一句很有名的话：“我不相信上帝会玩掷骰子。”后来爱因斯坦还提“EPR 佯谬”来反驳哥本哈根学派的诠释。但爱因斯坦的所有反驳都没有成功。

薛定谔也反对量子力学的哥本哈根诠释，所以和爱因斯坦之间经常就量子力学问题交换意见。薛定谔认为他的方程（薛定谔方程）中的波函数是对实在的描述。爱因斯坦不同意这一观点，他认为波函数只能描述系统的行为，而不能描述个体的状态，而这正是量子力学不完备之处。为了说服薛定谔，爱因斯坦还提出一个“炸药佯谬”。爱因斯坦假定有一包炸药，在一定的时间里可能随时爆炸。在没有爆炸之前，描述这包炸药的波函数表示的是已爆炸和未爆炸炸药两种不确定状态的叠加。但是，炸药要么已经爆炸，要么还没有爆炸，不可能处于“不确定”状态。因此爱因斯坦说：我们不能把波函数看作是对实在的充分的描述。

薛定谔受了爱因斯坦的启发，不久就在德国《自然科学》杂志上，发表了《量子力学的目前情形》一文，对统计诠释的观点再次提出批评。文章由三部分组成，他用嘲讽的口吻写道：他不知道这篇文章是称为“报告”还是称为“一般声明”，语气中暗示了他认为“目前的状况”不尽如人意。

▲ 薛定谔的猫实验示意图

最有意思的是，文中薛定谔设想了一个“量子猫实验”的思想实验，这一思想实验就是此后无人不知无人不晓的“薛定谔的猫”的实验。①因为薛定谔

① 《薛定谔传》，沃尔特·穆尔著，班立勤译，中国对外翻译出版公司，2001，209—210 页。

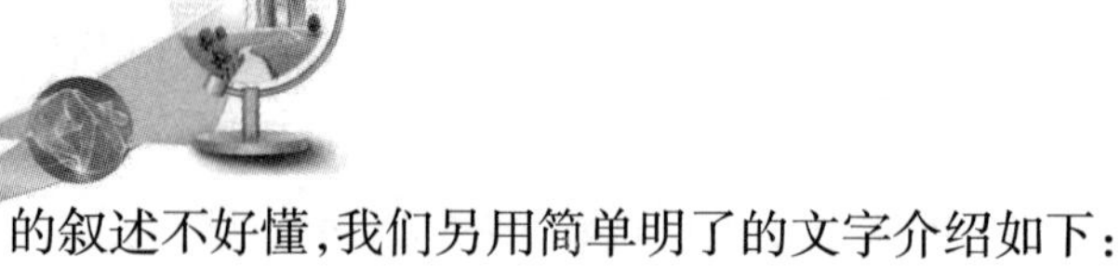

的叙述不好懂，我们另用简单明了的文字介绍如下：

在一个盒子里，用一个放射性原子的衰变，来触发一个装有毒气的瓶子的开关。毒气可以毒死同时放在盒子里的一只猫。按哥本哈根学派的诠释，放射性原子的衰变可以用波函数来描述；当用波函数描述不同状态的组合时（如放射性元素"衰变了"或"没有衰变"这两种状态的组合），我们称之为"波的叠加态"；在没有打开盒子时，放射性原子进入了衰变与不衰变的叠加态，由此猫也成了一只处于叠加态的猫，即又死又活、半死半活、处于地狱边缘的猫。

正像莎士比亚戏剧《哈姆雷特》中哈姆雷特王子所说："是死，还是活，这可真是一个问题。"只有当你打开盒子观察的那一瞬间，叠加态突然结束（在数学术语就是"坍缩（collapse）"），哈姆雷特王子的犹豫才终于结束：我们知道了猫的确定态：死，或者活。哥本哈根的几率诠释的优点是：只出现一个结果，这与我们观测到的结果相符合。但是有一个大的问题：它要求波函数突然坍缩。但物理学中没有一个公式能够用来描述这种坍缩，而且这种瞬时的突然坍缩与相对论反对超距作用也不相符合。尽管如此，长期以来物理学家们出于实用主义的考虑，还是接受了哥本哈根的诠释。付出的代价是：违反了薛定谔方程。

这就难怪薛定谔一直耿耿于怀了。

2. 哥本哈根学派只关注测量

哥本哈根诠释在很长的一段时间成了"正统的"、"标准的"诠释。但那只不死不活的猫却总是像《爱丽丝漫游奇境》里的柴郡猫（Cheshire Cat）一样在空中时隐时现，让物理学家们不得安宁。有两幅漫画很能表示这一佯谬。①

正统诠释一再劝说人们：对于量子世界，不要相信我们的常识，而要相信我们直接看到的或者用实验设备准确测量到的，对于这一点我们是有把握的。

① 这两幅漫画引自《爱因斯坦的幽灵——量子纠缠》，郭光灿，高山著，北京理工大学出版社，2009，63—64页。本文引用了书中的两幅漫画，特此表示感谢！

如果不进行测量,我们就不知道盒子里发生了什么。所以盒子中的猫是死是活,哥本哈根学派的物理学家并不在意,他们关心的只是测量,对于没有测量的猫处于叠加态中的哪一态,他们不感兴趣,而且认为讨论这个问题没有任何实际上的意义。

1936 年 3 月,薛定谔见到玻尔时又交流了关于量子力学的看法。后来薛定谔在给爱因斯坦的信中谈到这次谈话:①

> 玻尔对于劳厄和我,尤其是你,利用已知的佯谬来反驳量子力学的哥本哈根的诠释,感到十分震惊……在他看来,哥本哈根的诠释不仅在逻辑上无懈可击,并且在经验上已经被大量的实验所证实。他认为我们似乎在强迫大自然接受关于实在性的先入之见。

薛定谔的猫佯谬还有一个令人困惑的地方:盒子里的猫是“什么时候”从又死又活的迭加态突然坍缩(或转变)为我们所知道的或死或活的状态呢?这是一个更严重的困惑和麻烦,甚至引起哥本哈根学派内部的不同意见。

▲ 漫画

我们可以这样设想:在薛定谔的盒子里放一个摄像机,作为一种测量仪器,摄像机可以测量出猫什么时候是死是活,但在盒子没有打开之前,对于盒子外的人来说,猫仍处于叠加态:又死又活。猫到底什么时候或死或活,仍然让人困惑。海森伯说:只有“观察者”

① 《薛定谔传》,沃尔特 · 穆尔著,班立勤译,中国对外翻译出版公司,2001,212 页。

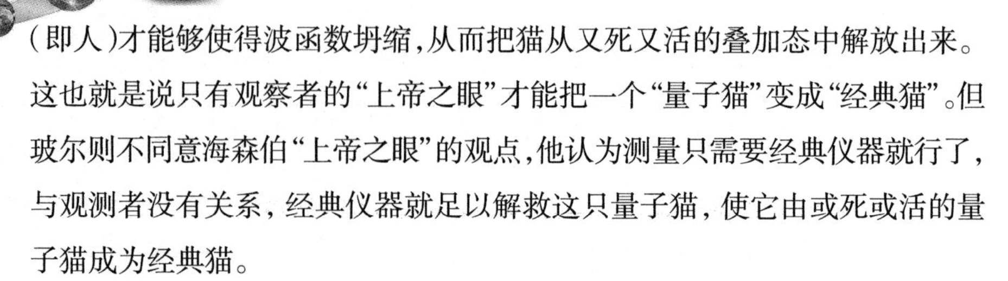

（即人）才能够使得波函数坍缩，从而把猫从又死又活的叠加态中解放出来。这也就是说只有观察者的“上帝之眼”才能把一个“量子猫”变成“经典猫”。但玻尔则不同意海森伯“上帝之眼”的观点，他认为测量只需要经典仪器就行了，与观测者没有关系，经典仪器就足以解救这只量子猫，使它由或死或活的量子猫成为经典猫。

海森伯不同的意见，结果引出了更麻烦的问题：谁才有资格作为“观察者”呢？正统的诠释似乎告诉我们，测量设备比我们要观察的东西更重要，因为被观察的东西仅仅在被观察的时候才是真实的。即使在20世纪30年代，许多物理学家都认为这是不可思议的。美国物理学家惠勒（John Wheeler，1911—2008）谈到这一不可思议的难题时说：

▲漫画

> 这种‘哥本哈根诠释’所提示的一个难题，对我和其他许多人一直造成困扰，因为这个诠释将世界一分为二：一是量子世界，并完全由几率所组成；另一个则是古典世界，我们可以在此进行实际的测量。要如何在两者之间划上一条明确的界线？几率在什么状况下才会形成现实？①

但哥本哈根的诠释已经摇摇晃晃地存在了近70年。从20世纪30年代到20世纪80年代，大多数物理学家都同意这种诠释，因为它的确是可以用来预测实验的一个实用的工具。但在20世纪80年代以后，物理学家中有一些人对量子理论，产生了越来越多的不满意。主要的问题仍然是波函数的突然坍缩。

① 《约翰·惠勒自传——物理历史与未来的见证者》，约翰·惠勒著，蔡承志译，汕头大学出版社，2004，351页。

3. 艾弗瑞特的多世界诠释

1997 年 7 月，在英国剑桥大学牛顿研究所举行的量子计算会议上，有人曾对参加会议的人做过一次非正式的调查。调查的结果明确显示，主流的观点正在发生变化。在接受调查的 90 位物理学家中，只有 8 人保持哥本哈根诠释的观点，有 30 人接受"多世界诠释"，还有 50 人选择的是"不赞同上述任何观点或者未拿定主意"。对此，惠勒在 2001 年 2 月号《科学美国人》(*Scientific American*)发表的文章《量子之谜百年史》中写道：

▲ 美国理论物理学家约翰·惠勒。照片背景上的图是惠勒创造的"虫眼"的示意图。

> 这次调查仍清楚地表明，该是更新量子力学教科书的时候了……坍缩概念作为一种计算工具毫无疑问仍将有很大的用处，但是，如果再加一句提醒，说明它可能并不是一种违背薛定谔方程的基本过程，那就有助于精明的学生免遭长时间的摸不着头脑之苦。

上面提到的"多世界诠释"是量子力学中诸多诠释中的一种，它是惠勒的学生艾弗瑞特在 1957 年提出的，开始物理学界反应极其冷淡，到了 20 世纪 80 年代以后才又逐渐受到人们重视。

艾弗瑞特毕业于美国天主教大学(Catholic University of America)化学工程专业。20 世纪 50 年代，他改变了专业，到普林斯顿大学攻读理论物理博士学位，导师是著名理论物理学家惠勒。惠勒是一位热情洋溢、好奇心极强而且"胆大包天"的物理学家，他手下出现了许多天才和勇敢无畏的物理学家，例如费曼、索恩(Kip S. Thorne)、贝肯斯坦(Jacob Bekenstein)、迈斯勒(Charles Misner)、普特南(Mildred Putnam)和艾弗瑞特等等。他鼓励他的学生提出看

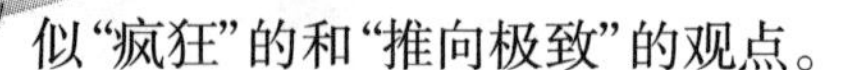

似"疯狂"的和"推向极致"的观点。

▲ 美国理论物理学家艾弗瑞特，1957年他提出离奇的"多世界诠释"，轰动科学界。

艾弗瑞特在这种强烈的创新氛围中，开始了他辉煌的研究。经过对哥本哈根学派正统诠释作了充分的独立思考后，他逐渐形成了自己的观点。他认为正统诠释中波函数的坍缩是没有必要的一种观念，可以通过他的多世界诠释去掉。

1957年，艾弗瑞特提出的"多世界诠释"似乎为人们带来了福音，虽然由于它太离奇开始没有人认真对待。他的导师决定把这一理论称为"量子力学的相对态表述"（后来没有采用这一名称）。英国物理学家格利宾（John Gribbin，1946— ）认为，多世界诠释有许多优点，它可以代替哥本哈根诠释。我们下面简单介绍一下艾弗瑞特的多世界诠释。

在波函数的叠加态没有坍缩之前，在处于叠加态的观测者看来，每一个态都可以看成是一些备选的平行世界。以薛定谔的猫来说，艾弗瑞特指出两只猫都是真实的。有一只活猫，有一只死猫，但它们位于不同的世界中。问题并不在于盒子中的放射性原子是否衰变，而在于它既衰变又不衰变。当我们向盒子里看时，整个世界分裂成它自己的两个版本。这两个版本在其余的各个方面都是全同的。唯一的区别在于其中一个版本中，原子衰变了，猫死了；而在另一个版本中，原子没有衰变，猫还活着。

也就是说，上面说的"原子衰变了，猫死了；原子没有衰变，猫还活着"这两个世界将完全相互独立平行地演变下去，就像两个平行的世界一样。这听起来就像科幻小说，然而它却是基于无懈可击的数学方程，基于量子力学朴实的、自洽的和符合逻辑的结果。

这个诠释的优点是：薛定谔方程始终成立，波函数从不坍缩，由此它简化了基本理论。它的困难是：设想过于离奇，付出的代价是这些平行的世界全都是同样真实的。这就难怪有人说："在科学史上，多世界诠释无疑是目前所提出的最大胆、最野心勃勃的理论。"

艾弗瑞特把以上观点写成了博士论文，惠勒对这篇论文很是赞赏，论文的预印本在1956年初已经在一些同行中传闻。1957年1月，艾弗瑞特在北卡罗来纳大学的一次物理学会议上正式宣读了他的这篇论文；不久后在1957年7月号《物理评论》上惠勒还发表了论文的简介，题目是《艾弗瑞特的'相对态'量子理论的建构之评估》（*Assessment of Everitt's "Relative State" Formulation of Quantum Theory*）。惠勒在他写的《自传》（*Geon, black Holes and Quantum Foam: A Life in Physics*）一书中谈到了艾弗瑞特论文的出版。他写道：

> 当时在期刊中同时还有论文是由我的学生艾弗瑞特完成的相当艰深的文章。我也特地在那篇文章的篇幅之后，发表了一篇简短报告：《艾弗瑞特的"相对态"量子理论的建构之评估》。艾弗瑞特是一位独立、用功而且知道自我鞭策的年轻人。当他带着论文草稿来给我看时，我即刻就意识到其深奥程度，也看出当时他正钻研某些非常基本的议题，然而他的草稿却几乎令人无法理解。当时我也知道如果连我也难以理解这篇论文，更遑论评议委员会中的其他学术成员。他们很可能会认为论文难以理解，甚至于根本就没有贡献。因此艾弗瑞特与我在我的研究室中度过不少漫漫长夜以修正其论文。即使如此，我还是认为这篇毕业论文需要一篇姐妹作品同时发表。我的用意是要使其他的委员会成员更能消化理解这篇论文。
>
> ……艾弗瑞特肠枯思竭，希望能够避开令人棘手的问题，并描述一种纯粹的量子世界。这个世界里并没有所谓的古典观察者，只有呈现出各种尺度与错综复杂程度的不同量子体系。艾弗瑞特的"观察者"角色乃是量子体系的一部分，并非外来的实体。我们可以使用一种极度简化的方式来描述其推理结果为，所有可能发生的事件（各具不同的几率）都真的会发生。由于他的建构过程中并没有所谓的

古典测量仪器来测定哪一个可能的结果果然发生了，于是我们必须假定所有的结果都正在发生，但是这些结果之间并没有关联性。……我的朋友德威特（Bryce DeWitt）将艾弗瑞特诠释称为是“多世界”（many worlds）诠释。德威特的术语如今已经广为科学界所使用。[①]

4. 艾弗瑞特的失望

这是一个过分离奇的理论，很不容易被科学界接受。我们且看惠勒的一个通俗的比喻：想象你开车时遇到了一个多岔路口。根据经典物理学的观点，你选择了其中一条路继续开下去，于是这个事件到此结束。然而根据量子力学哥本哈根诠释，你可能会选择多条岔路之一。除非随后有某一局外人“观察者”看到你在加油站加油，或者在一处餐厅吃饭休息，否则人们必无法断定你当时到底在哪一条路上。但是根据艾弗瑞特的诠释，你“的确”同时开上了多条岔路。如果后来你在一条岔路加油站加油，而且这时你被一位局外人看见了，你自己也意识到正位于那个位置，但是我们还是不能断定在别的岔路上就不存在与你毫不相干的“另一个你”。

好了，你也许觉得这简直是胡说八道：怎么又在这条道上，又同时在那条道上？美国诗人弗罗斯特（Robert Frost，1874—1963）有一首名诗：

> 双岔道自黄树林中分岔，
> 遗憾我不能同时走两条路。
> ……
> 我选择人迹较少的一条，
> 自此面对截然不同的前途。[②]

---

① 《约翰·惠勒自传——物理历史与未来的见证者》，约翰·惠勒著，蔡承志译，汕头大学出版社，2004，351—352页。

② 《两个幸运的人——弗里德曼回忆录》，米尔顿·弗里德曼，罗斯·弗里德曼著，韩莉等译，中信出版社，2004，44页。

照艾弗瑞特的多世界理论岂不是说，弗里德曼在人生关键时刻虽然选择了一条他认为适合自己的路，却并没有“自此面对截然不同的前途”，而是同时存在好多个弗里德曼，他们各有自己的路？这怎么可能呢？

是的，这正是艾弗瑞特多世界理论令人困惑之处。但是好歹上面简单的叙述，让你知道艾弗瑞特离奇的理论到底说些什么，不至于我说了半天你还是什么也不知道。相不相信那是另外一回事，而且不相信的人也绝对不止你一个。例如鼎鼎大名的玻尔，他在年轻的时候可算是够大胆和够革命的了，但即使是他仍然坚持宏观世界的确定性，毕竟这是我们最真实感受到的世界。现在居然出现了比他还更加革命的多世界理论——宏观世界和微观世界都是不确定的！玻尔得知这一理论后选择了沉默。

所以不难想象，即使有惠勒的推荐和简短介绍，艾弗瑞特的新诠释公布之后，物理学界的反应出乎意料的冷淡。据说艾弗瑞特曾到哥本哈根去会见玻尔，希望听听他对多世界理论的意见。对人一贯热情、关爱和有宽容心的玻尔却不知什么原因没有见他。哥本哈根学派的物理学家几乎完全拒绝了多世界诠释。爱因斯坦那就更不用说了。

更有甚者，在 1979 年纪念爱因斯坦百年诞辰的研讨会上，惠勒在回答一个提问时说：“我承认，最后我已经不情愿地被迫放弃对那个观点的支持——虽然在开始我是支持它的——因为我担心它携带了太多的形而上学的包袱。”①

惠勒思想的改变说明对许多人来说，接受多世界理论是多么困难。

艾弗瑞特遭到学术界如此冷漠的对待，大失所望，于是在获得了博士学位以后就决然离开了物理学界，进入美国五角大楼，成为武器系统评估小组的分析家。他的伟大天分没有贡献给量子力学，而是贡献给五角大楼。惠勒曾在艾弗瑞特的解说下愉快地参观过五角大楼，那时惠勒才知道，艾弗瑞特几乎把那里的所有电脑程序都予以改写。再后来他又成为一名商人发了大

① 《寻找薛定谔的猫：量子物理和真实性》，(英)约翰 · 格利宾著，海南出版社，2001，236 页。

财，成了一个大富翁。

1968年，惠勒的一个同事和量子引力理论的主要奠基人之一布赖斯·德威特和他的学生格拉罕姆(N. Graham)写了一系列文章，介绍和发展了艾弗瑞特的多世界诠释，这才使得艾弗瑞特的理论再见天日。到了20世纪80年代，物理学家们对多世界诠释越来越重视，这使得艾弗瑞特有心重新返回物理学界，对量子力学中最基本的测量问题进行更深入的研究。可惜他是一个不爱运动的"老烟枪"，竟于1982年(53岁)就因心脏病而英年早逝。

5. 争论在继续

格利宾在他1995年写的《寻找薛定谔的猫：量子物理和真实性》(*In Search of Schrödinger's Cat: The Starting-World of Quantum Physics Explained*)书中写道：

> 在量子的多世界中，我们通过参与而选择出自己的道路。在我们生活的这个世界上，没有隐变量，上帝不会掷骰子，一切都是真实的。

按照格利宾所说，爱因斯坦如果还活着，他也许会同意并大大地赞扬这一个"没有隐变量，上帝不会掷骰子"的多世界理论。(天知道爱因斯坦会不会相信！)

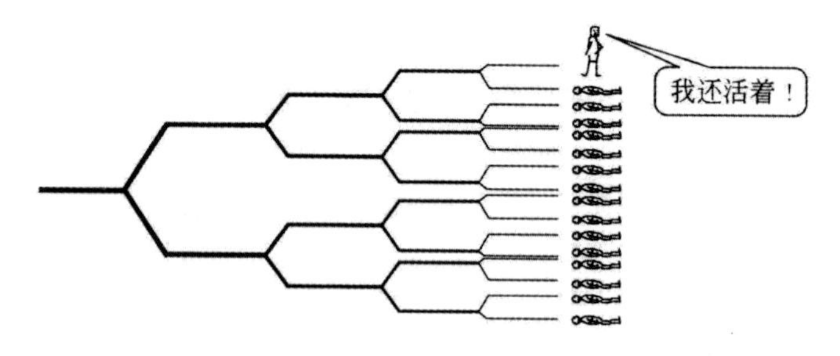

▲ 多世界诠释示意图

我们也许记得，在20世纪20年代，有一位物理学家声称他有一个理论可以解决量子理论的基本问题时，玻尔说："你的理论的确美妙，但是还没有美妙到真实的程度。”格利宾现在认为，艾弗瑞特的理论“确实已经美妙到真实的程度，在寻找薛定谔的猫方面，这个理论可以给出一个合适的答案”。由此可见格利宾对艾弗瑞特的多世界诠释抱有多么大的信心。

但是，尽管艾弗瑞特的多世界诠释有非常吸引人的地方，但也存在几个问题。首先，如果这些分开的世界不能发生相互作用，那么非常清楚的是，没有任何办法能够检验艾弗瑞特的说法。其次，测量的问题虽然解决了，但是没有带来新的预言，也不能检验，因此这个理论不能令人满意。甚至约翰·惠勒最后也说，艾弗瑞特的观点“只能提供一些想法”。这个理论的详细公式体系也有很大的问题，费曼担心在这些不同的世界当中，应该有很多份我们自己的拷贝。我们的每一个拷贝都知道世界是怎么因我们而分裂的，因此我们就可以往前追溯我们的过去。当我们观察我们过去的行踪的时候，观察结果是不是和一个“置身事外的”观察者得到的结果一样“真实”呢？更进一步，虽然在我们观察自身之外的世界的时候，我们可能把自己当成“外面的”观察者，但是我们之外的世界包括别的观察者也在观察我们呀！我们会不会就我们看见的东西总是有一致的观察结果呢？就像费曼说的：“可以有很多很多的推测，讨论这些东西并没有什么用处。”

约翰·贝尔同样对多世界诠释带来的后果表示担忧，他认为艾弗瑞特和德威特都把波函数分岔成很多个宇宙的过程当成一个树形结构，“对于每一个分支，将来是不明确的，但是过去却是明确的”；某一具体的现在与某一具体的过去没有任何相关性，因此，我们这个世界就没有轨迹了。

物理学家们也都知道，还有许多技术上的难题等待解决。但是正如格利宾所说：

> 我们要么不得不接受哥本哈根的诠释，连同他那幽灵般的现实和半死半活的猫；要么接受艾弗瑞特的多世界诠释。当然，可以认为科学市场上的‘最好的家伙’都是不正确的，这两种选择都是错的。关于量子力学的现实，可能还有另一种解释，它既能解决哥本

哈根诠释和艾弗瑞特的诠释已经解决的所有问题……但是如果你认为这是一个轻松的选择，一条容易走出困境的路，那么你必须记住：任何这种‘新的’解释都必须能够解释自从普朗克在黑暗中取得突破以来的所有成就；在解释万物方面，它必须与目前这两种理论一样好，或者更好。的确，守株待兔似的等待某人会对我们的问题提出一个好的答案，这不是科学的态度。在没有更好的答案的情况下，我们就不得不正视目前能得到的最好答案。①

6. 霍金是一位多世界理论的拥护者

格利宾说的有道理，因此很多物理学家对多世界诠释很有兴趣，并且抱有信心，其中包括著名的物理学家费曼、盖尔曼、霍金等人。

霍金是一个多世界理论的拥护者，1992 年 5 月他在剑桥凯斯学院作题为《我的立场》的演讲时说：

有一个称为薛定谔的猫的著名理想实验。一只猫被置于一个密封的盒子中。有一杆枪瞄准着猫，如果一颗放射性核子衰变就开枪。发生此事的概率为百分之五十。（今天没人敢提这样的动议，哪怕仅仅是一个理想实验，但是在薛定谔时代，人们没听说过什么动物解放之类的话。）

如果人们开启盒子，就会发现该猫非死即生。但是在此之前，猫的量子态应是死猫状态和活猫状态的混合。有些科学哲学家觉得这很难接受。猫不能一半被杀死另一半没被杀死，他们断言，正如没人处于半怀孕状态一样。使他们为难的原因在于，他们隐含地利用了实在的一个经典概念，一个对象只能有一个单独的确定历史。量子力学的全部要点是，它对实在有不同的观点。根据这种观点，一个对象不仅有单独的历史，而且有所有可能的历史。在大多

① 《寻找薛定谔的猫：量子物理和真实性》，(英)约翰 · 格利宾著，海南出版社，2001，244 页。

数情形下，具有特定历史的概率会和具有稍微不同历史的概率相抵消；但是在一定情形下，邻近历史的概率会相互加强。我们正是从这些相互加强的历史中的一个观察到该对象的历史。

薛定谔的猫的情形，存在两种被加强的历史。猫在一种历史中被杀死，在另一种中存活。两种可能性可在量子理论中共存。因为有些哲学家隐含地假定猫只能有一个历史，所以他们就陷入这个死结而无法自拔。①

霍金的《时间简史》一书意料不到地畅销以后，加上霍金奇迹般地战胜死亡，还不断在科学研究上创造奇迹，因此各大媒体都把目光盯着了霍金，他出现在许多电视片上。其中最有意思的是 1993 年 1 月拍的《星际航行》系列剧中，他与爱因斯坦、牛顿和演员戴特（照片中背对摄影机的人）一起，打起了扑克牌，美国著名影星玛丽莲·梦露也坐在霍金的身边。爱因斯坦、牛顿和玛丽莲·梦露都是通过科学幻想故事中的"时空隧道"唤回来的。

▲《星际航行》中霍金（左 3）与爱因斯坦（左 1）、牛顿（右 1）和玛丽莲·梦露（左 2）一起打扑克牌。

霍金是玛丽莲·梦露的"铁杆"影迷，他的办公室挂有两张玛丽莲·梦露的大幅照片，使他随时可以看到他心中的情人。在这部影片中霍金洋洋得意

① 《霍金演讲录》，史蒂芬·霍金著，杜欣欣，吴忠超译，湖南科学技术出版社，2007，33 页。

地说：

> 任何一个想得到的故事，在浩瀚的宇宙里都可以发生。其中肯定有一个故事是，我和玛丽莲·梦露结了婚；也有另外一个故事，在那里克娄巴特拉成了我的妻子。①

然而，并没有发生这样的"艳遇"，霍金"遗憾"地说："这太遗憾了！不过，我赢了前辈们很多的钱。"

盖尔曼对于艾弗瑞特多世界理论也很重视，在他1994年写的《夸克与美洲豹》一书中写道：

> 我们认为艾弗瑞特的工作有重要价值，但我们又相信还有很多的工作等待我们去干。像其他成果一样，艾弗瑞特对词汇的选择和后来一些人对他的工作的注释，造成了混乱。例如，他经常用"多世界"来进行解释，但我们相信，多世界的真正意思应该是"多种宇宙可选择的历史"。除此之外，这些多世界被认为是"完全相等的真实"，我们认为把它解释为"所有的历史从理论上看都是相同的，但它们有不同的概率"，这将更加明确而不会引起迷惑。使用我们建议的语言，讲的还是大家熟悉的概念，即一个给定的系统可以有不同的历史，每一种历史有它自己的概率；没有必要使人们心神不安地去接受都具有相同真实性的多个"平行的宇宙"（parallel universes）。一位有名的非常精通量子力学的物理学家，他从艾弗瑞特的诠释中得出一个推论：接受这个理论的任何人将希望在俄罗斯赌盘机上进行豪赌，因为在某些"相同真实"的世界里，玩赌的人不仅活着，而且成了富翁。②

---

① 克娄巴特拉是埃及托勒密王朝末代女王，貌美，有强烈的权势欲望，一开始是恺撒的情妇，然后又与安东尼结婚。安东尼溃败后，又想勾引屋大维，未遂，以毒蛇自杀。

② 《夸克与美洲豹》，盖尔曼著，杨建邺等译，湖南科学技术出版社，2001，138页。

在盖尔曼的评论中，既肯定了艾弗瑞特的诠释，也提出了一些重要的改进意见。

目前，许多物理学家认为多世界诠释的确是一个具有独创性和革命性的看法。例如在2001年初的现代物理学最重要的期刊《物理评论》上出现了俄罗斯物理学家亚历山大·维兰金教授(Алексаа̀ндр Вилѐнкин，1949—)的文章。在十页的文章里，维兰金运用通常的公式客观地论述了宇宙的特性。但是，文至最后一段，他却突然写道：

“有些读者听了这个消息会感到高兴，即：(宇宙中)存在着无穷多的区域，在这些区域里阿尔·戈尔是总统，而且——是的！——艾尔维斯还活着！[①]每当您头脑中闪现一个念头，觉得可能发生了一个可怕的不幸，您就可以有把握地认定，在(宇宙中的)一些区域它已经发生了。如果您险些遇难，您在某些区域里碰到这种事情也不曾太走运。”[②]

还有一位物理学家雷欧纳德·苏斯金德(Leonard Susskind，1940—)预言说：“再过100年，哲学家和物理学家们将会痛心疾首地回顾现在并回想那个20世纪庸俗狭隘的宇宙观，它将让位于更大、更好、无限风光令人眩晕的巨型宇宙的黄金时代。”[③]

7. 一种新的尝试

但是，多世界诠释仍然有许多重大问题无法解释，其中最重要的问题是，如果我们这个宇宙真的存在着古怪的宏观世界的叠加态，为什么我们只能察觉到确定的经典世界，而其他许许多多叠加态却无法察觉感知呢？这显然是

① 2000年11月美国副总统阿尔·戈尔参加美国总统竞选，败在乔治.W.布什手下；艾尔维斯可能指的是美国人人皆知的“猫王”(Elvis Aron Presley，1935—1977)，到2001年猫王已经去世24年。

② 《多重宇宙：一个世界太少了？》托比阿斯·胡阿特，马克斯·劳讷著，车云译，北京三联书店，2011，前言2页。

③ 雷欧纳德·苏斯金德是美国斯坦福大学菲利克斯·布洛赫理论物理讲座教授。他的话见上注前言3页。在第21节读者还会再次见到他。

一个最重要和最急迫的困难等待解决。

1970 年，德国海德伯大学的泽赫（H. Dieter Zeh，1932— ）发表了一篇有独创性的论文，给出了他对这个困难的一个答案。他证明，薛定谔方程本身就蕴含着某种形式的审查（即破坏叠加态）的功能。这一功能后来被称为“退相干”（decoherence，也有译为“去相干”的），因为理想的原始叠加态称为“相干态”（coherent state）。在随后的数十年里，洛斯·阿拉莫斯的物理学家朱瑞克（Wojciech H. Zurek，1951— ）以及其他研究人员（包括泽赫）极为详尽地研究了退相干。他们发现，相干的叠加态只有在与世隔绝的情形下才能够一直维持下去。这也就是说，一个系统与测量仪器和外界环境相互作用后，就会发生退相干过程，从而使我们在现实生活中只能感受到彼此已经没有相干性的经典世界，而不能感受到具有相干性的量子叠加态，它们已经退相干了！几乎可以说，环境就是一个观测者，它使波函数坍缩。与周围环境的微弱的相互作用，迅速地使叠加态的奇特量子特性消失。

▲《新量子世界》中译本封面。这是近年来出版的一本比较好的介绍量子力学的科学普及书。

退相干说明了为什么我们不能在周围的世界中随时看到量子叠加态。不能看到不是因为当物体的大小超过某一尺度后，量子力学本质上就不再起作用，而是因为像猫这样大的宏观物体，几乎不可能做到与周围世界完全隔绝从而防止退相干发生。相比之下，微观物体比较容易与其周围环境隔绝开来，因此就得以保持它们的量子行为。

爱因斯坦关于月亮的疑问（“月亮在我不看它的时候还存在吗？”），也可以用类似的退相干理论来诠释。月亮不是一个什么作用都没有的系统，不仅仅月亮上的每个分子都与相邻的分子有持续不断的相互作用，月亮的表面也受到各种粒子和辐射持续不断的轰击，这些粒子和辐射绝大部分是从太阳来的。与月亮有关的任何薛定谔的猫态的相干性，很快就被这些持续不断的相互作用摧毁了。根据这种退相干理论，即使我们没有看着月亮，我们完全可以放心：月亮毕竟总是在那里的。从太阳来的光子的轰击，足够形成一次次测量，并且摧毁任何量子相干性。

由于发现了退相干，再加上量子的奇异特性得到了越来越精巧的实验证实，物理学家们的观点发生了显著的变化。但是，物理学家们对待多世界诠释也不是都表示赞成或者完全放心，反对者仍不乏其人。还有许多离奇的理论不断地在提出，我们这儿就不能一一介绍了。英国物理学家安东尼·黑(Anthony Hey)和沃尔特(Patrick Walter)在他们写的《新量子世界》(*The New Quantum Universe*)一书中说得好：

> 在我们关于量子测量问题的简单讨论中，只能很肤浅地触及这些争论的表面。我们希望读者不要为观点的繁杂而沮丧，考虑到这些伟大的物理学家之间也有不同意见，你们应该受到鼓舞才对。量子力学不是一本已经完成了的学问，21 世纪可能还会有一些惊人的发现在等着我们。①

量子力学诞生后的第一个百年，不仅仅给我们带来了许许多多最先进和强有力的技术——如量子密码、量子信息、量子计算机等等，还亲眼目睹科学王国中出现了一门崭新的学科——量子工程学。这说明物理学家的探讨不是在那儿玩概念游戏，不是在那儿做黄粱美梦。他们的思考是人类前进的巨大推动力。我们完全可以预期在量子力学领域里，21 世纪会给人类带来更多激动人心的伟大发现，使我们的生活更加美好和丰富多彩！

---

① 《新量子世界》，安东尼·黑，帕特里克·沃尔特斯著，雷奕安译，湖南科学技术出版社，2005，158 页。

十九、宇宙常数之谜

宇宙究竟是无限伸展的呢？还是有限封闭的呢？海涅在一首诗中曾提出一个答案："一个白痴才期望有一个回答。"

——A. 爱因斯坦

英国物理学家保罗·戴维斯(Paul Charles William Davies,1946—)在他写的《关于时间》(*About Time*)一书中写道："宇宙项:谬误还是胜利？尽管许多科学家发现爱因斯坦场方程中的宇宙项(用λ表示)令人讨厌，但还没有理由能把它去掉。如果将来的观测数据确定了时标难题，那么爱因斯坦的最大错误将为保留大爆炸理论提供一种壮观而又现成的方式。如果无此必要，这就没有证明宇宙项不存在。这个'宇宙常数问题'仍然有待解决(它等于零吗？如果这样，为什么？)。"[①]

1. 伽莫夫如是说

▲ 美国物理学家伽莫夫，他写的科普书籍世界闻名，读者极多。

俄罗斯裔美国物理学家伽莫夫(George Gamov, 1904—1968)是一位感情丰富而且非常容易动情的人。他在他的回忆录中曾经写道："有一次，在我和爱因斯坦讨论宇宙学问题时，他认为，引入一个'宇宙项'是他一生中所干的一件最大的蠢事。"

接着，伽莫夫似乎颇为愤慨地指出："然而，被爱因斯坦否定和抛弃的这个'愚蠢项'至今还在被某些宇宙学家沿用，那个以希腊字母λ代表的宇宙常数，还高昂着它那丑陋

① 《关于时间》，保罗·戴维斯著，崔存明译，吉林人民出版社，2002，399页。

的尖脑袋,一而再、再而三地出现着。”

“丑陋”而且是“尖”的脑袋,充分表明了伽莫夫是如何憎恶这个宇宙常数(cosmical constant)λ！但其他科学家并没有因为爱因斯坦抛弃了λ,也并没有因为伽莫夫说它“丑陋”(虽然λ的“脑袋”的确有点尖),就真把它扔进了垃圾堆。举一个例子,1982年,当今英国著名宇宙学家史蒂芬·霍金在美国物理学家盖尔曼的影响下,对宇宙常数有了兴趣,并在同年的一次会议上,作了题为《宇宙常数和弱人择原理》的演讲。他在演讲中指出,在弱人择原理(即有智慧的生命只能在受给定物理规律支配的给定的宇宙的某个区域中生存)的情形下,宇宙常数应该是存在的,只不过它比已知的任何其他物理常数更接近零。霍金还特别指出,尽管我们可以用规范不变性使光子的质量为零,但我们没有相同的理由使λ的数值等于零。

λ的尖脑袋似乎并不丑陋,它又昂起它的尖头。这似乎应验了英国天文学家爱丁顿的预言:“λ= 0,这暗示着回复到不完全的相对论,这与回复到牛顿理论一样用不着思考。”

那么,爱因斯坦到底是不是犯了一个毕生最大的错误,或者说干了一件最大的蠢事呢?他为什么会认为自己干了一件最大的蠢事呢?这是一个极有趣味的历史故事,里面充满了几乎看不出来的陷阱和误区,简直是真假难分。大约我们唯一有把握说的话是:这儿所阐述的一切,仍然没有把握说它到底是对还是不对。如果读者能因此对λ产生了兴趣,并于若干年或几十年以后提出某种新看法,这个故事就算没有白写了。

2. 一个古老的悖论

牛顿力学建立以后,宇宙结构的早期模型基本上被淘汰了。早期宇宙模型,无论是古中国或古希腊,几乎都认为宇宙是有限的、有边界的。但这种模型立即会引出一个令人困惑的悖论:有限有界就意味着存在边界以外,而“宇宙”本身就是“囊括一切”的,没有什么东西能在宇宙之外。既认为宇宙囊括一切,又认为有边界而承认宇宙还有宇宙之外,这也就是说宇宙并不“囊括一切”。这是一个明显的悖论。

但在古代，这个问题还是有解决的办法的，那就是把“边界以外”的部分划到科学研究范围之外，那儿是上帝或者是玉皇大帝统治下的天堂或者仙界。但到了近现代，这种说法当然不能再滥竽充数了。为了解决上述的悖论，牛顿和莱布尼茨主张宇宙是无限的。1692年12月10日，牛顿在给本特利牧师(Richard Bentley，1662—1742)写的一封信中，对他为什么将宇宙当作一个到处充满物质的无限容器作了解释，他写道：

> 关于您的第一个疑问，我认为，如果构成我们的太阳和行星的物质以及宇宙的全部物质都均匀分布于整个天空，每个质点对于其他一切质点来说都有其内在的重力，而且物质分布于其中的整个空间又是有限的，那么，处于这空间外面的物质，将由于其重力作用而趋向所有处于其里面的物质，而结果都将落到整个空间的中央，并在那里形成一个巨大的球状物体。但是，如果物质是均匀分布于无限的空间中的，那么它就绝不会只是聚集成一个物体，而是其中有些物质会聚集成一个物体，而另一些物质则会聚集成另一个物体，以致造成无数个巨大物体，它们彼此距离很远，散布在整个无限的空间中。①

▲ 伊萨克·牛顿，他是一位物理学历史上最伟大的物理学家；但是他在时空方面犯的错误，让后辈物理学家吃足了苦头。

无限空间里有无限数量的恒星，它们均匀分布在整个空间，这的确是很

① 《牛顿自然哲学著作选读》，牛顿著，王福山等译，上海译文出版社，2001，66—67页。

有吸引力的设想，因为这时不存在什么引力中心了，每一颗恒星在各个方向上受力相等，没有任何一个方向受力大于另外某个方向，于是静态宇宙得以稳定下来，因而总体上看宇宙是静态的。“宇宙是静态的”这是东西方自古以来的传统看法，而且与日常生活经验也十分相符，因而也是自古到牛顿所有宇宙模型的基本要求。

但是，这种宇宙模型有一个很大的缺陷，那就是如果无限空间有无限数目恒星，则空间任意一点的引力将会趋向无限大，任意点的引力势亦因而无法确定。牛顿的同事哈雷（E. Halley，1656—1743）早在1720年就提出类似的问题。他在一篇文章中指出，如果恒星数量是无限的，那么黑夜就不复存在，任何地方都应该非常明亮。后来，德国天文学家奥伯斯在1823年又提出了相似的问题，并被称之为“奥伯斯佯谬”。

由于以上原因，牛顿只好认为宇宙是无限的，而星体分布在有限空间里。在讨论这样一个有限力学体系的状态、运动时，我们可以取一个参考系，引力势在无限远处成为常数。

与牛顿同时代的德国哲学家和数学家莱布尼茨则坚决主张，星体一定均匀分布在整个无限的空间，即无限的空间中有无限数量的恒星。理由是，如果恒星有限，则物质宇宙仍然有界；于是问题又回复到古老的悖论上去了。

他们这两种不同的意见，谁也说服不了谁。海涅在一首诗中曾提出一个答案：“一个白痴才期望有一个回答。”这其间原因很简单，因为他们双方都无法摆脱纯思辨的思考方式，而对于对方的理论也只能用否认的办法。康德（I. Kant，1724—1804）则采取了一种几乎是滑头的办法，试图把这个争论当作一个根本用不着争论的问题。因为，宇宙既不能有限，也不能无限，这是一个“空间的二律背反”的问题。也就是说，康德采取了海涅的相似的看法，认为这个问题是一个“白痴”的问题。

但物理学家并不那么轻信哲学家康德的看法，更不用说诗人海涅的话了。

到19世纪90年代中期，德国天文学家诺依曼（C. G. Neumann，1832—1925）和希利格（H. von Seeliger，1849—1924）对牛顿的宇宙模型提出了一个

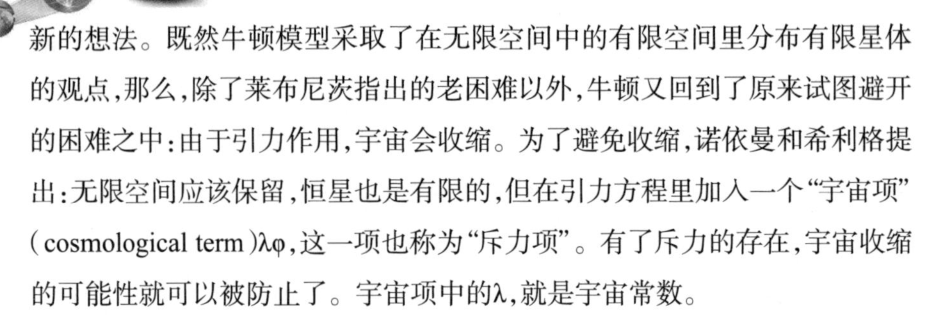

新的想法。既然牛顿模型采取了在无限空间中的有限空间里分布有限星体的观点，那么，除了莱布尼茨指出的老困难以外，牛顿又回到了原来试图避开的困难之中：由于引力作用，宇宙会收缩。为了避免收缩，诺依曼和希利格提出：无限空间应该保留，恒星也是有限的，但在引力方程里加入一个“宇宙项”（cosmological term）λφ，这一项也称为“斥力项”。有了斥力的存在，宇宙收缩的可能性就可以被防止了。宇宙项中的λ，就是宇宙常数。

但莱布尼茨的反对意见，即“有限分布意味物质宇宙有界”的问题，诺依曼和希利格可就顾不上了，而且他们也根本无法解决这一古老的悖论。

1917年，出现了解决问题的一线曙光。

3. 出现了一线曙光

爱因斯坦在1916年提出了广义相对论之后不久，立即转向了宇宙学，开始探索这个只有“白痴才期望有一个回答”的悖论。这其间的原因，除了因为他对“自然界的神秘的和谐”总是怀有一种“赞赏和敬仰的感情”以外，还因为广义相对论本身的需要。

▲ 牛顿之后最伟大的物理学家就是爱因斯坦，他提出了一个与牛顿完全不同的宇宙理论。

我们知道，广义相对论是一种不同于牛顿万有引力理论的理论，它们之间在基本概念上有本质上的不同。但是在绝大部分情形下由于引力场非常微弱，所以这两个理论之间的差别非常微小。因此广义相对论的最低一级的近似与牛顿引力理论完全等价，牛顿引力理论足以解决宇宙学中的大部分问题。虽然当时有几个效应例如引力红移、光线弯曲和水星近日点进动，在广义相对论的第一级近似中能够表现出来，而且由于这几个效应的实验证实，对广义相对论得到公众的确认起了重要作用。但是,它们并不足以显示出这两个引力理论之间本质上的巨大差别。只有在强引力场中,两个引力理论之间深刻的和本质的差别,才能清晰地表现出来。但强引力场在哪儿呢?近在眼前,远在天边,我们生活在其中的宇宙是那时唯一知道的强引力场。也就是说,在那时唯有在广阔的宇宙空间里可以充分显示广义相对论的力量,并使得牛顿引力理论的弱点充分暴露出来。

当爱因斯坦开始瞩目于宇宙学时,在他面前有许多观点似乎与牛顿引力理论相符,也与日常经验相符,其中有:

(1)宇宙的空间是无限的;

(2)宇宙的物质内容是有限的;

(3)宇宙在整体上是处于静态的;

(4)如诺依曼所说,排斥力(即宇宙常数)可以引入到引力理论之中。

爱因斯坦在构造他的宇宙模型时,这些符合日常生活的经验,有一些肯定会影响他的思考。

其中第(1)条,广义相对论已经给出了完全不同于以前的回答。我们知道,广义相对论所需要的空间是“黎曼空间”(Riemannian space),而不是牛顿的思考的空间。在黎曼空间被人们发现以前,人们的观点是:有限必定有界,有界必定有限;无限必定无界,无界必定无限。但德国数学家黎曼(Georg Friedrich Bernhard Riemann,1826—1866)于1854年在题为《论几何学基础中的假设》的大学讲师就职演讲中,第一次指出:宇宙可以“是有限无边的”。

▲ 德国著名数学家黎曼

黎曼几何的重要意义还在于:我们终于可以用实证的方法而不是纯思辨的方法,来研究康德所谓有限无限空间是不能研究的问题。不仅有限无限问题可以研究,而且按黎曼理论,空间的有限与无限由空间的曲率

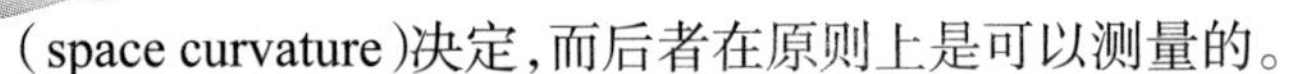

(space curvature)决定,而后者在原则上是可以测量的。

爱因斯坦的广义相对论所描述的空间,正是黎曼几何的空间。因此,对于爱因斯坦的引力理论来说,宇宙是有限无边的,这就将几千年来争论不休的有限即有边界的问题解决了。在这方面,爱因斯坦的宇宙少了一桩令人不安的问题。但是在其他方面,爱因斯坦的宇宙所面临的问题,与牛顿的宇宙几乎一样多。首先一个重要问题是:这个宇宙在整体上说是不是静态的?在这一点上,爱因斯坦接受了传统和日常经验给他的直觉:从整体上看,宇宙是静态的。但他的引力方程和牛顿的引力方程一样,只有引力项,因而也无法避免宇宙的收缩这一困难。好在有诺依曼和希利格的先例,于是爱因斯坦将他的引力方程也引入一个宇宙项,也就是说加了一个宇宙项,就是伽莫夫深恶痛绝的"尖脑袋"宇宙常数。

美国波特兰大学雷依(C. Ray)认为:"爱因斯坦的确出于经验的动机,才引入了这个(宇宙)常数的。"

开始,爱因斯坦也不喜欢这个"尖脑袋",因为引进了这一项后,原来的引力方程在美学上显示的魅力在一定程度上受到了损害,即原来具有的对称性受到一定程度的破坏。但是,不加上这一项,他在试图求解原方程时,发现宇宙不是膨胀便是收缩,二者必居其一。这时,爱因斯坦罕见地不相信自己的方程式了,他决定相信天文学家们观测的结论和日常的直觉感受,即宇宙中的星体虽然有存在和消亡的过程,还有大量的无规则运动,但在整体上,即在宇宙大尺度上仍然是静态的。他那时无法相信宇宙会膨胀或收缩,他只能够像诺依曼和希利格那样,引入一个反引力的"宇宙项"。

这个反引力(即斥力)与其他人们熟知的力不同,它不来自任何特殊的源,而是被纳入时空本身的结构之中;它还随两物体之间距离增大而增大,并且只取决于其中一个物体的质量。这种力,尤其是它的无源性,在当时可以说是十分令人难解的,但正如伽莫夫所说:"然而只要能拯救(稳定的)宇宙,怎么干都行!"

1917年2月,爱因斯坦终于在《根据广义相对论对宇宙学所作的考察》一文中大胆地提出了自己的广义相对论宇宙学。这篇文章，无论其中还包含多少问题和困难，但作为一种理论体系，它标志着物理学又翻开了新的一章。爱因斯坦不愿意承认整个宇宙不可能建立一个整体的动力学理论，并因而放弃这个问题。他在文章中写道：

> 为了得到这个不自相矛盾的理解，我们的确必须引进引力场方程的一个新的扩充，这种扩充并没有为我们关于引力的实际知识所证明。但应当着重指出，即使不引进那个补充项，由于空间有物质存在也就得出一个正的空间曲率；我们之所以需要这个补充项，只是为了使物质的准静态分布成为可能，而这种物质分布是同星的速度很小这一事实相符合的。①

爱因斯坦还说："我必须承认，要我在这个原则任务上放弃那么多，我是感到沉重的。除非一切为求满意的理解所作的努力都被证明是徒劳无益时，我才会下那种决心。"

但这一次他不像以前提出狭义和广义相对论那样有把握。一方面可能是因为有"宇宙项"的方程破坏了引力方程的对称性，另一方面可能是因为这个"宇宙项"的古怪性质令他不大放心，所以在1917年2月将文章提交给普鲁士科学院的前几天，他在给好友荷兰物理学家埃伦费斯特(Paul Ehrenfest, 1880—1933)的信中写道：

> 我又在引力理论方面拼凑了一些东西出来，这让我险些儿被抓进疯人院里隔离起来。但愿你们莱顿那里没有疯人院，这样我就可以再去拜访你们而不会遇到什么危险。②

后来事态的发展，似乎说明他的担心不无道理。

---

① 《爱因斯坦文集》第二卷，范岱年等译，商务印书馆，1997，362—363页。
② 《爱因斯坦全集》第八卷上，杨武能译，湖南科学技术出版社，2009，388页。

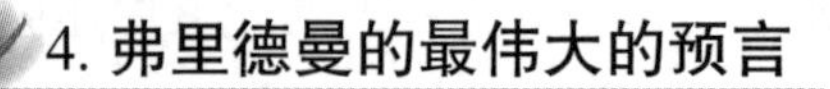

4. 弗里德曼的最伟大的预言

爱因斯坦的论文发表后不久，前苏联数学家弗里德曼（А. А. Фридман，1888—1925）从纯数学角度研究爱因斯坦的论文时，发现爱因斯坦在证明他的宇宙模型过程中，犯了一个错误。当爱因斯坦在用一个比较复杂的项除以一个方程式的两端时，没有注意到这个项在某些情形下有可能等于零。而不允许为零的量除以等式的两端，这是每一个初中学生都十分清楚的。但是爱因斯坦这次却疏忽了，这样，爱因斯坦的证明当然就靠不住。

弗里德曼立即意识到，一个全新的宇宙理论，正好在这儿呼喊着自己诞生的权利。经过一番紧张的研究弗里德曼确信：爱因斯坦在1916年最初提出的引力场方程是完全正确的。这个方程预言宇宙将随时间而膨胀或者收缩；爱因斯坦为了保证宇宙的静态而违背初衷，加入一个宇宙项，其实是画蛇添足，造成一个可悲可叹的错误。

▲ 对星系观测表明宇宙正在膨胀：几乎任何一对星系之间的距离都在增大。

弗里德曼将自己的发现写信告诉爱因斯坦，据说爱因斯坦没有给他回信。后来，弗里德曼又托去柏林访问的列宁格勒大学物理教授克鲁特科夫（Ю. А. Крутков，1890—1952），向爱因斯坦面谈他的发现。据伽莫夫回忆说，爱因斯坦终于给弗里德曼回了一封短信，“虽然语气有点粗暴，但却同意了弗里德曼的论证”。

1922年，弗里德曼在德国《物理杂志》上发表了他的论文。在论文中他证明：爱因斯坦原来的引力方程允许各向同性、均匀物质分布的非静态解，这相应于一个膨胀着的宇宙。弗里德曼的预言可以说是科学史上最伟大的预言之一，它开创了宇宙学一个崭新的纪元。一方面是因为它预言的范围涉及整个宇宙空间，另一方面它第一次打破了一个亘古以来的传统观点——宇宙在大尺度上是静态的。

爱因斯坦读了弗里德曼的论文之后，认为论文中有错误，立即给编辑写了一篇短文，批评了弗里德曼的文章，并登在接着的一期《物理杂志》上。但弗里德曼立即看出，爱因斯坦的批评又有错误，于是他又对爱因斯坦的批评提出了反批评。1923 年，爱因斯坦在一短文中，撤回了对弗里德曼文章的批评，表示赞成弗里德曼提出的模型。但是，直到 1931 年爱因斯坦才正式承认：宇宙项在“理论上是无论如何也不令人满意的”，并表示不再提及这个“愚蠢项”。

伽莫夫是广为人们喜爱的科学家和科普作家，他的科学作品销路极广，而且译成多种国家文字，所以在本文开始引用的伽莫夫说的那段话——“爱因斯坦认为，引入一个‘宇宙学项’是他一生中所干的一件最大的蠢事”，几乎是人人皆知，而且除了广为人知以外，还影响极大，有可能还妨碍了人们对λ的正确分析。

5. 爱因斯坦对待 λ 的复杂心态

从 1917 年前后的知识背景来看，爱因斯坦引入一个宇宙常数以保证宇宙在大尺度上是静态的，这的确是一个错误。爱因斯坦在年轻时，以不轻信任何先验自明的概念而令人叹服。他曾说过：

“物理学中没有任何概念是先验的必然的，或者说是先验的正确的。”

但是，任何人即使是伟大的科学家，也不能保证自己永远不会陷入先验概念设下的陷阱。爱因斯坦虽然在 1917 年 2 月文章发表之前，也发现他的引力方程会得出膨胀和收缩解，但传统由经验得到的宇宙静态观深深地影响了他，使他放弃宇宙可能膨胀的解，而引入一个宇宙常数λ，以保证在大尺度上宇宙是静态的。

但是有趣的是，现在宇宙学和物理学的最新研究表明出现了新的问题：λ的引入，真是爱因斯坦毕生犯下的最大的错误，干的最大的蠢事吗？

现在宇宙学家认为，在描述宇宙早期的情形时，宇宙常数λ是不可缺少的。

在量子场论里,真空被定义为"能量密度可能值中最低的状态"。在这一定义下,物理学家在考虑通常所说"源"粒子真空时,场并非真空!而这样一个场,与前面提到的引入宇宙常数λ以后出现的无源场,在本质上应该说并无区别。在一个暴胀(powerful inflationary)宇宙模型里,宇宙学家们甚至猜测,宇宙早期的急剧膨胀,产生于一个可能具有很大常数值的真空能量。

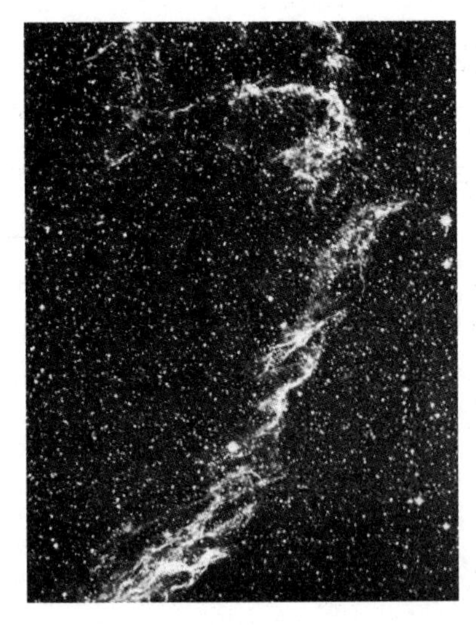

▲ 我们头上的天空,它是宇宙之一小角。

宇宙学家雷伊说:"……在量子广义相对论中,宇宙常数起了不可忽视的作用,可以说,它促进了而不是阻碍了宇宙学的发展。"

从现在的研究状况看来,在广义相对论的方程里,只要适当地调整λ的值,就可以得到静态的、膨胀的和收缩的解。而且我们注意到,爱因斯坦在1917年引入宇宙常数的论文中,他并没有给常数赋予任何一个具体的数值,他只是说:

> ……我们可以加上一个以暂时还是未知的普适常数——λ的基本张量,而不破坏广义协变性……当λ足够小时,这个场方程无论如何也是相容于由太阳系中所得到的经验事实的。

因此现在普遍的看法是:爱因斯坦引入宇宙常数并不是他毕生的大错,更不是他干的一件最大的蠢事。从历史的观点看,爱因斯坦引入宇宙常数虽然缺乏足够的理论根据,但并没有错。

从λ提出至今已有90多年的这段历史时期中,由于宇宙常数的引入倒是为宇宙学的研究创造了进一步探索的气氛,并且使得宇宙学得到了进一步的发展。美国学者查尔斯·塞费在他写的《阿尔法与奥米伽:寻找宇宙的始与终》书里有一段话写得特别好，因此特地大段引用，献给读者：

……当时爱因斯坦正在与宇宙是不稳定的这种思想作斗争。为了应对这种困境，爱因斯坦修改了自己的方程，加入一个虚设的因子λ以抵消引力的作用。正如聚变能的外向压力能抵消太阳的引力坍缩一样，那个λ的外向“压力”也抵消了星系和星系团之间的引力，使得宇宙处在一种稳定的平衡态。没有实验支持λ，也没有物理学上的理由使人相信有某种反引力存在，因此，当哈勃发现宇宙膨胀时，爱因斯坦匆匆推翻了这种思想，后来又把这件事称为自己生涯中最大的失误。70年过去了，λ仍然躺在已被遗弃和推翻的思想垃圾堆中，对宇宙学家心目中的宇宙组成来说，它显得格格不入。

1998年，当超新星搜寻者发现宇宙膨胀是在加速而不是在减速时，情况骤然发生了变化。即使你不相信存在一种反引力，起着抵消星系团引力的作用，但是你也不得不相信有这样的力，当一个棒球不断加速冲向空中时，必然有这种看不见的力在推它，以抗拒引力。测量数据源源不断地涌来——涉及宇宙背景辐射、星系分布、超新星、大爆炸核合成——均证实了这个怪异的结论：有一种神秘的反引力，即暗能量，它必须占宇宙‘材料’的65%。λ又扬眉吐气地回来

▲ 查尔斯·塞费的《阿尔法与奥米伽：寻找宇宙的始与终》一书中译本封面。

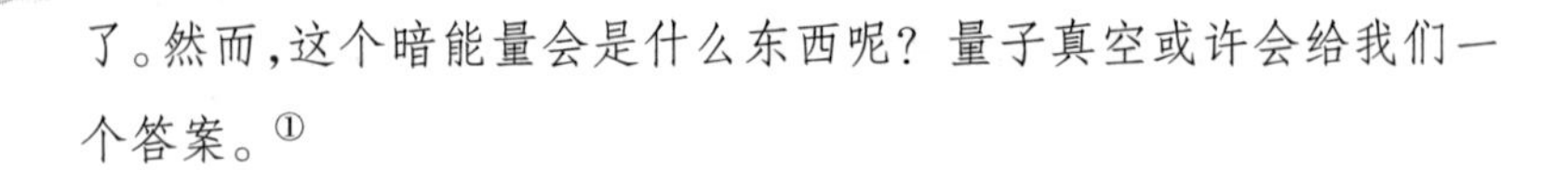

了。然而，这个暗能量会是什么东西呢？量子真空或许会给我们一个答案。①

这又涉及更复杂的“暗能量”(dark energy)和“量子真空”(quantum vacuum)等更复杂的物理学知识，以及近十来年更多的宇宙学发现。

围绕着常数λ长达90多年的争论也最雄辩地说明，空间和时间一样，从古至今都是物理学家最易陷进去的一个误区；今后它将仍然是一个斯芬克斯之谜(Sphinxs riddle)，让众多的物理学家为它去绞尽脑汁，去犯更多的、更意料不到的错误，掉入更隐蔽的陷阱。

印度诗人泰戈尔说得好：

> 人在必然世界里有一个有限之极，在希望世界里则有一个无限之极。

二十、黑洞信息佯谬

> 霍金是一个不同寻常的奇观。我不是指他的轮椅或者是他显而易见的生理缺陷。尽管他的面部肌肉不动，但是他那浅浅的微笑是独一无二的，天使与魔鬼般的笑容共存，透射出一丝神秘的乐趣。
>
> ——伦纳德·萨斯坎德

在生活中，我们常常会遇到打赌的事情，这多半出现在为什么事情发生争论的时候。最有名的打赌，也许是俄罗斯作家契诃夫的小说《打赌》里的打

① 《阿尔法与奥米伽：寻找宇宙的始与终》，查尔斯·塞费著，隋竹梅译，上海科技教育出版社，2010，175页。

赌。科学家也喜欢打赌,这些打赌的故事也非常有趣。

英国著名的宇宙学家霍金(Stephen W. Hawking, 1942—)是一位残疾非常严重的人,后来他每天只能坐在轮椅里,连头也只能斜靠在肩上;不能说话,只能靠计算机和语音合成器与他人交流。但是,霍金却有非同一般的活力,他不仅在轮椅上使自己成为一位世界上最著名的科学家,而且他还出奇地喜欢开玩笑,尤其爱打赌。美国斯坦福大学菲利克斯·布洛赫理论物理讲座教授伦纳德·萨斯坎德(Leonard Susskind, 1940—)曾经这样形容霍金:

▲ 坐在轮椅上的霍金。看看,他的笑容真是“天使与魔鬼般共存”吗?

在EST会议期间,我发现与霍金交谈是极为困难的。他要花很长时间来回答问题,而且他的回答通常十分简短。这些简短的、有时甚至是一个字的回答和他的笑容,还有他超凡的智力令人感到不安。这与特尔斐的先知[①]对话一样。当有人向霍金提出问题时,他的最初反应总是绝对沉默,最终的回答经常是不可思议的。但那会心的微笑似乎表明:“你可能没有理解我说的是什么,但是我知道我是正确的。”

全世界认为矮小的霍金是一个强大的人,一个有着非凡勇气和毅力的英雄。那些熟悉他的人看到了另一方面:幽默和大胆的霍金。在EST会议期间的一天晚上,我们一群人出去到圣弗朗西斯科著名景点布雷克—勃斯汀小山去散步。霍金开着他的动力椅子和我们一同前往。当我们到达最陡峭路段时,他突然显现出魔鬼般

① 特尔斐(Delph)是希腊古都,因太阳神阿波罗(Apollo)神庙上名言(“认识你自己”)而闻名于世。——本书作者注

的笑容。他毫不迟疑，以最快的速度冲下山坡，其他人都被他震惊了。我们追赶他，害怕最坏的事情发生。当我们到达山下时，发现他坐在那里笑着。他说他想知道有没有更为陡峭的山坡可以尝试一下。史蒂芬·霍金：物理学的不死天王。

▲ 美国大胡子物理学家伦纳德·萨斯坎德。请注意他现在是一个秃顶，后面他还会提到自己秃顶的原因。

事实上，霍金是一位富有冒险精神的物理学家。但也许他最大胆的行为是他在沃纳顶楼里投下的炸弹。①

什么是 EST？什么是“沃纳顶楼里投下的炸弹”？请读者往下看。

1. 炸弹：“黑洞信息佯谬”

黑洞(black hole)自从被物理学家正式认可以后，就不断因为它奇特的性质引起一个又一个佯谬，弄得宇宙学家和物理学家非常头疼，应接不暇。其中霍金惹的祸最多，而且每一次他都开心地认为自己绝对不会错(其实多有故意开玩笑的成分)。有人开玩笑地说，宇宙学家经常犯错误但从不怀疑；霍金不同，他从来不怀疑但几乎从不出错，因此霍金“只是半个宇宙学家”。其实，霍金犯过很多错，而且也会高兴地承认错了。

“黑洞信息佯谬”(有人称之为“黑洞悖论”)是他发动的一次“黑洞战争”，几乎所有著名的宇宙学家都加入了这场战争。最后证明霍金错了，但宇宙学家坦承霍金的这一次“错误”是物理学史上最具创新的一个，它最终导致关于空间、时间和物质本质的思考模式发生深刻的变革。

① 《黑洞的战争》，伦纳德·萨斯坎德著，李新洲等译，湖南科学技术出版社，2010，6—7页。

最先发动这场“战争”的时间是在 1981 年初。但是这个思想产生于 1976 年。1976 年 11 月，霍金的女儿露西出生不久，他发现了“黑洞不黑”这一惊天理论。也就是说，黑洞一旦形成之后，就开始“蒸发”，即开始辐射出能量，黑洞本身同时损失能量，这种辐射被称为“霍金辐射”。这就彻底否定了此前“黑洞无毛定理”（no hair theorem）。所谓“毛”指的是“信息”。黑洞无毛是说黑洞具有不可识别的特征，因为关于黑洞我们能知道的只有它的质量和自转速度。外部观测者会失去形成黑洞以及后来落入黑洞的物质的几乎全部信息。但是，虽然外部观测者不能探知黑洞内部物质的信息，但这些信息并没有从宇宙中消失，只不过隐藏在了黑洞的内部而已。

霍金辐射发现之后立即遇到了麻烦。霍金立即想到，由于黑洞辐射，黑洞中的物质最后将全部转化为热辐射并辐射出来，而热辐射不会带出任何信息。他曾经悲哀地说：“我把书籍、笔记本、电脑……扔进黑洞以后，最后它们都以热辐射的形式从黑洞辐射出来，这些物体性质方面的信息就永远地失去了！”

这就是说落入黑洞的物质的信息将从宇宙中消失，信息不再守恒。但是理论物理学家大都相信“信息守恒”（conservation of information），坚信这一理论的基石不会被破坏。霍金和索恩为代表的相对论专家则认为：信息不一定守恒。

在 1976 年的一篇论文中霍金指出：“黑洞辐射并不含有任何黑洞内部的信息，在黑洞损失殆尽之后，所有信息都会丢失。”而根据量子力学的定律，信息是不可能被彻底抹掉的，于是与霍金的说法产生了矛盾，这就是“黑洞信息佯谬”。霍金认为：黑洞的引力场过于强大，量子力学的定律并不一定适用。但是他的这种解释并不能够让学术界信服。有一位物理学家直言：

▲ 美国加州大学物理系教授索恩。又是一个大胡子！

“我并不相信霍金的理论，尽管我不知道他的计算到底错在哪里。”

1981年初，霍金来到美国加利福尼亚州太平洋岸海港城市旧金山，在沃纳·埃哈德(Werner Erhard)的公寓顶楼里，参加埃哈德研讨会培训中心(简称EST，注意，EST出现！)的会议。参加这一次会议的主要有萨斯坎德、特霍夫特(1946— ，1999年获得诺贝尔物理学奖)和霍金等人。萨斯坎德回忆说：“在沃纳的顶楼里，让我记忆最深的并不是特霍夫特，而是在那里第一次遇到了史蒂芬·霍金。霍金在那里投下了炸弹，发动了黑洞战争。”

所谓战争，就是霍金再一次声称：“信息在黑洞蒸发中丢失。”更糟糕的是，霍金似乎在他的计算中证明了他的这一观点。

萨斯坎德说：“特霍夫特和我意识到如果那是正确的，那么我们这个学科的基础将被破坏了。”就像某部动画片中冲出了悬崖的小狼一样：脚下的地面消失了，但它还不知道。沃纳顶楼里的其他人如何看待此事呢？

>……与霍金相处最为艰难的莫过于他的自鸣得意，使得我不免产生恼怒的心情。信息丢失不可能是正确的，但是霍金没有看到这一点。
>
>回到斯坦福后，我把霍金的观点告诉了我的朋友汤姆·班克斯(Tom Banks)。班克斯和我深入地考虑了这个问题……我们都非常怀疑霍金的观点，但一时说不出为什么……我们后来意识到：信息的丢失等同于产生熵，而产生熵意味着产生热量。霍金如此轻松假定的虚黑洞会在真空中产生能量。我们和另外一个同事迈克尔·佩斯金(Michael Peskin)一起，在霍金的理论基础之上作了一个估计。我们发现，如果霍金是正确的，那么真空会在几分之一秒内被加热到百万亿亿亿度。虽然我知道霍金的观点是错误的，但我却无法发现他推理的漏洞，可能这才是令我最为恼怒的地方。①

① 《黑洞的战争》，7—9页。

2. 与普雷斯基尔打赌

如像萨斯坎德说的一样，大家都不相信霍金的信息丢失的说法，但是一时没有人能够指出霍金错在什么地方。因此直到1994年在英国剑桥大学的伊萨克・牛顿数学研究所的系列讲演时，霍金仍然坚持他的观点。他在演讲中说：

> 当一个天体坍缩而形成黑洞时，大量的信息就丢失了……量子理论使黑洞发出辐射并损失质量。最终它们似乎完全消失，带走了它们内存储存的信息。我将论证这一信息的确是丢失了，不会以某种形式恢复。我将要证明，这一信息丧失把一个新的不可预测性的层次引入到物理学中，它超出了与量子力学有关的通常的不确定性……许多研究量子引力的人——几乎包括所有从粒子物理进入这一领域的人——都本能地反对关于一个系统的量子态的信息可能丢失的概念。但是，他们证明信息能够从黑洞中取出的努力并未成功。我相信，他们最终将会接受我的看法，即信息丢失了，正如他们不得不承认黑洞发出辐射这一看法一样。[①]

美国加州理工学院有一个喜欢凑热闹也喜欢打赌的又是一个大胡子物理学家基普・索恩（Kip Stephen Thorne，1940—　），这一次他与霍金一起与另一个人打豪赌。

霍金认为黑洞不能向黑洞外释放任何信息。如果一个天体最后坍塌成为一个黑洞，那么这个星体的大量信息就从此完全丢失。如果霍金对了，那么大自然就有了更大的不确定性。正因为这一点，所以科学界有这样的故事：

① 《时空的密码》，李新洲，孙珏岷著，上海科学技术出版社，2008，234页。

爱因斯坦:“我不相信上帝会玩掷骰子的游戏!”

玻尔:“你怎么知道上帝不掷骰子?”

霍金:“上帝不仅掷骰子,有时他还把骰子扔到了找不到它们的地方(God not only play dice, he sometimes throws them where they can't be seen)。”

▲霍金输了,普雷斯基尔得到一本《板球百科全书》。

但是,加州理工学院另一位教授普雷斯基尔(J. Preskill)在1997年2月6日提出了相反的观点,他认为黑洞可以释放隐藏在它内部的信息。为此,霍金与索恩联合与普雷斯基尔打赌:黑洞到底能不能释放它的信息。赌注是一本《棒球百科全书》。这一次打赌,霍金因为已经不能签名,所以在赌状上盖的是他的手印。

霍金又输了。7月21日霍金正式认输,但是赌注改了。霍金说:“我在英国很难找到一本《棒球百科全书》,只能用《板球百科全书》代替了。”

现在霍金承认:“上帝没有把骰子掷到我们看不见的地方。”

有趣的是,就在一天以前,霍金还和索恩、普雷斯基尔打过赌,不过这次霍金和索恩—普雷斯基尔两人同盟打赌。恰好有一张他们打赌的赌状,很清楚。打赌的内容不同,这儿也展示给读者看。为了让读者知道得更详细,也知道科学家多么可爱,就像一些顽童,所以我特地把赌约的中译文附在下面:

Whereas Stephen W. Hawking (having lost a previous bet on this subject by not demanding genericity) still firmly believes that naked singularities are an anathema and should be prohibited by the laws of classical physics,

And whereas John Preskill and Kip Thorne (having won the previous bet) still regard naked singularities as quantum gravitational objects that might exist, unclothed by horizons, for all the Universe to see,

Therefore Hawking offers, and Preskill/Thorne accept, a wager that

> *When any form of classical matter or field that is incapable of becoming singular in flat spacetime is coupled to general relativity via the classical Einstein equations, then*

A dynamical evolution from generic initial conditions *(i.e., from an open set of initial data)* **can never produce a naked singularity** *(a past-incomplete null geodesic from* $\mathcal{I}_+$*)*.

The loser will reward the winner with clothing to cover the winner's nakedness. The clothing is to be embroidered with a suitable, truly concessionary message.

John P. Preskill Kip S. Thorne

Stephen W. Hawking John P. Preskill & Kip S. Thorne

Pasadena, California, 5 February 1997

▲ 霍金、索恩和普雷斯基尔打赌的赌状。

中译文如下：

霍金（因为没有要求一般性）而输了一次赌，但仍然坚信裸奇点①是一个讨厌的东西，应该被经典物理学定律禁止。

而（赌赢了的）约翰·普雷斯基尔和基普·索恩坚持认为被视界脱去衣服的裸奇点，是量子引力允许存在的客体，在宇宙任何地方都有。

有鉴于此，霍金特向普雷斯基尔和索恩提出如下的赌状，而他

① 裸奇点(naked singularity)不藏在视界内的奇点，也就是说在视界外的奇点。

们也接受了。赌状如下：

……

从一般初始条件出发的动力学演化（即有一个开集和初始资料）绝不可能产生裸奇点(一个过去未完成由I+开始的零短程线)。

输者将给赢者一件遮体的衣服,衣服必须饰有合适与真正认输的字据。

史蒂芬·霍金　约翰·普雷斯基尔&基普.K.索恩

帕萨迪纳　加利福尼亚　1997年2月5日

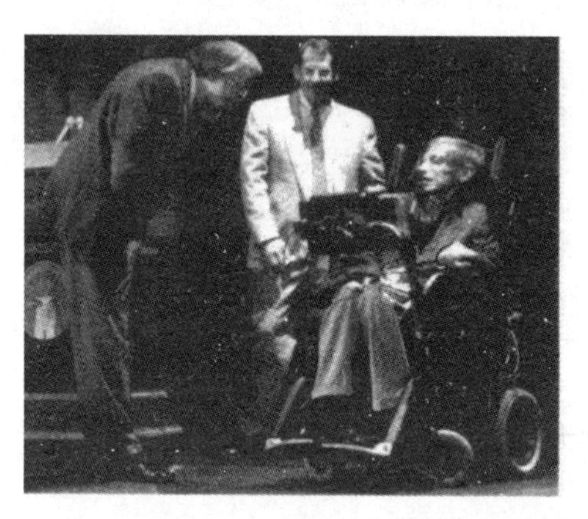

▲ 霍金认输的照片和给赢家的汗衫。

这一次霍金又输了，上面是霍金认输的照片，以及给赢者的一件不太雅观的汗衫。汗衫上写的是：Nature abhors a Naked Singularity(大自然憎恨裸奇点)。霍金似乎有一点“赖皮”，想办法表示自己没有真的认输。但这也只是闹闹好玩而已，千万别认真！

科学家打赌的故事大多非常有趣，初次知道这些故事的读者也许要问：“为什么科学家喜欢打赌？”

科学家打赌是因为渴望认识大自然的奥秘，是一种形而上学的焦虑；而且设下赌局，可以激励年轻科学家更有兴趣从事科学研究，还可以引发公众对科学的关注。再说，科学家在极其紧张的研究中和焦虑中，他们也需要自己为自己找点乐子——自得其乐嘛！

美国资深物理学家帕格尔斯（Heinz Pagels，1939—1988）曾说："如果没有笑料和创造的乐趣，研究事业会变得无法支撑。幽默能使心胸开阔，可以松弛一下专心致志的紧张情绪，暴露一下单纯知识性理解的不堪一击。"①

3. 霍金坚持他的意见，决不妥协！

美国科罗拉多州有一个著名的滑雪胜地阿斯彭山（Aspen），在阿斯彭山南边和红山北边有一块美丽的草地，暑假期间物理学家们喜欢到这儿来讨论一些有争论的前沿问题。真的，这儿真是一个吵架的好地方。

1990 年暑假，萨斯坎德和霍金都来这儿准备再次为黑洞佯谬吵上一架。萨斯坎德有一个新的想法——所谓"量子复印机"的思想实验，打算削弱霍金关于信息丢失的证明。但是萨斯坎德失望了。为什么呢？

▲ 哈佛大学物理教授西德尼·理查德·科尔曼

当萨斯坎德好不容易讲完了以后，一位头发蓬乱、留着八字胡的哈佛大学著名教授西德尼·理查德·科尔曼（Sidney Richard Coleman，1931—2007）转过身对萨斯坎德说："您所用的术语比以前用过的清晰多了。"这似乎是一种赞誉。第一排，霍金坐在那高科技轮椅上，好争论的他这一次什么话也没有说。萨斯坎德说：

> 霍金显然知道科尔曼所不了解的某种东西。事实上，霍金和我都意识到，我的解释是我创造的一个可以将他的观点击倒的假想对手。②

① 《宇宙密码：作为自然界语言的量子物理》，海因茨·帕格尔斯著，郭竹第译，上海辞书出版社，2011，306 页。

② 这一思想实验比较复杂，这儿不必详细讲叙，有兴趣的读者可以见《黑洞的战争》，192—196 页。

但是一个小时以后局面彻底改变。原来所谓的量子复印机是不可能存在的，结果萨斯坎德不仅没有击倒霍金，反而保卫了霍金的佯谬！

霍金高兴地喊道："那么现在你同意我的观点了！"

这时萨斯坎德看见霍金眼中闪烁着一种恶作剧的笑容。萨斯坎德悲哀地说："显然在这场战役中我输了。"但是他并没有丧气，他自我调侃地说："由于时间不够，加上霍金的机智，我被自己误伤了！"

又过了三年，在1993年大约有100人参加的圣芭芭拉会议上，霍金再次重申他的观点：信息进了黑洞永远不会出来；等到黑洞完全蒸发后，信息就全部消失。像以前一样，又是特霍夫特和萨斯坎德反对，也仍然是反对无效。

最后大家认为黑洞佯谬有四种可能，由大家投票得出结论。四种可能的选项是：

1. 霍金选项：信息掉进黑洞后便不能挽回地丢失了；

2. 特霍夫特和萨斯坎德选项：信息在霍金辐射中的光子和其他粒子中；

3. 信息被束缚在微小的普朗克尺度的残留物中；

4. 其他。

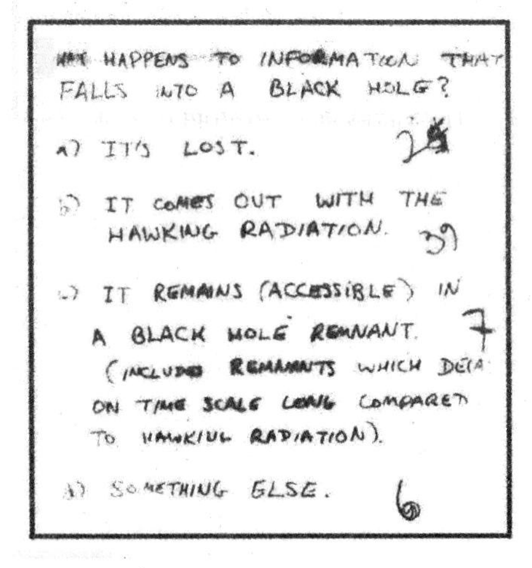

▲投票结果的影印本。

投票的结果如下：

1. 信息丢失(It's lost)：25票；

2. 信息从霍金辐射中出来(It comes out with Hawking radiation)：39票；

3. 残留物[It remains(accessible) in a black hole remant(inclouds remnants which deca on the time scale long comparede to hawking radiation)，直译为：残留在一个剩余的黑洞里(包括一些残留物，它们衰变的时间与霍金辐射时间差

不多一样长)]:7票;

4.其他(Something else):6票。

4.霍金改变了看法

2002年,霍金60岁大寿。人们的确没有想到他会活到60岁,于是剑桥大学召开了盛大的庆祝会。[①]萨斯坎德少不了赶这个难得的热闹机会,何况还可以继续表示反对黑洞信息佯谬的不懈精神。

他在庆典研讨会上似乎不适时宜地发言说:

> 我们都知道,霍金绝对是这个世界上最固执、最惹人恼火的人。我想就科学而言,本人与他的关系,可称之为势不两立。在有关黑洞、信息及所有类似事物的深层次问题上,我们有着深刻的分歧。有时他会让我因怒火郁结而扯掉自己的头发——你们可以清楚地看到它的后果。我可以向你们保证,二十多年前我们开始争辩的时候,我脑袋上的头发可是长满的。

从前面萨斯坎德的照片看来,他的确是一个大秃顶!

奇怪的是,这一次霍金出奇地冷静,没有发言。萨斯坎德有一些迷惑:是他动摇了,还是寿星佬故作谦卑?小心,霍金可是一个魔鬼式的人物啊!

不过,两年之后的2004年,霍金真的改变了他的意见!那是2004年7月在爱尔兰都柏林,国际广义相对论与引力会议在那儿召开第17届会议(简称GR17)。记者已经得知霍金将在21日的会议上宣布重大事件,因此那一天去听他演讲的不仅仅有出席该会议的600来位物理学家,还有几十位记者蜂拥而来。会议组织者彼得罗斯·弗洛里德斯在霍金讲话以前开玩笑地说:

① 当霍金刚得知获得这种怪病的时候,医生预计他只能活2年左右!在2012年,霍金70大寿庆典时,因为身体很不好,没有出席庆典。

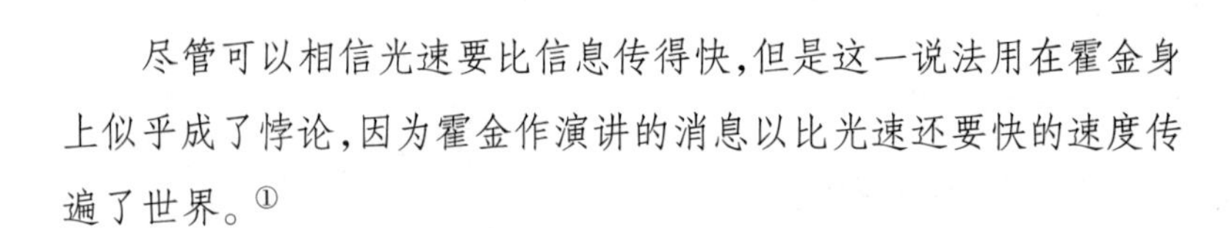

尽管可以相信光速要比信息传得快,但是这一说法用在霍金身上似乎成了悖论,因为霍金作演讲的消息以比光速还要快的速度传遍了世界。①

接着霍金宣布:

我的看法改变了。我的最新研究终于解决了我自己的佯谬:不管如何,信息似乎确实从黑洞里渗出。②

还说:

我想我已经解决了理论物理学的一个大问题。自我30年前发现黑洞辐射以来,它一直困扰着我。③

正像上面曾经说过的一样,很多物理学家都认为霍金在这个问题上肯定会输的。正像萨斯坎德说的那样:"霍金在认输之前可能是世界上唯一一个死抱住错误观点的人。"

2007年,霍金正式用文字表示认输。事情是这样的:一位霍金以前的学生、现在是加拿大阿尔伯特大学教授唐·佩吉(Don Page),在1980年就不相信霍金提出的佯谬,那年曾经与霍金打过赌,赌注是一美元对一英镑。

2007年4月23日,霍金正式向佩吉承认自己输了。这可以从照片中霍金认输的文字和手印(黑乎乎的一团)看得非常清楚。

为了满足读者的好奇心,我把赌约的中译文附在下面,请读者欣赏。

---

① 《霍金传》,克里斯廷·拉森著,张可平译,上海远东出版社,2010,158页。

② 《黑洞的战争》,399页。

③ 《果壳里的60年》,霍金等著,李泳译,湖南科学技术出版社,2007,19页。

How Predictable Is Quantum Gravity?

Don Page bets Stephen Hawking one pound Sterling that strong quantum cosmic censorship holds, namely, that a pure initial state composed entirely of regular field configurations on complete, asymptotically flat hypersurfaces will have a unique S-matrix evolution under the laws of physics to a pure final state composed entirely of regular field configurations on complete, asymptotically flat hypersurfaces.

Stephen Hawking bets Don Page $1.00 that in quantum gravity the evolution of such a pure initial state can be given in general only by a $-matrix to a mixed final state and not always by an S-matrix to a pure final state.

"I concede in light of the weakness of the $"
Stephen Hawking, 23 April 2007

Don N. Page

▲上方是赌约，下面三行是霍金写的字、签名和日期。

中译文如下：

量子引力理论的可预测能力有多强？

唐·佩吉赞同强宇宙监督假设，认为在完全渐近平坦超曲面上，由完全规则场的位形组成的一个纯初态，经由唯一的散射矩阵，将演变成在完全渐近平坦超曲面上，由全规则场位形组成的一个纯终态。唐·佩吉并以一英镑赌注与斯蒂芬？霍金立下强宇宙监督假设正确的赌约。

史蒂芬·霍金回注唐·佩吉一美元，认为一般说来，一个纯初态的量子引力演化会通过$矩阵演变成一个混合终态，而不总是由散射矩阵演变成一个纯终态。

唐·佩吉：

"在美元稍弱于英镑之情形下，我认同(佩吉的意见)。"

史蒂芬·霍金，2007年4月23日。①

最下面是霍金写的字。霍金不能用手写字已经很久，这些字不知道是别人代写，还是用了别的科技手段。

读者也许会问：霍金的新理论是什么样的呢？我只能遗憾地告诉读者，霍金的理论涉及引力量子化，真空极化等非常深奥的理论和计算，我们这本科普书籍不是讨论它的合适地方。而且据说霍金自己也讲得含含糊糊，拉森在他的《霍金传》里写道："霍金对于信息是怎么会被黑洞退回的并未作详细的论述——无论是一下子全部退回的，还是一点一滴地退回的。特霍夫特认为，他'最后所作的解释'说得很不完整，而英属哥伦比亚大学的威廉·恩鲁说得就比较婉转了：'之所以会出现这样的问题，有一部分原因在于霍金提供的细节太少了，因此我们也就不可能知道我们是否能相信这些计算。史蒂芬并不傻，因此我们会好好地研究他所说的话……但是我们听上去，他好像是经过了深思熟虑，才得出了这一新的理论'……霍金的同事们正跟世界上的其他人一道等待着，他们会等待着，他们不得不等待着，他们要看看霍金是不是能再一次证明自己是黑洞方面的大师。"②

---

① 矩阵（matrix）是物理学中一种高效的计算方法。S矩阵是物理学常用的一种矩阵(matrix)。许多物理学家和宇宙学家(包括萨斯坎德、特霍夫特等)坚持认为处理黑洞问题应该用S矩阵计算，这样得出的结果就不利于霍金的预言。于是霍金就提出一个$矩阵(人们戏称这个矩阵为"美元矩阵")与之对抗。因为用$矩阵计算就可以得到霍金希望的结果。霍金最后认输，因此用了一句也许是双关的话：美元($)走低，因此可以付钱。

② 《霍金传》，克里斯廷·拉森著，张可平译，上海远东出版社，2010，159—160页。

剑桥大学同事吉朋斯(Gary W. Gibbons)也说:“霍金的新理论或许能够解决黑洞信息佯谬,但还有待于同行的检验。”①

▲ 吉朋斯编辑的《理论物理和宇宙学的未来:纪念史蒂芬·霍金对物理学的贡献》一书的英文版。

不少物理学家都谨慎地认为,霍金可能会提出一些令人兴奋的想法,但对年逾花甲的霍金能否彻底解决黑洞信息佯谬这个非常复杂的问题,他们大多表示怀疑。

为什么这样呢?因为要根本地解决这个问题首先要解决“引力量子化”的问题。这又是因为与黑洞信息佯谬密切相关的是:黑洞蒸发的最终结局。当黑洞半径收缩到普朗克长度的量级时,时空几何自身的量子涨落变得重要起来,只有量子引力理论才能揭示黑洞的最后命运。

引力量子化将是21世纪物理学中最大的难题,尽管许多物理学家在为此绞尽脑汁和发挥最离奇的想象力,但没有任何人知道什么时候才能够解决引力量子化的问题。

因此可以说:信息佯谬是一个还没有最终得到结果的佯谬。

① 吉本斯曾经与他人合作编辑了一本书The Future of Theoretical Physics and Cosmology: Celebrating Stephen Hawking's Contributions to Physics,由剑桥大学出版社2009年出版。书里谈到信息佯谬。此书值得有兴趣的读者一看。

后　记

2011年8月初，在一次与湖北教育出版社彭永东博士谈到写《古今化学二十杰传奇》具体事宜时，偶然谈到20多年前该社出版过一套科学普及读物。彭博士和我都觉得那丛书不错，于是我立即想起了1988年3月为《物理学史中的佯谬》一书写的后记时所说：在出版那本书的时候我有一种“惴惴不安”和“遗憾和不满意的复杂心情”。后来我一直想有机会再版时，能够对原书做一次修改和增补。而且我还记得清华大学的刘兵教授有一次与我闲聊时说：“您有一本写佯谬的书，我一直没有买到。”他的话促使我的这一想法更加迫切。于是我向彭博士建议：那套丛书中几本读者反响不错的，是否可以修改增补后再版。没有想到我的这个建议得到彭博士的同意。

于是这本修改增补后的书，有机会再次呈献给20多年后当今的读者。这一次我的心情比较满意，一是因为对以前写过的佯谬作了很多修改和补充，其中有一些佯谬在二十多年的时间里有了新的观点；二是增加了三个现代物理学中非常重要而又非常有趣的佯谬：“薛定谔的猫”、“宇宙常数之谜”和“黑洞信息佯谬”。

有这次机会再版，实在是了却了我的一桩心事。我感谢彭博士的支持，感谢湖北教育出版社给我这次机会。还要感谢胡西艳编辑的耐心修改和重要意见！

杨建邺

2012年9月10日星期六

于华中科技大学宁泊书斋